煤化工高浓度有机废水
处理技术及工程实例

王建兵　段学娇　王春荣　何绪文　编著

北　京

冶 金 工 业 出 版 社

2015

内 容 提 要

本书以煤化工行业中产生的焦化废水、煤气化废水和煤液化废水为对象，分析了煤化工废水水质特征及水质分析方法，系统介绍了煤化工主要处理技术，包括预处理技术、生化处理技术和深度处理及回用技术等。同时，依据一些治理技术的实际应用情况，选取典型的焦化废水处理工程实例进行了分析，全面概括、总结了目前焦化废水治理技术及应用现状，提出了煤化工废水处理的一般原则、方法及典型工艺技术。

本书可供普通高等院校环境科学与工程学科本科生和研究生教学使用，也可供相关专业科研人员、工程技术人员、管理人员，以及政府、煤化工企业负责环境保护工作的人员阅读与参考。

图书在版编目（CIP）数据

煤化工高浓度有机废水处理技术及工程实例/王建兵等编著 . —北京：冶金工业出版社，2015.7
ISBN 978-7-5024-6929-0

Ⅰ.①煤… Ⅱ.①王… Ⅲ.①煤化工—有机废水处理—研究 Ⅳ.①X703

中国版本图书馆 CIP 数据核字（2015）第 123884 号

出 版 人 谭学余
地 址 北京市东城区嵩祝院北巷 39 号 邮编 100009 电话 (010)64027926
网 址 www.cnmip.com.cn 电子信箱 yjcbs@cnmip.com.cn
责任编辑 常国平 唐晶晶 美术编辑 彭子赫 版式设计 孙跃红
责任校对 李 娜 责任印制 李玉山
ISBN 978-7-5024-6929-0
冶金工业出版社出版发行；各地新华书店经销；北京百善印刷厂印刷
2015 年 7 月第 1 版，2015 年 7 月第 1 次印刷
787mm×1092mm 1/16；13.25 印张；322 千字；204 页
52.00 元
冶金工业出版社 投稿电话 (010)64027932 投稿信箱 tougao@cnmip.com.cn
冶金工业出版社营销中心 电话 (010)64044283 传真 (010)64027893
冶金书店 地址 北京市东四西大街 46 号(100010) 电话 (010)65289081(兼传真)
冶金工业出版社天猫旗舰店 yjgycbs.tmall.com
（本书如有印装质量问题，本社营销中心负责退换）

前　言

我国煤炭资源相对比较丰富，煤化工行业一直蓬勃发展。然而在煤化工行业发展的同时，高浓度煤化工有机废水所带来的环境问题也日益严重。

煤化工有机废水主要来源于焦化、气化、液化三种生产工艺，水质复杂多变，不仅含有高浓度的酚和氨氮，还含有较高浓度的多环芳烃和杂环化合物，如苯并芘、联苯、吡啶、吲哚和喹啉等，属于典型的高浓度有机废水，如果不经过处理直接排放，或者处理程度不够而排放，势必给环境和人类健康带来较高的风险。

由于水质水量多变、可生化性较差，煤化工高浓度有机废水处理一直是一项世界性难题。目前普遍采用预处理、生化处理和深度处理三级模式。预处理主要包括蒸氨、除油、脱酚等工序，存在运行费用高、可生化性提高不明显的缺点。生化处理主要采用不同形式的 A/O 工艺，存在水力停留时间较长，出水 COD 不能达标的缺点。深度处理包括混凝沉淀 - 过滤、吸附、化学氧化、曝气生物滤池和膜处理等工艺，存在运行费用高的缺点。

针对煤化工高浓度有机废水处理技术，本书编者查阅了大量国内外资料，并根据多年的教学、科研与工程实践经验编撰本书，分析了煤化工废水水质特征和水质研究方法，总结了蒸氨、脱酚、除油等预处理技术的现状，研究了 A/O、A^2/O、O/A/O、A/O^2 等生化处理工艺的优缺点，探讨了混凝沉淀 - 过滤、高级氧化和膜分离等深度处理技术的可行性，介绍了煤化工废水处理技术的应用现状，系统深入地阐述了煤化工高浓度有机废水处理技术特点，提出了处理的一般原则、方法及典型工艺技术。全书共分6章：第1章论述了煤化工生产工艺对废水水质的影响；第2章论述了煤化工高浓度有机废水的水质特征；第3章论述了煤化工废水的预处理技术；第4章论述了煤化工高浓度有机废水的生化处理技术；第5章论述了煤化工废水的深度处理及回用技术；第6章论述了煤化工废水处理的工程实例。

本书由王建兵主持编写，参加编写的人员还有段学娇、王春荣；另外王国庆、王灿、杨春丽等也参与了部分资料和文字的整理工作。在本书的编写过程中，得到了中国矿业大学（北京）的何绪文教授、北京师范大学牛军峰教授、中国科学院过程工程研究所李玉平研究员、中国科学院生态环境研究中心王军副研究员的大力支持，在此一并表示感谢。

　　由于编者水平所限，书中缺点和不妥之处敬请专家、读者予以批评指正。

编　者

2015 年 3 月于中国矿业大学（北京）

目　　录

1　煤化工生产工艺对废水水质的影响 ……………………………………………… 1

　1.1　煤化工生产企业废水的分类 ……………………………………………… 1

　　1.1.1　煤化工生产分类 ……………………………………………………… 1

　　1.1.2　煤化工废水的分类 …………………………………………………… 3

　　1.1.3　煤化工高浓度有机废水的思路概述 ………………………………… 7

　1.2　煤焦化生产工艺及产排污 ………………………………………………… 8

　　1.2.1　炼焦过程 ……………………………………………………………… 9

　　1.2.2　煤气净化过程 ………………………………………………………… 10

　1.3　煤气化生产工艺及产排污 ………………………………………………… 14

　　1.3.1　煤气化技术 …………………………………………………………… 14

　　1.3.2　煤制甲醇工艺的废水产排节点 ……………………………………… 17

　　1.3.3　煤气化合成氨工艺的废水产排节点 ………………………………… 21

　　1.3.4　其他煤气化生产工艺及废水产排节点 ……………………………… 22

　1.4　煤液化生产工艺及产排污 ………………………………………………… 24

　　1.4.1　煤液化生产工艺 ……………………………………………………… 24

　　1.4.2　煤液化生产的排污节点 ……………………………………………… 25

　1.5　煤化工废水处理要求及行业产业政策 …………………………………… 26

2　煤化工高浓度有机废水水质特征 ……………………………………………… 27

　2.1　煤化工高浓度有机废水排放特征概述 …………………………………… 27

　　2.1.1　煤化工废水排放特征 ………………………………………………… 27

　　2.1.2　煤气化废水排放特征 ………………………………………………… 33

　　2.1.3　煤液化废水排放特征 ………………………………………………… 34

　　2.1.4　煤化工废水水质比较分析 …………………………………………… 35

　2.2　煤化工有机废水的主要水质指标 ………………………………………… 36

　2.3　煤化工废水中典型有机物分析 …………………………………………… 37

　2.4　煤化工废水中溶解性有机质分子量分布 ………………………………… 40

　2.5　煤化工废水水质水量对处理的影响分析 ………………………………… 41

3　煤化工废水预处理技术 ………………………………………………………… 44

　3.1　煤化工废水预处理概述 …………………………………………………… 44

　　3.1.1　脱氨预处理分析 ……………………………………………………… 44

3.1.2　煤化工废水除油预处理分析 ……………………………………… 45

3.1.3　煤化工废水脱酚预处理分析 ……………………………………… 45

3.1.4　煤化工废水除浊预处理 …………………………………………… 46

3.1.5　煤化工废水化学氧化预处理 ……………………………………… 47

3.1.6　煤化工废水吸附预处理 …………………………………………… 49

3.2　煤化工废水的蒸氨预处理 …………………………………………… 50

3.2.1　蒸氨工艺 …………………………………………………………… 50

3.2.2　焦化厂蒸氨塔及传统蒸氨工艺 …………………………………… 52

3.3　煤化工废水的脱酚预处理 …………………………………………… 54

3.4　煤化工废水除油技术 ………………………………………………… 55

3.4.1　煤化工废水除油概述 ……………………………………………… 55

3.4.2　隔油池隔油 ………………………………………………………… 56

3.4.3　浮选除油池 ………………………………………………………… 56

4　煤化工高浓度有机废水生化处理技术 ……………………………… 58

4.1　煤化工高浓度有机废水生化处理基本想法 ………………………… 58

4.2　单级完全混合式活性污泥法处理煤化工废水 ……………………… 58

4.3　两级完全混合式活性污泥法处理煤化工废水 ……………………… 68

4.3.1　硫氰酸的去除 ……………………………………………………… 70

4.3.2　COD 的去除 ……………………………………………………… 71

4.3.3　酚类的去除 ………………………………………………………… 72

4.3.4　$NH_4^+ - N$ 的去除 ……………………………………………… 72

4.4　煤化工废水 A/O 处理工艺 ………………………………………… 77

4.4.1　工艺概述 …………………………………………………………… 77

4.4.2　煤化工废水 A/O 工艺处理研究 ………………………………… 79

4.4.3　主要处理构筑物及设计 …………………………………………… 87

4.5　煤化工废水 A/O/O 处理工艺 ……………………………………… 90

4.5.1　工艺概述 …………………………………………………………… 90

4.5.2　A/O/O 工艺处理煤化工废水研究 ……………………………… 91

4.6　煤化工废水 O/A/O 处理工艺 ……………………………………… 97

4.6.1　工艺概述 …………………………………………………………… 97

4.6.2　O/A/O 工艺处理煤化工废水研究 ……………………………… 98

4.7　煤化工废水 A/A/O 处理工艺 ……………………………………… 119

4.7.1　工艺概述 …………………………………………………………… 119

4.7.2　主要处理构筑物及设计 …………………………………………… 120

4.8　煤化工废水 A^2/O^2 工艺处理技术 ……………………………… 122

4.9　生物强化技术处理煤化工废水 ……………………………………… 124

4.9.1　生物流化床法 ……………………………………………………… 124

4.9.2　MBBR 处理技术 ……………………………………………… 126

4.9.3　投加优势菌法 ………………………………………………… 126

4.9.4　MBR 工艺 ……………………………………………………… 129

5　煤化工废水深度处理技术及回用 …………………………………… 132

5.1　煤化工废水深度处理与回用概述 ………………………………… 132

5.2　煤化工废水混凝沉淀深度处理技术 ……………………………… 134

5.2.1　废水混凝沉淀深度处理技术概述 …………………………… 134

5.2.2　煤化工有机废水混凝沉淀深度处理 ………………………… 135

5.3　煤化工废水过滤深度处理技术 …………………………………… 140

5.3.1　过滤技术的概述 ……………………………………………… 140

5.3.2　煤化工废水过滤深度处理设计要点 ………………………… 143

5.4　煤化工废水 Fenton 试剂氧化深度处理技术 …………………… 144

5.4.1　Fenton 试剂氧化技术概述 …………………………………… 144

5.4.2　Fenton 氧化深度处理煤化工废水研究 ……………………… 146

5.5　异相催化 Fenton 氧化深度处理煤化工废水研究 ……………… 155

5.5.1　异相 Fenton 试剂氧化技术概述 ……………………………… 155

5.5.2　异相 Fenton 试剂氧化深度处理煤化工废水研究 …………… 156

5.6　光催化氧化 ………………………………………………………… 161

5.7　臭氧氧化及催化臭氧氧化 ………………………………………… 161

5.7.1　臭氧氧化技术概述 …………………………………………… 161

5.7.2　臭氧氧化主要工艺设备 ……………………………………… 164

5.7.3　臭氧氧化深度处理煤化工废水 ……………………………… 165

5.7.4　催化臭氧氧化深度处理煤化工废水 ………………………… 167

5.8　电化学氧化工艺 …………………………………………………… 168

5.8.1　电化学氧化技术概述 ………………………………………… 168

5.8.2　电化学氧化深度处理煤化工废水 …………………………… 168

5.9　煤化工废水活性炭吸附深度处理技术 …………………………… 175

5.9.1　吸附技术概述 ………………………………………………… 175

5.9.2　活性炭吸附技术深度处理煤化工废水 ……………………… 177

5.9.3　活性炭吸附实验 ……………………………………………… 178

5.10　煤化工废水曝气生物滤池深度处理技术 ……………………… 179

5.10.1　曝气生物滤池概述 ………………………………………… 179

5.10.2　曝气生物滤池设计 ………………………………………… 180

5.11　煤化工废水膜处理技术 ………………………………………… 180

5.11.1　不同膜分离技术概述 ……………………………………… 180

5.11.2　超滤和反渗透的设计 ……………………………………… 183

6　煤化工废水处理的工程实例 ·· 186

　6.1　煤化工废水 A/O 工艺处理工程实例 ···································· 186

　6.2　煤化工废水 A²/O 工艺处理工程实例 ··································· 187

　6.3　煤化工废水 A/O² 工艺处理工程实例 ··································· 189

　6.4　煤化工废水 O/A/O 工艺处理工程实例 ································· 190

　6.5　煤化工废水 SBR 工艺处理工程实例 ···································· 193

　6.6　神华煤液化废水处理工程实例 ·· 195

　6.7　宁东煤化工基地污水深度处理回用工程 ······························· 197

参考文献 ·· 200

1 煤化工生产工艺对废水水质的影响

1.1 煤化工生产企业废水的分类

1.1.1 煤化工生产分类

我国的石油、天然气资源短缺，煤炭资源相对丰富。从长期来看，国内的石油、天然气资源难以满足未来经济发展和人民生活水平提高的需求。煤是以芳香族为主的稠环为单元核心，由桥键互相连接，并带有各种官能团的大分子结构，通过热加工和催化加工，可以使煤转化为各种燃料和化工产品，弥补我国能源的不足，这就产生了煤化工。

煤化工是以煤为原料，经过化学加工，使煤转化为气体、液体、固体燃料以及其他化学品的工业，根据生产工艺与产品的不同可以分为煤焦化、煤气化、煤直接液化、煤间接液化等主要生产链。发展煤化工产业，还可促进后石油时代化学工业的可持续发展。

煤化工生产技术中，炼焦是应用最早的工艺，并且至今仍然是化学工业的重要组成部分。煤的气化在煤化工中占有重要地位，用于生产各种气体燃料，是洁净的能源，有利于提高人民生活水平和加强环境保护；煤气化生产的合成气是合成液体燃料、化工原料等多种产品的原料。煤直接液化，即煤高压加氢液化，可以生产人造石油和化学产品。在石油短缺时，煤的液化产品将替代天然石油。

我国煤化工开始于 18 世纪后半叶，19 世纪形成了完整的煤化工体系。进入 20 世纪，许多以农林产品为原料的有机化学品多改为以煤为原料生产，煤化工成为化学工业的重要组成部分。随着国内石油、天然气供应的日益紧张，国内化工行业出现了向煤化工倾斜的趋势。国家在内蒙古、山西、宁夏、河南等地开展了一系列示范工程项目，支持新型煤化工的发展。

新型煤化工是指以洁净能源和化学品为目标产品，应用煤转化高新技术，建成未来新兴煤炭－能源化产业。新型煤化工是煤炭工业调整产业结构，走新型工业化道路的战略方向。新型煤化工通常指煤制油、煤制甲醇、煤制二甲醚、煤制烯烃、煤制乙二醇等。传统煤化工涉及焦炭、电石、合成氨等领域。

煤化工涉及的子行业众多，主要包括以下行业：

（1）煤制油。煤制油是指将煤炭转化为汽油、柴油、石脑油等产品的工艺，其转化过程分为直接液化和间接液化。煤直接液化是在粉煤浆中加入气态氢，通过催化剂作用，提高氢碳比，将固态的煤变成液态的直链烷烃燃料和化工原料。煤间接液化是指先把煤炭气化，生成合成气，然后合成油（F－T 工艺）；或者由合成气先合成甲醇，再由甲醇转化为汽油（Mobil 工艺）。

世界上第一座商业化的煤炭直接液化工厂是 1927 年在德国建立的，后来受到中东低成本石油的冲击而停产。我国一度掀起煤制油热。不过这股"热火"很快被国家发展与改革委员会（以下简称"发改委"）以限制文件浇灭。2006 年 7 月 7 日，国家发改委发出《关于加强煤化工项目建设管理促进产业健康发展的通知》，要求各级投资主管部门在国家煤炭液化发展规划编制完成前，暂停煤炭液化项目核准。同时指出，一般不应批准年产规模在 300 万吨以下的煤制油项目。目前，得到国家批准试点的主要有神华 320 万吨、兖矿 100 万吨、山西潞安和内蒙古伊泰两家 16 万吨的煤制油项目。但是还有若干属于地方或企业规划的项目，在建和规划中的煤制油项目产能总规模高达 4017 万吨。

神华集团在内蒙古神东煤田的直接液化项目试验已成功，作为世界上首个煤直接液化项目，按照计划，其一期工程年产各种油品 320 万吨，二期工程年产各种油品 280 万吨。另外，神华集团与南非沙索公司就引进后者的煤间接液化技术进行谈判，规划未来几年将在新疆建设 820 万吨规模的煤变油项目，要把新疆建设成为国内最大的煤制油基地。除了在建项目，神华集团还正在规划宁夏、新疆、内蒙古呼伦贝尔的煤液化项目，油品总产能达到 3000 万吨。

山东兖矿集团榆林煤变油项目规划最终达到年产 1000 万吨的能力，其中一期工程为 500 万吨；在起步阶段的产能则设定为 100 万吨，总投资约 109 亿元。

伊泰煤制油项目采用的是中科院自主研发的技术，建设规模为年产煤基合成油 48 万吨。项目分两期建设，一期年产 16 万吨。潞安煤制油项目和伊泰煤制油项目一样运用的都是中国科学院自主研发的技术，2008 年建成投产，到 2015 年产能将达到每年 520 万吨。

（2）煤制烯烃。煤制烯烃是近年发展起来的煤化工技术，其过程分为煤气化制合成气、合成气制取甲醇、甲醇制烯烃三个步骤。目前的几种工艺如环球石油公司（UOP）的 MTO 技术、德国鲁奇公司的 MTP 技术和中国科学院大连化学物理研究所的 DMTO 技术都完成中试，但大规模商业应用的案例不多。尼日利亚和伊朗都准备建设一座甲醇制烯烃工厂，产能分别为 40 万吨和 10 万吨。而我国目前共有 6 个大型的甲醇制烯烃在建项目，烯烃产能合计 325 万吨，累计将消耗甲醇达 996 万吨。

（3）醇醚行业。醇醚行业是新型煤化工的代表，其工艺是先煤气化，生成合成气，再制取甲醇，然后转化为二甲醚、烯烃等产品，用来替代传统的石化产品如汽油、柴油、乙烯等。甲醇和二甲醚（DME）都属于基础化工产品，生产工艺比较成熟，进入门槛低。甲醇的传统用途是用来生产甲醛、醋酸、甲基叔丁基醚（MTBE）、甲胺等，而二甲醚则主要作为气雾剂的抛射剂、麻醉剂、塑料产品发泡剂以及代替氟利昂作制冷剂，部分用做精细化工原料。

在国际能源价格一路高涨的今天，甲醇和二甲醚还有另一项新的应用，那就是替代汽油、柴油以及 LPG 作为清洁燃料使用。

（4）焦化行业。煤焦化是将煤炭在隔绝条件下加热分解为焦炭、煤焦油、粗苯和焦炉气，其中焦炭主要用于冶炼、燃料和生产电石。

作为传统的煤化工，煤焦化、电石行业的技术含量低、能耗高、环境污染严重，在节能减排力度逐步加大的大环境下，必须要走技术升级、延长产业链的道路。通过精炼煤焦油和粗苯，焦炉气合成甲醇、制氢，提高产品的附加值。

煤焦油是煤焦化的产物之一，常温下呈黑色黏稠液状，其产量占装炉煤量的 3% ~ 4%。煤焦油中含有多种有用的化学物品，如萘、酚、蒽、菲、咔唑、沥青等，这些产品具有很好的经济价值，被广泛运用在工程塑料、染料、油漆、涂料、合成纤维、农药、医药等领域。而粗苯也是煤在焦化过程中的产物之一，提纯后可以得到苯、甲苯、二甲苯等产品。我国目前煤焦油加工企业有 100 多家，总加工能力约 720 万吨，煤焦油产量在 840 万吨左右。

焦炉气的主要成分是 H_2、CH_4、CO 等，其中 H_2 含量为 55%～57%。焦炉气可以直接做燃料使用，也可以用来合成甲醇、化肥、制氢和发电。一般生产 1t 焦炭大约能产生 $200m^3$ 的焦炉气，以全国 3.35 亿吨的焦炭产量计算，焦炉气产量应该在 670 亿立方米以上。

目前我国利用焦炉气来合成甲醇和制氢较少，大多是直接当做燃料使用或者放空，未来化学利用的市场空间还是很大的。但由于国内焦化企业数量众多、平均产能很小，难以达到规模效应。

（5）氮肥行业。煤气化制氮肥也属于传统煤化工，其基本工艺路线就是先将煤气化，将煤炭在缺氧情况下不完全燃烧形成合成气（CO、H_2 为主），然后合成氨，再制取尿素、硝酸铵等产品。在国内氮肥生产企业中，以煤炭为原料的约占 64%，天然气占 21%，剩余的 15% 是渣油和石脑油。

1.1.2 煤化工废水的分类

在上述煤转化工艺过程中将有大量生产废水产生，一般生产 1t 油需要 4～5t 煤，但要消耗 10～12t 水，而生产 1t 甲醇要消耗 15～17t 水。我国煤炭资源 67% 集中在山西、陕西、内蒙古和宁夏一带，但这几个地区的水资源只占全国的 3.85%，大规模发展煤化工必将受到水资源的限制。

目前我国地表水环境不容乐观，《2011 年中国环境状况公报》显示，2011 年我国地表水水质总体为轻度污染。为缓解水污染形势，《节能减排"十二五"规划》和《国家环境保护"十二五"规划》均提出了 COD、氨氮等主要水体污染物减排 8% 的目标。2012 年国务院发布了《关于实行最严格水资源管理制度的意见》，划出了至 2030 年前全国用水总量红线、用水效率红线和区域纳污红线等 3 条不可逾越的红线，从国家层面实行最严格的水资源管理。一些地方也相继颁布了严格的废水排放标准，黄河、淮河等水污染严重的敏感流域、区域和省份甚至不允许工业、企业废水排放到地表水体。国家对新建煤化工项目的用水和水污染物的排放也提出了严格的指标要求。在上述背景下，水资源和水环境问题已成为制约煤化工产业发展的瓶颈。

煤化工厂的废水主要包括初期雨水、生活污水和生产废水。综合考虑煤化工厂废水的产生环节、废水水质和处理方法，可以将煤化工厂的废水分为三种：

（1）煤化工厂一般有机废水。煤化工厂一般有机废水主要是包括初期雨水和生活污水。初期雨水主要是受污染区域在降雨过程中前 10min 收集的雨水，这部分废水水量较小，有机物含量较低。生活污水主要来源于厂区职工产生的生活污水，这部分主要是有机废水，但是其有机物浓度并不高，其 COD 值一般不超过 500mg/L，可生化性也较好，BOD_5/COD 一般均在 0.3 以上。

煤化工厂一般有机废水的处理工艺与我国一般城镇生活污水处理工艺相同，大量的研究文献、设计导则及设计规范都对城镇生活污水处理工艺进行报道，不属于本书的讨论范畴。

（2）高浓度煤化工有机废水。煤化工行业生产废水主要来源于焦化、气化、液化三种生产工艺。煤焦化的产排污节点及各节点排放特征在下面的章节会详细阐述。煤气化的产品链较多（图1-1），不同的产品生产过程中废水排放节点不同。首先，气化炉冷凝水是煤气化生产过程中产生的一类重要的废水，尤其是鲁奇炉冷凝水，是典型的高浓度难降解有毒、有害废水，由于其含有高浓度酚和氰化物，又称为酚氰废水。煤气化产生的合成气能进一步被利用，后续产业链可以分为F-T合成制液体燃料（煤间接液化）、煤气化合成氨、煤气化制甲醇、煤气化制羰基合成气及下游产业链等四大类型，其中煤气化制羰基合成气及下游产业链不产生高浓度有机废水。煤气化制甲醇生产过程中，除气化炉冷凝水是高浓度难降解有毒、有害废水外，其他生产环节也会产生有机废水（具体产生环节详见1.3.4节），有的废水中有机物浓度也较高，但是这些废水中含有的有机物大部分易降解，这类废水的处理可以采用普通的生物处理工艺进行设计，本书不详细叙述，只是在1.3.4节详细讨论煤制甲醇的废水排放节点及基本特征。煤气化合成氨生产中主要产生酚氰废水和稀氨水，本书重点讨论酚氰废水，稀氨水处理不在本书讨论范畴。煤气化产生的一氧化碳及后续产业链不产生高浓度有机废水。

总体来说，煤化工生产的三种工艺（焦化、气化和液化）都会产生高浓度有机废水，三种工艺产生的废水既有共同点，也有不同点。

第一个共同点是三种工艺的废水水量均较大，平均来看，煤转化新鲜水耗一般在2.5t/t以上，煤转化废水产生量在1t/t以上。第二个共同点是废水水质复杂、含大量有机污染物，酚、硫和氨的浓度较高，并且含有大量的联苯、吡啶、吲哚和喹啉等有毒污染物，毒性大，是典型的高浓度难降解有毒有害有机废水。

不同点是具体工艺不同，废水水质水量存在较大的不同。例如焦化、气化和液化的炉型不同，对产生的有机废水水质影响较大。焦化工艺产生的废水中酚氰、多环芳烃和氨氮浓度较高，固定床中碎煤加压气化生产甲醇工艺中鲁奇炉造气产生的废水中酚氰、多环芳烃和氨氮浓度较高，废水可生化性较差；流化床工艺和气流床工艺生产甲醇时产生的废水中酚氰、多环芳烃和氨氮浓度较低，醇类物质浓度较高，废水可生化性并不差。

（3）煤化工含盐废水。清净下水主要来自循环冷却水系统的排污水和脱盐水站的浓盐水，其有机物含量也较低，但是盐含量较高，统称为含盐废水。目前，煤化工行业含盐废水处理工艺路线多采用预处理+双膜法两段式（即超滤-反渗透）处理工艺。双膜法作为循环排污水和化学水站排水的脱盐主体工艺已在石化、电厂、化工等领域得到广泛应用，技术比较成熟。

煤化工行业废水的除盐并不是本书的讨论范畴，在这里仅做简单的概述。含盐废水一般先要进行预处理，预处理一般为絮凝沉淀和过滤工艺，主要去除废水中的SS，为后续双膜处理创造条件。

反渗透膜作为一种高分子膜，应严格控制进水COD含量。经验数据表明：如COD浓度超过60mg/L长期运行，会积累某些难以冲洗的污垢，造成膜性能下降，影响正常运行。此外，也应严格控制BOD和氨氮浓度。BOD和氨氮浓度偏高容易造成微生物在膜上的滋生。根据运行经验，当含盐废水COD和氨的进水质量浓度超过80mg/L和15mg/L时，建议在预处理之前增加生化处理段，进一步去除氨氮和COD，为后续膜处理创造良好的条件。考虑BAF工艺适合处理微污染废水并能有效去除氨氮、铁、锰等污染物，生化处理可采用BAF工艺。

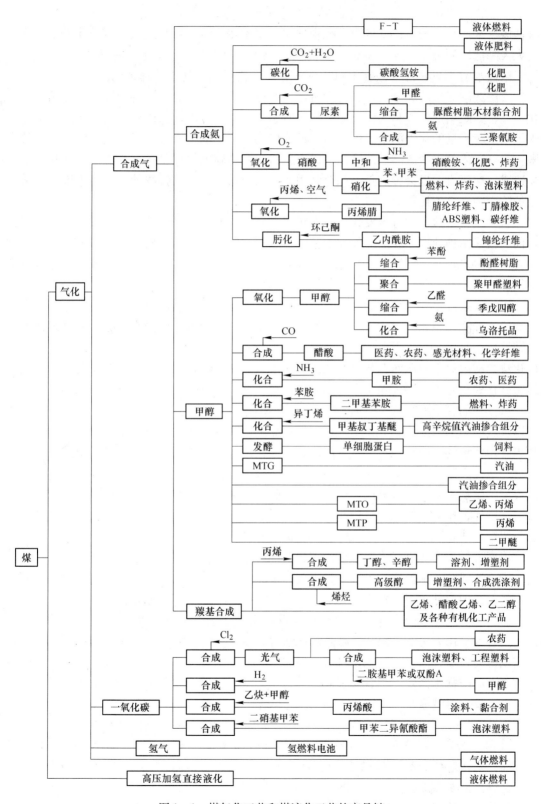

图1-1 煤气化工艺和煤液化工艺的产品链

一般，反渗透装置的系统脱盐率不小于98%，水的回收率不小于75%。由于煤化工含盐废水水质相对较差，反渗透系统水的回收率多在60%~65%之间，回收率取值过高将会大大降低反渗透膜的使用寿命，提高处理成本。反渗透系统还将产生35%左右的浓盐水。浓盐水的TDS浓度一般在10000mg/L左右，需进入浓盐水处理系统进一步处理。

反渗透浓盐水的成分复杂，含无机盐、有机物，也有预处理、脱盐等过程使用的少量化学品，如阻垢剂、酸和其他反应产物。对于浓盐水的处理，国内很多企业将浓盐水作为煤堆场及灰渣场的除尘洒水。但目前渣场或煤场大多要求封闭式，通过调湿消纳的水量有限。另外，浓盐水中氯离子浓度高，进入原料煤容易腐蚀气化设备。浓盐水进入灰渣场容易造成二次污染，也会影响灰渣综合利用产品的质量。因此，将浓盐水作为煤堆场及灰渣场的除尘洒水已不被行业所接受。

若直接将浓盐水进行蒸发，由于其处理规模大，需要消耗大量的能源，非常不经济。目前一般采用预处理+膜浓缩处理工艺，将浓盐水进行进一步浓缩，使TDS质量浓度达到50000~80000mg/L，尽可能将废水中盐分提高，减小后续蒸发器的规模，减少投资以及节约能源。

影响膜系统正常运行和提高回收率的主要因素是胶体、悬浮物和结垢离子。胶体和悬浮物通过砂滤、超滤等方式较容易去除。浓盐水中再生为可利用的水，必须去除浓盐水中的结垢离子（主要是Ca^{2+}、Mg^{2+}、Ba^{2+}）。去除浓盐水中的结垢离子，可采用石灰-纯碱软化法。在浓盐水中加熟石灰可去除碳酸盐硬度，加入纯碱可去除非碳酸盐硬度。石灰-纯碱软化处理除了能够去除水中大多数结垢离子外，还可降低SiO_2和有机物含量。

浓盐水的膜浓缩工艺，目前常用的有HERO膜浓缩工艺、纳滤膜浓缩工艺、OPUS工艺以及震动膜浓缩工艺。上述工艺在国外的盐浓缩中均有业绩，技术本身都是成熟的。浓盐水处理系统的高回收率对于减少高浓盐水固化处理的能源消耗和成本是必要的，因此要尽可能地提高回收率。水回收率也不宜过高。因为设备和膜性能等因素，提高水回收率则需要增加驱动力以提供渗透压。这意味着更高的浓度梯度和浓差极化，也意味着膜和泵装置磨损增加，相应的建设、运行和维护的材料和成本也会增加。根据实际运行经验，浓盐水膜浓缩产生的高浓盐水质量浓度以50000~80000mg/L为宜，水量占总排水量的5%左右。浓度过低，会造成高浓盐水量增大，增加后续高浓盐水固化处理投资和运行成本；反之，则会造成浓盐水膜浓缩工段本身投资和运行成本升高。

目前，国内外对高浓盐水的处理一般采用自然蒸发固化和机械蒸发固化两种处理方式：（1）自然蒸发。自然蒸发就是通过建设蒸发塘（也称蒸发晾晒池），在合适的气候条件下，有效利用充足的太阳能，将高浓盐水逐渐蒸发，结晶后填埋。现阶段，国内蒸发塘的前期研究较少，尚无设计规范可循，但从已有的几个蒸发塘运行效果来看，运行情况并不理想，高浓盐水蒸发不掉，蒸发塘面积和容积偏小，蒸发塘不断扩建，最终蒸发塘变成污水库。（2）机械蒸发。浓盐水蒸发工艺总体上分为3种，即蒸气压缩蒸发工艺（MVR）、多效蒸发工艺（MED）、多效闪蒸工艺（MSF）。MVR的综合能耗最低（约400MJ/t），仅为MED（约1200MJ/t）、MSF（约1700MJ/t）的20%~30%。MVR代表了今后蒸发工艺的发展方向，尤其是对无蒸汽来源的厂家更宜采用。国外现有的项目大多采用MVR技术。我国第一套煤化工废水高浓盐水蒸发装置也采用MVR技术，但动力采用蒸汽，MVR技术能耗低的优势没有体现。对于副产大量低压蒸汽的煤化工项目，虽然MED工艺本身能耗较高，但从全厂能量平衡考虑，使用 MED 工艺可有效利用厂区目前富余的低压蒸汽，使全厂能量利用更为合理，更有利于提高全厂能效。

一般考虑将煤化工厂的生产废水、生活污水、初期雨水等（统称为有机废水）进行分类收集、分质处理利用。煤化工行业废水的除盐并不是本书的讨论范畴，在本书仅做简单的概述，下面的章节会介绍两段式（即超滤－反渗透）处理工艺，对于深入的讨论和设计请参考其他相关的文献。

1.1.3 煤化工高浓度有机废水的思路概述

目前，煤化工行业高浓度有机废水处理工艺路线基本遵循预处理＋生化处理＋深度处理的三段式处理工艺。

预处理工段包括蒸氨、脱酚、隔油等，生化处理工段可根据水质及场地情况选择 A/O、A²/O、SBR、氧化沟、膜生物反应器等工艺。高浓度有机废水采用上述处理工艺，如果设计、运行和管理得当，经混凝沉淀－过滤处理后，出水 COD 值基本可降到 200mg/L 以下，但要回用于市政杂用还有一定的差距，需进行深度处理。

深度处理工段在设计时应注意两点：（1）深度处理工艺一般采用曝气生物滤池工艺（BAF）。但有机废水经过生化处理后，可生化性变差，BOD_5/COD 值一般小于 0.3。若直接采用 BAF 工艺，对废水中有机污染物基本没有去除效果，因此需要在 BAF 前端设高级氧化处理，如可采用臭氧氧化工艺，提高废水可生化性。（2）为保证出水稳定性和可靠性，防止出水水质波动对后续处理的冲击，可考虑在深度处理末端增加活性炭吸附工艺。为降低运行成本，活性炭吸附池设旁路系统，当出水水质良好时可不经吸附直接进入后续工段。

有机废水经预处理＋生化处理＋深度处理的三段式处理工艺处理后，可进行回用（如浇洒绿地等），也可进入含盐废水处理系统进一步除盐。

煤化工行业高浓度有机废水三段式处理（即预处理＋生化处理＋深度处理）是本书主要的讨论范畴。另外，为了形成较完整的系统，本书也会讨论高浓度有机废水深度处理中的除盐，但仅限于两段式（即超滤－反渗透）处理工艺的讨论，并不涉及高含盐废水的处理。

煤化工高浓度有机废水的处理必须从废水性质、处理工艺以及排放标准三个方面综合考虑处理费用－处理效果（即 cost－effective）之间的平衡。

首先要明确指出，煤化工高浓度有机废水的处理就是要找到一种合理的工艺，实现 cost－effective 的平衡，即在处理费用最低的情况下实现废水的达标排放或安全回用，这里的 effective 实际上是对应着某种废水排放标准或者是回用标准。过去很长时间里面，处理工艺普遍强调 cost（即处理费用），而没有相对应的 effective（即处理效果），因而造成不少概念和工程上的混淆。在这里要特别指出，单独强调处理费用较低，而不提出水水质标准是没有意义的，出水达标排放和安全回用所涉及的处理费用是有巨大差别的，不同的回用等级所涉及的处理费用也是有很大差别的。也要指出，单独指出出水水质好而不考虑处理成本也是没有意义的，将煤化工废水燃烧后冷凝得到的水质肯定是非常好的，但是其处理成本非常高。

其次要指出的是，废水水质对于废水的处理至关重要，废水水质是废水处理工艺及出水水质的第一决定要素,脱离水质而谈废水处理是没有意义的。煤化工生产工艺对煤化工有机废水水质有着重要的影响,而废水水质对废水处理有着非常重要的影响,生产工艺不同,煤化工厂排放的废水水质水量会存在非常大的区别;即便是同一工艺,如果清洁生产水平不同,排放的废水水质、水量也可能相差甚远。生产工艺中所采用的设备(焦炉)和工序(主要是煤气净化及化学产品回收)对煤化工过程的污染物排放特征,尤其是煤化工废水排放特征具有重要的影响。

最后要指出的是,一些处理工艺存在较多的相通点,很难比较。比如煤化工有机废水处理的主体工艺中 A/O 工艺和 SBR 工艺,本质原理是一样的,只是侧重点不同,SBR 工艺能够达到的除碳脱氮效果,A/O 工艺通常也能够获得。笔者更愿意将 A/O 工艺归结为工业废水处理常用的工艺,而 SBR 为生活废水处理常用的工艺,这主要是因为笔者考虑工业废水可生化性往往不太好,污泥沉降性能很难稳定在一个较好的水平,采用单独建设的二沉池,往往能够获得较好的效果,这个时候采用 SBR 工艺,有时并不能很好发挥其自动控制的优点。尽管我国在煤化工废水处理的实际工程中有不少 SBR 工艺,这些工艺也能实现出水达标的目的。但据笔者观察,这些 SBR 工艺并没有达到它的最佳运行状态,实际上在处理工业废水方面,SBR 工艺也很难达到工艺的最佳运行状态。基于这些考虑,要想比较煤化工有机废水处理工艺的优缺点,通常是非常困难的。即便是处理费用,由于统计的口径不同,也很难得出不同工艺的优劣。

正是基于这些考虑,本书先介绍煤化工工艺,在介绍煤化工工艺时,并不会重点介绍煤化工工艺原理,而是将重点放在煤化工生产的废水排放节点,以及不同工艺及工艺参数对煤化工废水水质产生的影响。然后介绍煤化工高浓度有机废水处理会涉及的排放标准以及回用水标准。接着再介绍目前对煤化工废水水质研究的一些方法以及取得的一些成果。最后再重点讨论煤化工高浓度有机废水处理可能会涉及的主要工艺,并结合笔者的科研成果,对目前一些处理工艺研究和工艺设计中存在的问题进行探讨。这样介绍的目的是让读者先对煤化工有机废水这个对象有较深入了解,然后在明白处理目标的前提下开展处理工艺的研究和设计。

1.2 煤焦化生产工艺及产排污

焦化工艺是指将配好的煤粉碎为合格煤粒,装入焦炉炭化室高温干馏生成焦炭,再经熄焦、筛焦得到合格冶金焦,并对荒煤气进行净化的生产过程。焦化工艺过程由备煤、炼焦、化产(煤气净化及化学产品回收)三部分组成,所用的原料、辅料和燃料包括煤、化学品(洗油、脱硫剂、硫酸和碱)和煤气。

我国焦化企业普遍采用的是带化产回收的机械化炼焦炉,此外还有热回收焦炉(主要分布于山西境内)、直立炭化炉(多分布于山西大同和朔州、内蒙古、江苏连云港、陕西神木和府谷等地),生产企业分布较少。钢铁行业炼焦工艺所用的机械化炼焦炉主要有顶装焦炉和捣固焦炉,其中顶装焦炉占实际生产焦炉数量的90%以上。

目前我国化产品回收品种相对较少,与先进国家差距很大,先进国家目前从煤气净化中可以提取的化产品多达 100 多种,而我国目前仅可回收化产品 50 种左右。同时,我国焦化行业在煤气净化、煤焦油深加工等工艺普遍技术装备水平落后,存在着很大的发展空间,无疑会成为今后焦化行业清洁生产技术的发展方向。

常规机焦炉焦化生产主要包括炼焦及煤气净化（也称为化学产品回收）两大部分。其中，焦炭生产包括储煤、备煤（配煤和破碎）、炼焦、熄焦、筛焦、储焦；煤气净化或化学产品回收主要包括冷鼓、脱硫。其总体工艺过程及产排污节点如图1-2所示。

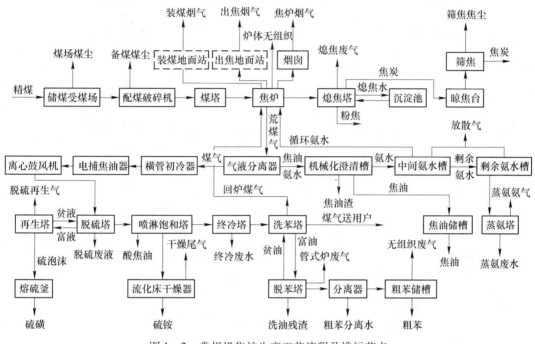

图1-2　常规机焦炉生产工艺流程及排污节点

1.2.1　炼焦过程

储煤备煤主要包括精煤储煤场（内有精煤堆场、精煤受煤坑）、精煤备煤（包括配煤仓、破碎机等）。外购精煤按不同种类分块堆存于精煤堆场。用煤时，不同煤种经受煤坑中转后，由皮带机分别落入相应的精煤配煤仓内，经仓下电磁振动给料机电子秤计量，并按一定比例配合后送到粉碎机，粉碎使85%的精煤粒度低于3mm，满足要求送至焦炉煤塔。

储煤备煤过程的产污节点主要包括：（1）煤料装卸、堆存过程中产生的煤尘。（2）精煤破碎、转运产生的煤粉尘。（3）煤场长期堆置时会产生淋滤水，或遇雨水产生煤泥水，主要含SS。（4）若设置有袋式除尘设施，还会有除尘器卸灰产生的固废。（5）破碎机、除尘风机等噪声。

炼焦装煤方式目前主要包括顶装煤和捣固侧装煤两种。顶装煤时，炼焦煤由煤塔落入炉顶装煤车上，再由炉顶装煤车装入各炭化室；侧装煤时，炼焦煤由煤塔落入装煤车箱内，采用捣固机将煤饼密度捣固至0.90~1.05t/m³后，再由装煤推焦车从机侧装入炭化室。焦炭成熟后，打开两侧炉门，由推焦车将焦炭推出，经焦侧挡焦车导焦栅导入熄焦车，送到熄焦塔。

顶装煤过程会从炉顶装煤孔排出烟气，有小炉门的在平煤时会有烟气从小炉门排出；侧装煤过程会从机侧装煤炉门上部排出烟气，焦炉炉顶孔会有烟气排出。出焦过程中，红焦从炭化室落入熄焦车上，会从焦侧炉门和熄焦车上排出烟气，应设有集尘除尘设施。

炼焦煤在炭化室内隔绝空气，在 950～1050℃的高温下，经干馏、软化、收缩、半焦最后成为焦炭。焦炭成熟后，打开两侧炉门，焦炭经拦焦车导焦栅导入熄焦车，送到熄焦塔冷却后，再送到筛焦工段。熄焦工艺目前主要有湿法熄焦和干法熄焦两种方式。湿法熄焦即利用水喷淋进行红焦熄灭，熄焦时需消耗大量的水。干法熄焦利用惰性循环气体冷却红焦，需配套余热回收和发电装置。

炼焦过程会因密封不好有烟气从炉门、装煤孔、上升管等处排出，属无组织排放。湿法熄焦过程熄焦塔底产生熄焦废水；湿法熄焦塔顶有熄焦烟气排出，熄焦废水中的污染物由水相向气相转移。干法熄焦时，会从预存室、惰性气体治理系统等处排放含尘废气。

1.2.2 煤气净化过程

炼焦产生的荒煤气，经机侧上升管、桥管汇入集气管。在此，用 0.2MPa、78℃的低压循环氨水喷洒冷却，使 700℃的荒煤气温度降至 84℃左右，再经吸气管和煤气主管抽吸至化产车间的冷凝鼓风工序。同时，在集气管中冷凝生成的焦油和氨水从集气管下部进入焦油盒，与荒煤气混合流入冷鼓工段，进行煤气冷却、净化和化学产品的回收。

机侧上升管、桥管连接处因密封不严易发生荒煤气溢散，设置水封密封装置，控制逸散。焦炉上升管及桥管连接处因设置水封装置，会有水封排水，含焦化特征污染成分，送污水处理装置。焦油机械化澄清槽将焦油渣、焦油、氨水分离。焦油送焦油槽作为产品外售；氨水（即剩余氨水）送蒸氨装置预处理后再送污水处理装置；焦油渣作为固体废物，送精煤场掺煤炼焦。

加热用回炉煤气经地下室煤气预热器预热至 45℃左右进入回炉煤气总管，再经机焦侧煤气主管、支管通过下喷管送入各燃烧室，在燃烧室与经蓄热室预热的空气接触燃烧。燃烧后废气经双联立火道、通过立火道顶部跨越孔进入下降气流的立火道，然后进入斜道，再经蓄热室格子砖把废气的部分显热回收后依次进入小烟道、废气开闭器、分烟道，最后经总烟道由烟囱排入大气。

焦炉热源为焦炉煤气，排放的废气中主要污染物为 SO_2，排放浓度和排放量视回炉煤气脱硫净化程度的不同而不同。此外，还有 NO_x、颗粒物。检查企业采用的焦炉煤气脱硫工艺及装置建设情况，根据脱硫后煤气中 H_2S 浓度核算燃烧废气中 SO_2 浓度。

熄灭后红焦由皮带机运入筛焦楼，根据用户需要，将焦炭筛分成不同粒级的产品，入焦仓直接装车外运，或送入焦场储存外运。

筛焦和焦炭转运过程中会产生含粉尘废气。

煤气净化和化学产品回收主要采用冷凝鼓风、脱硫、硫铵、粗苯工段。

1.2.2.1 冷凝鼓风工段

冷凝鼓风工段主要任务为对煤气进行冷凝冷却加压，脱除煤气中的萘及焦油雾，同时进行焦油、氨水的分离及焦油、循环氨水、高压氨水、剩余氨水的输送等。炼焦工段来的温度为 80℃左右的荒煤气经气液分离器进行气水分离。分离出的粗煤气进入横管初冷器，经上段循环水和下段低温水冷却至22℃左右后，入电捕焦油器进一步除雾后，由离心鼓风机送脱硫工段。初冷器产生的冷凝液循环使用，多余部分抽送至机械化氨水澄清槽。初冷器与气液分离器分离出的焦油、氨水一起进入机械化氨水澄清槽分离，上层氨水流入循环氨水中间槽，部分返回焦炉气管循环喷洒，剩余送蒸氨塔进行蒸氨。底部焦油流入机械化焦油分离槽，进一步分离出焦油送焦油储槽。焦油渣排入焦油渣车送配煤。煤气冷凝鼓风工艺流程如图1-3所示。

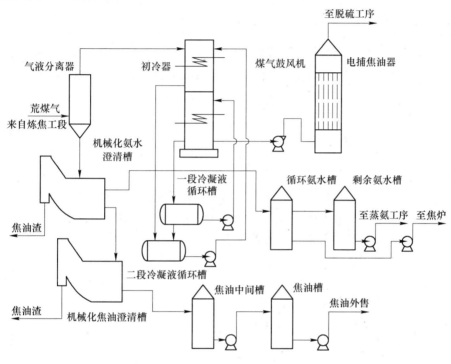

图1-3 煤气冷凝鼓风工艺流程

冷凝鼓风工段氨水槽、焦油槽顶放散气，主要含焦化特征污染成分。机械化氨水澄清槽分离出的剩余氨水，含有较高的COD、氨氮等成分。机械化氨水澄清槽底部分离出的焦油渣属危险固废，主要为裹有一定量焦油和氨水的煤粒及游离碳的混合物，一般含水分8%~15%，挥发分60%左右，可规范储存，也可设掺煤炼焦利用设施。部分焦化企业设置有机械化焦油分离槽，目的是处理机械化氨水澄清槽分离出的焦油，将焦油和焦油渣进一步分离，提高焦油质量。在机械化焦油分离槽中会产生焦油渣。

1.2.2.2 脱硫工段

脱硫分为煤气脱硫、富液再生及硫回收三部分。由冷鼓工段来的煤气从脱硫塔底部进入，与塔中部喷洒下来的脱硫液逆流接触，脱除煤气中的 H_2S 及少量有机硫，脱硫后的煤气送至硫铵工段。吸收了 H_2S 的脱硫富液从脱硫塔底部流出进入溶液循环槽，用溶液循环泵抽送至再生塔下部与空压站来的压缩空气并流再生，再生后的脱硫贫液返回脱硫塔循环喷淋。浮于再生塔顶部的硫泡沫利用高位差自流入硫泡沫槽，然后由下部自流入熔硫釜，用蒸汽加热，生产硫磺产品。煤气脱硫过程如图1-4所示。

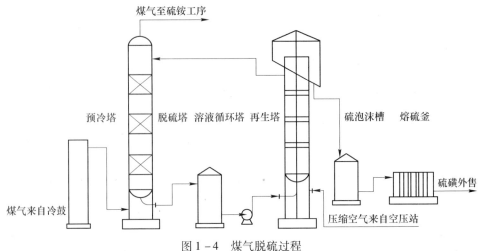

图 1 - 4　煤气脱硫过程

　　脱硫液再生采用压缩空气气提再生工艺，再生过程中会有脱硫再生气从再生塔顶排出，主要为塔底鼓入的空气，含有带出的 H_2S、NH_3，目前大多采用高空直接达标排放。脱硫液脱硫、再生等循环过程中，会有盐类累积。为避免盐类累积影响脱硫效果，需排放少量脱硫废液，含有硫代硫酸钠、硫氰化钠、硫代硫酸铵、硫氰化铵等成分，属危险废物，可规范堆存，或设置提盐装置等处置设施。

1.2.2.3　硫铵工段

　　硫铵工段包括硫铵和蒸氨两部分。由脱硫工段来的煤气经煤气预热器后进入喷淋式饱和器上段的喷淋室，在此煤气与循环母液（酸度 4% ~ 8%，氨 150 ~ 180g/L、硫酸铵 40% ~ 46%、硫酸氢铵 10% ~ 15%）充分接触，吸收去除其中的氨，再经饱和器内的除酸器分离酸雾后送粗苯工段。用结晶泵将饱和器母液中不断生成的硫铵晶体连同一部分母液送至结晶槽，再经离心机分离、流化床干燥器干燥后得到成品硫铵，包装外售。在饱和器下段结晶室上部的母液，用母液循环泵连续送至上段喷淋室喷洒，吸收煤气中的氨，并循环搅动母液以改善硫铵的结晶过程。喷淋室溢流的母液自流入满流槽，分离出少量的酸焦油后入母液储槽，经小母液泵加压后送回喷淋室喷淋洗涤煤气。补充浓硫酸从硫酸高位槽自流至满流槽，干燥器所需热风来自蒸汽加热后的热空气。由冷鼓来的剩余氨水与从蒸氨塔来的蒸氨废水换热、加碱后进入蒸氨塔，通入直接蒸汽蒸出其中所含的氨。塔底排出的蒸氨废水与剩余氨水换热后送污水处理装置。硫铵生产过程如图 1 - 5 所示。

　　硫铵干燥后的尾气含有一定量的硫铵粉尘，大部分企业采用旋风分离器处理后排放，但达标较为困难。为保证处理后粉尘达标，目前后序还串联有雾膜水除尘系统，经湿法进一步处理后排放。酸焦油是硫铵工序产生的主要危险固体废物，漂浮于满流槽液面上，可用人工捞出，是荒煤气中的焦油类物质未能有效除去，与硫酸反应生成的黑褐色、黏稠物质。酸焦油经捞出澄清后，含焦油为 2% ~ 3%，酸度为 1% ~ 2%，几乎不溶于水。一般组分为甲苯不溶物 50% ~ 70%、灰分 5% ~ 10%，还有多种芳香族如苯族烃、萘、蒽、酚类、含硫化物等。可规范储存，或掺煤炼焦综合利用。蒸氨塔一般放置于硫铵装置区，部分企业放置于脱硫装置区。剩余氨水经蒸氨塔预处理，降低其中所含的氨氮和 COD 后，

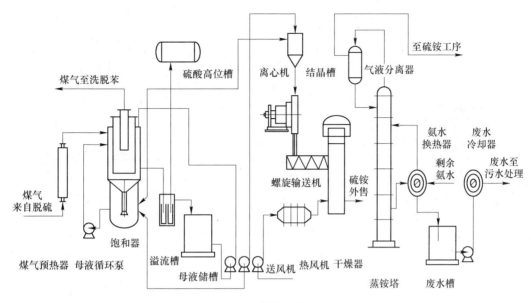

图 1-5　硫铵生产过程

成为蒸氨废水，由塔底排出，送污水处理装置处理。蒸氨废水与剩余氨水相比，COD、氨氮浓度低，但废水量相对较大。若企业未设置蒸铵塔，则可判断剩余氨水直接进入污水处理装置。

1.2.2.4　粗苯工段

粗苯工段包括终冷、洗苯、脱苯三部分。由硫铵工段来的55℃煤气，经终冷器冷却后进入洗苯塔，与循环洗油逆流接触脱苯，再经塔内捕雾段脱除雾滴后，得到净煤气送用户。洗苯塔出来的富油依次经轻苯冷凝冷却器、油油换热器和管式炉加热后，送脱苯塔蒸吹脱苯。塔顶苯蒸气经轻苯冷凝冷却器和制冷水冷却器后，部分回流，部分送粗苯储槽。分离出的废水送机械化氨水澄清槽（这也是焦化生产污水产生源之一）。脱苯后的热贫油自流入油油换热器，降至120℃后，入贫油槽，经加压泵送至贫油冷却器，进一步冷却至30℃循环使用。脱苯塔底排出的富油约98%循环回用，2%流入洗油再生器，采用过热蒸汽蒸出苯蒸气进入脱苯塔，残渣（固废）送入煤场掺烧炼焦。粗苯生产过程如图1-6所示。

管式炉热源为焦炉煤气，燃烧后废气中含 SO_2、NO_x、颗粒物。SO_2 排放浓度和排放量视回炉煤气脱硫净化程度不同而不同。粗苯分离水是本工序产生的主要废水，含有油、COD等污染成分，送机械化氨水澄清槽分离焦油后，再送污水处理装置处理。煤气终冷过程中会产生终冷废水。若采用间接冷却，终冷废水产生量较少，主要为煤气温度降低产生的冷凝液；若采用直接冷却，终冷废水产生量较大，主要为水直接冷却煤气产生的废水。煤气管线冷凝液是煤气厂内管网输送过程中产生的冷凝液，定期排出，送污水处理装置。洗油再生残渣是粗苯工序产生的危险固废，来自于洗油再生器，是洗油再生过程中排出的大分子量物质，呈黑色固（半固）态不定形物，外观类似中温沥青，属高分子环状物，兼有硫、氮等杂环，可规范储存，或掺煤炼焦综合利用。此外，焦化企业还有地坪冲洗水、

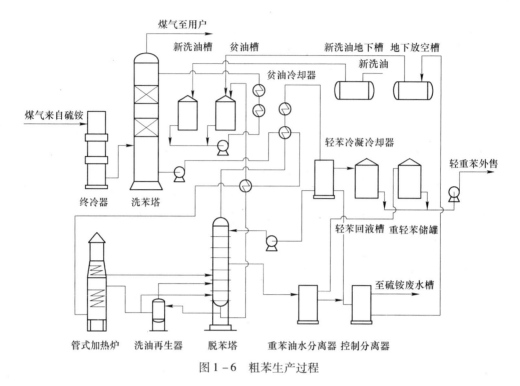

图1-6 粗苯生产过程

生活化验废水、装置跑冒滴漏、事故状态下设备清洗水，排入废水收集管网，送到污水处理装置。

1.3 煤气化生产工艺及产排污

1.3.1 煤气化技术

当前世界范围内煤气化技术总体上可以分为三类，即固定床煤气化技术、流化床煤气化技术和气流床煤气化技术，在我国应用相对较多的是固定床煤气化技术和气流床煤气化技术。固定床煤气化技术主要采用鲁奇炉，由于煤气化温度相对较低，其排放的废水属于典型的高浓度难降解有毒有害废水，废水含有高浓度的酚、氰化物、硫氰化物、多环芳烃和氨氮，它的处理是本书的主要讨论范畴；流化床和气流床的煤气化温度相比固定床的鲁奇炉有了较大的升高，因而气化炉排污强度相比固定床的鲁奇炉有了较大的下降，尤其是有毒有害污染物浓度有了较大的下降，因而该种废水的处理不是本书的主要讨论范畴。

为了更好地阐述和比较三种气化工艺气化炉的排水特征，下面简单介绍一下不同的气化工艺特点。

当前全世界范围内大约有十几种相对成熟且应用较多的煤气化技术，其中国外技术主要包括鲁奇固定床气化、德士古水煤浆气化、壳牌和GSP粉煤气化等技术，国内技术主要包括非熔渣-熔渣氧气分级煤气化、多喷嘴对置式水煤浆气化、灰融聚流化床气化以及两段干粉加压气化等技术。根据气化炉所使用的煤颗粒大小和颗粒在气化炉内的流动状态，煤气化技术总体上分为三类，即以鲁奇为代表的固定床煤气化技术，以U-Gas（灰团聚/灰熔聚）、温克勒（Winkler）等为代表的流化床煤气化技术，以及以德士古、壳牌为代表的气流床气化炉。

1.3.1.1 固定床煤气化技术

以鲁奇为代表的固定床气化技术又分为常压固定床间歇煤气化技术和加压固定床煤气化技术。鲁奇加压气化炉是由联邦德国鲁奇公司于 1930 年开发的，属第一代煤气化工艺，技术成熟可靠，是目前世界上建厂应用最多的煤气化技术。鲁奇气化炉是制取城市坑口煤气装置中的心脏设备。它适应的煤种广、气化强度大、气化效率高、粗煤气无需再加压即可远距离输送。

鲁奇炉以 8~50mm 粒度、活性好、不黏结的无烟煤、烟煤或褐煤为原料，采用碎煤加压式填料方式，即连接在炉体上部的煤锁将原料制成常温碎煤块，然后从进煤口经过气化炉的预热层，将温度提高至 300℃左右。煤从气化炉的顶部加入，而气化剂从炉子的下部供入，因而气固间为逆向流动。随着反应的进行，煤在气化炉内缓慢移动。从气化剂入口吹进的助燃气体将煤点燃，形成燃烧层。燃烧层上方是反应层，产生的粗煤气从出口排出。炉算上方的灰渣从底部出口排到下方连接的灰锁设备中，所以气化炉与煤锁、灰锁构成了一体的气化装置。鲁奇炉固定床气化压力可达 3.0MPa，气化温度为 900~1050℃，单炉投煤量一般为 1000t/d（最大可达 1920t/d），采用固态排渣方式。鲁奇炉的代表炉型即第三代 MARK-Ⅳ/4 型 ϕ3800mm 加压气化炉，炉体由内外壳组成，其间形成 50mm 的环形水冷夹套，是一种技术先进、结构更为合理的炉型。

鲁奇炉固定床气化工艺成熟可靠、投资省、建设工期短；对燃料的要求比较高，尤其不宜使用焦结性煤，由于气化温度较低，产生的煤气中不可避免地含有大量的沥青、焦油，因此需要对粗煤气进行分离净化；气化压力低，生产能力小，能耗高；富氧连续气化的生产能力是间歇气化能力的 2 倍以上，但 CO_2 含量略高，同时因需富氧，增加了建设投资；富氧连续制气无吹风气排放，间歇制气吹风气排放量大，污染物含量多，排放污水中有害物质浓度高，环境污染严重。

鲁奇气化炉起初主要用于生产城市煤气，后发展到生产合成油、氨、甲醇，以及燃气等。由于鲁奇气化炉生产合成气时，气体成分中甲烷含量高（8%~10%），且含焦油、酚等物质，气化炉后需要设置废水处理及回收、甲烷分离转化装置，用于生产合成气生产流程长、投资大，因此单纯生产合成气较少采用鲁奇气化炉。

1.3.1.2 流化床煤气化技术

流化床气化又称沸腾床气化。它以小颗粒煤为气化原料，这些细颗粒在自下而上的气化剂的作用下，保持着连续不断和无秩序的沸腾和悬浮状态运动，迅速地进行着混合和热交换，从而使整个床层温度和组成均一。常见的流化床有温克勒（Winkler）、灰团聚（U-Gas）、循环流化床（CFB）、加压流化床（PFB 是 PFBC 的气化部分）等。

U-Gas 煤气化技术是 20 世纪 70 年代由美国煤气公司开发的。该技术是在常压循环流化床技术工艺的基础上发展起来的，它的技术突破在于采用了灰熔聚技术，气化剂分两路进入炉内，在炉底中心有一个氧气或空气入口，该处由于氧气或空气的进入，形成一个局部的高温区，在这里灰渣中未反应的碳进一步反应，煤灰则在高温下开始软化并且相互黏结在一起，当熔渣的密度和重量达到一定的程度时，灰球的重力大于气流对其的曳力而下落排出。灰熔聚技术极大地降低了常规流化床气化排灰的碳含量，明显提高了碳的转化率，是循环流化床气化技术发展史上的重要里程碑，使循环流化床气化炉的碳转化率提高到96% ~98%，气化温度954 ~1038℃。U – Gas 气化炉操作压力为0.69 ~2.41MPa，煤气中无焦油，无废气排放。目前存在的问题是出口气带灰较多，长周期运行有一定的困难。

1.3.1.3　气流床煤气化技术

气流床气化是一种并流式气化。从原料形态分有水煤浆、干煤粉两类；从专利上分，Texaco、Shell 最具代表性。前者是先将煤粉制成煤浆，用泵送入气化炉，气化温度1350 ~1500℃；后者是气化剂将煤粉夹带入气化炉，在1500 ~1900℃高温下气化，残渣以熔渣形式排出。在气化炉内，煤炭细粉粒经特殊喷嘴进入反应室，会在瞬间着火，直接发生火焰反应，同时处于不充分的氧化条件下，因此，其热解、燃烧以吸热的气化反应，几乎同时发生。随气流的运动，未反应的气化剂、热解挥发物及燃烧产物裹挟着煤焦离子高速运动，运动过程中进行着煤焦颗粒的气化反应。这种运动状态，相当于流化技术领域里对固体颗粒的"气流输送"，习惯上称为气流床气化。

20 世纪50 年代初期，德士古公司在重油部分氧化气化基础上，成功开发了德士古（Texaco）水煤浆加压气化技术。该技术中，将原料煤、水及添加剂等送入磨机磨成水煤浆，由高压煤浆泵送入气化炉喷嘴，与来自空气的氧气一起送入炉内，在高温、高压条件下发生部分氧化反应。离开气化炉的粗合成气和炉渣进入激冷室，粗合成气经第一次洗涤并被水淬冷后，温度降低被水蒸气饱和后出气化炉；气体经文丘里洗涤器、碳洗塔洗涤除尘冷却后送至变换工段。由于高温、高压条件下发生气化反应，产生的粗煤气中没有焦油；水急冷工艺使得产生的煤气中含有饱和蒸汽，对于后续的化工合成而言无需再加入水蒸气。德士古水煤浆气化炉的温度为1350 ~1400℃，操作压力已达到8.7MPa，单炉耗煤量已达到2000t/d，是目前商业运行经验最丰富的气流床气化技术。该技术的特点是对煤种适应性比较宽；对煤的活性没有严格的限制，但对煤的灰熔点有一定的要求（一般要求低于1400℃）；单炉生产能力大；碳转化率高，达96% ~98%；煤气质量好；甲烷含量低。

壳牌粉煤气化技术是由壳牌公司在渣油气化的基础上于1972 年开始研究的。气化工艺采用干粉进料、氧吹、液态排渣工艺流程。煤粉由高压氮气送入气化炉喷嘴。来自空气的氧气经氧气预热器加热到一定温度后，与中压过热蒸汽混合并导入喷嘴。送入炉内的煤粉氧气及蒸汽在高温加压条件下发生部分氧化反应，气化炉顶部约1500℃的高温煤气与经冷却后的煤气激冷至900℃左右进入废热锅炉，经回收热量后的煤气温度降至350℃进入除尘和湿式洗涤系统。壳牌粉煤气化技术由于采用膜式壁气化炉而非耐火砖，为提高气化温度提供条件，因此煤种适应性强，适合包括褐煤、烟煤、无烟煤到石油焦炭等气化原料；熔渣附着在水冷壁表面，气化炉的使用寿命长，较耐火砖炉衬有较好的可靠性；变负荷能力强，由于多组烧嘴的运用，系统可通过关闭一组或多组烧嘴调节合成气输出量。但是该技术的主要问题是设备投资偏大，气化炉及废热锅炉结构复杂，干粉稳定输送的控制难度大。

GSP 工艺技术由前民主德国的德意志燃料研究所开发，始于20 世纪70 年代末。GSP气化炉由烧嘴、冷壁气化室和激冷室组成。烧嘴为内冷多通道的多用途烧嘴，冷却水分别在物料的内中、中外层之间和外层之外，冷却方式比较均匀，可以使烧嘴温度保持在较低水平。固体气化原料被碾磨成不大于 0.5mm 的粒度后，经过干燥，通过浓相气流输入系统送至烧嘴。气化原料与气化剂经烧嘴同时喷入气化炉内的反应室，在高温（1400 ~ 1600℃）、高压（2.5 ~ 4.0MPa）下发生快速气化反应，产生热粗煤气。高温气体与液态渣一起离开气化室向下流动直接进入激冷室，被喷射的高压激冷水冷却，液态渣在激冷室底部水浴中成为颗粒状，定期地从排渣锁斗中排入渣池，并通过捞渣机装车运出。从激冷室出来的达到饱和的粗合成气经两级文氏管洗涤后，使含尘量达到要求后送出界区。GSP 工艺煤种适应性广，从褐煤、烟煤、无烟煤到石油焦均可；对高水分、高灰分、高硫含量、高灰熔点的煤种也能适应；气化压力高，气化温度可高达 1850℃，特别适应高灰熔点的煤种；碳转化率高，煤气有效气体（$w(CO+H_2)$ > 84%）含量高，煤气中不含甲烷及其他烃类；进炉煤中 $w(H_2O)$ < 2%，属于干粉煤进料；氧耗低，能耗低；炉内采用水冷格栅结构，无耐火材料，维修量小，设备运转周期长；属洁净煤气化技术，气化过程无废气排放，灰水循环使用，基本无排放；原料煤的干燥、磨制粉煤（粒径 < 0.2mm，占 80%），加压输送，是一套复杂、庞大的系统，投资及动力消耗高；操作运转费用偏高，在一定程度上影响其经济性，在正常运行中，为了便于调节炉温，需向炉内送入 4.2MPa 的过热蒸汽。以日投煤量 1000t 计，每小时投入的蒸汽量为 8.5 ~ 10.5t。同时，为防止熄火，保证安全生产，炉内设燃气烧嘴，每小时耗煤气 3500 ~ 4000m³，相当于损失合成氨 1t 以上。仅上述两项费用，每天约 5.0 万元，全年 1500 万元以上。可见操作运转费用偏高，在一定程度上影响其经济性。

1.3.2 煤制甲醇工艺的废水产排节点

气化炉产生的合成气可以用于多种生产，有着非常丰富的产业链，其中合成气制甲醇在我国应用较广，有着较多的工程。煤制甲醇工艺分为煤直接气化制甲醇、焦炉气制甲醇、氨醇联产制甲醇三大类。

煤制甲醇的工艺不同，同一工艺的不同节点，排放的废水性质差别较大。煤直接气化制甲醇的合成气可以采用固定床、流化床和气流床。同样，固定床造气废水属于高浓度难降解有毒有害废水。流化床和气流床的造气废水中有机物浓度较低，属于一般的工业有机废水，处理相对较容易。煤制甲醇气化炉后续的工艺节点中，也会排放较高浓度的有机废水，尤其是变换工序的变换冷凝液和甲醇精馏残液等，有机物浓度较高，但是由于其主要含有易生物降解的甲醇，处理相对较容易。尽管实际处理过程中，气化炉废水和甲醇精馏残液常常会在同一套工艺中处理，本书也不会重点讨论这类型废水的处理。

焦炉气制甲醇工艺废水的排放处理难点也是气化炉排放的废水，但是焦炉气制甲醇工艺的气化炉废水与煤焦化废水水质相同，可按焦化废水处理的方法进行处理。氨醇联产制甲醇废水处理的难点也是气化炉排放的废水，但是由于氨醇联产制甲醇的气化炉排污强度远小于固定床直接气化制甲醇工艺气化炉排污强度，其废水处理不是本书重点讨论范围。

为了更好地理解煤制甲醇工艺废水不同工艺排放节点的废水排放特征，下面简单介绍煤制甲醇工艺的废水排放节点。

相对联醇来讲，煤直接气化制甲醇又称单醇生产，其主要工艺流程依次为煤气化、合成 - 气变换、脱硫脱碳净化（含硫回收）、甲醇合成、甲醇精馏等。焦炉气制甲醇工艺以煤焦化产生的焦炉煤气为原料，经焦炉气压缩、脱硫净化、气体转化、甲醇合成、甲醇精馏等工艺环节生产甲醇,是我国独有的甲醇生产工艺。氨醇联产制甲醇工艺是以合成氨生产中需要清除的 CO、CO_2 及原料气中的 H_2 为原料,合成甲醇。其工艺流程主要包括造气、粗脱硫、变换、脱碳、精脱硫、甲醇合成、甲醇精馏等。

　　煤制甲醇各工序采用的技术不同,资源、能源利用效率和污染物排放差异较大,这种差异在煤气化工序表现得最为明显。煤气化技术主要分为固定床、流化床、气流床三种。固定床煤直接气化制甲醇和氨醇联产是传统的煤制甲醇生产工艺;以水煤浆、粉煤气化为代表的气流床气化技术是近十几年来迅速发展起来的新型煤制甲醇生产工艺。流化床气化技术在我国较少用于煤制甲醇生产。煤制甲醇工艺流程及产排污节点如图 1-7 所示。煤制甲醇工艺废水种类主要有气化工序的造气废水、脱硫工序的脱硫废水、变换工序的变换

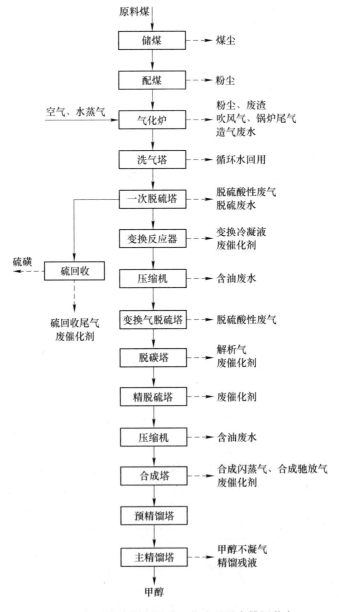

图 1-7　固定床煤制甲醇工艺流程及产排污节点

冷凝液、甲醇精馏残液等。主要的水污染物有 COD、NH_3-N、硫化物、氰化物、悬浮物等。固定床、流化床和气流床等技术在产排污节点上并没有明显的区别，但是不同类型气化炉的造气废水（即气化炉冷凝液）产生量和废水中有机物浓度区别较大。固定床工艺的气化炉温度相对较低，因而冷凝液排放量大，且含有高浓度的酚、氰化物和多环芳烃，是典型的高浓度难降解有毒有害废水；而流化床和气流床工艺的气化炉温度相对较高，废水排放量要小很多，而且污染物浓度也相对较低。

焦炉气制甲醇工艺是我国独有的甲醇生产工艺。焦炉气富氢少碳，有机硫、无机硫等杂质含量高。焦炉气制甲醇工艺流程及产排污节点如图1-8所示。主要废水排放环节为气柜装置废水、甲醇精馏残液等。其中气柜装置废水包括冷凝液和气柜水封排污水。冷凝液污染物排放浓度较高，但是其为间歇排水。焦炉气制甲醇工艺的废水排放强度显著小于固定床煤制甲醇工艺。

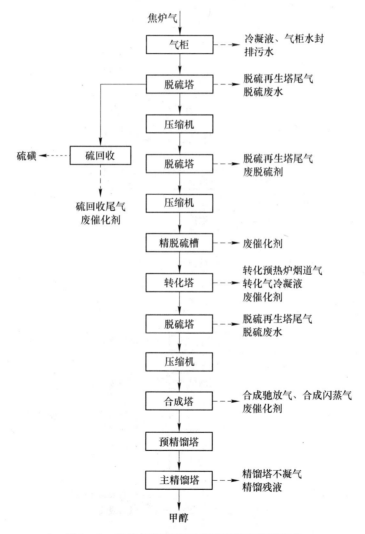

图1-8 焦炉气制甲醇工艺流程及产排污节点

联醇工艺流程主要包括造气、粗脱硫、变换、脱碳、精脱硫、甲醇合成精馏等。增设甲醇生产，提高原料气中 CO、CO_2 含量可节省变换与脱碳工序的能耗，甲醇合成后气体中 CO、CO_2 含量下降又可降低原料气精制工序的能耗，可以使合成氨成本明显降低，所以联醇工艺是合成氨工艺发展中的一种优化的净化组合工艺。但是，在联醇工艺中甲醇合成工艺条件是基于合成氨工艺流程考虑确定的，并非是甲醇合成过程的最佳工艺条件，甲醇产量较低，联醇产能在整个煤制甲醇行业中所占份额较小。

氨醇联产制甲醇主要工艺流程和产排污节点如图 1 - 9 所示。联醇工艺水污染物产生量较大的为气化、合成和精馏工序，主要的污染物为 COD、氨氮和氰化物。氨醇联产工艺

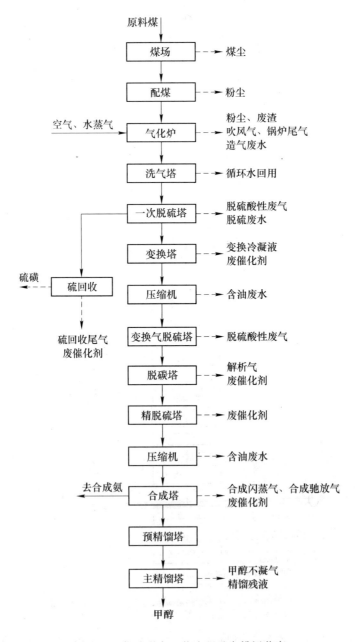

图 1 - 9　氨醇联产工艺流程及产排污节点

的废水种类主要有洗气塔清洗水，气柜废水，脱硫洗气塔清洗水，合成、变换、脱碳、精馏工序排污等；主要污染物有 COD、氨氮、氰化物、硫化物和酚等。

1.3.3　煤气化合成氨工艺的废水产排节点

2006 年，我国合成氨生产企业共有 585 家，合成氨产量 4937.9 万吨。其中，煤头企业 502 家，合成氨产量 3768.4 万吨，占 76.3%；气头企业 74 家，合成氨产量 1052.9 万吨，占 21.3%；焦炉气企业 4 家，合成氨产量 17.9 万吨，占 0.4%；油头企业 5 家，合成氨产量 98.7 万吨，占 2.0%。2006 年我国合成氨、尿素产量及原料结构见表 1 - 1。由此可见，我国采用煤制氨仍占主要地位，而且从我国的能源结构、储量、供应及消耗情况来看，油制氨将逐步为煤制氨所取代。

表 1 - 1　2006 年我国合成氨、尿素产量及原料结构

原　料	合　成　氨			尿　素	
	企业数	产量/万吨	占全国比例/%	产量（实物)/万吨	占全国比例/%
煤	502	3768.4	76.3	3024.3	66.1
天然气	74	1052.9	21.3	1419.9	31.0
油	5	98.7	2.0	108.2	2.4
焦炉气	4	17.9	0.4	26.1	0.6
全国合计	585	4937.9	100	4578.6	100

合成氨的生产工序主要包括造气、脱硫、CO 变换、脱碳、精制、压缩与合成。目前，我国采用的煤制气合成氨生产工艺主要有无烟煤固定床间歇气化制氨、水煤浆加压气化制氨，生产工艺流程分别如图 1 - 10 和图 1 - 11 所示。根据 2007 年国家环保总局组织的行业产排污系数调查结果，上述生产工艺基本上可代表我国合成氨生产的各种流程。

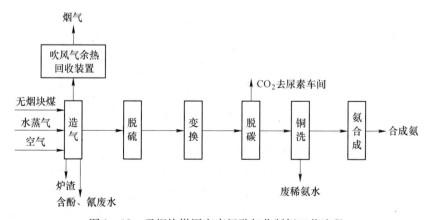

图 1 - 10　无烟块煤固定床间歇气化制氨工艺流程

从图 1 - 10 和图 1 - 11 中可以看到，以无烟块煤为原料采用固定床间歇气化制氨生产过程中产生的废水主要是含酚、氰等的造气、脱硫洗涤冷却水，煤气脱硫工艺过程脱硫液再生排放的硫泡沫废液，含油废水，含氨废水，循环冷却水排水。视工艺路线不同，吨氨废水排放量为 5~50t。以水煤浆气化工艺制氨的过程中，污染物主要是气化装置产生的含

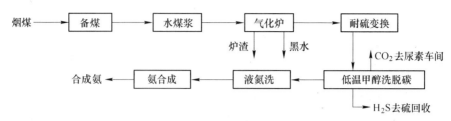

图 1-11 水煤浆加压气化制氨工艺流程

有细灰的黑水，大部分循环使用及用于制水煤浆。本书所讨论的煤化工高浓度有机废水指的是固定床间歇气化制氨生产过程中产生的造气废水（高浓度酚氰废水）。

1.3.4 其他煤气化生产工艺及废水产排节点

1.3.4.1 煤制清洁燃气生产工艺及废水产排情况

随着我国城市化进程的继续推进，对天然气的需求将持续攀升。而我国天然气储量并不丰富，为了保障用于城市燃气的天然气的供应，我国 2007 年 11 月已经禁止了利用天然气制甲醇，并且限制煤炭充足地区的天然气发电。据预测，我国 2010 年、2015 年和 2020 年对天然气的需求分别达到 $1.2 \times 10^{11} m^3$、$1.7 \times 10^{11} m^3$ 和 $2.0 \times 10^{11} m^3$；相应地，天然气缺口分别为 $3 \times 10^{10} m^3$、$6.5 \times 10^{10} m^3$ 和 $10 \times 10^{10} m^3$。目前我国天然气的进口途径主要有两条：一条是从俄罗斯和中亚国家通过长输管道进口的天然气，另一条是在东南沿海等地进口的液化天然气（LNG）。地缘政治和国际天然气的运输及价格都将影响我国天然气的供应。因此，发展煤制代用天然气（Substitute Natural Gas，SNG）就具有了保障我国能源安全的重要性。

煤制 SNG 可以高效清洁地利用我国较为丰富的煤炭资源，尤其是劣质煤炭；还可利用生物质资源，拓展生物质的利用形式，来生产国内能源短缺的天然气，然后并入现有的天然气长输管网；再利用已有的天然气管道和 NGCC 电厂，在冬天供暖期间，将生产的代用天然气供给工业和作为燃料用于供暖；在夏天用电高峰时，部分代用天然气用于发电；在非高峰时期，可以转变为 LNG 以作战略储备；从而省去了新建燃煤电厂或改建 IGCC 电厂的投资和建立铁路等基础设施的费用，并保证了天然气供应的渠道和实现了 CO_2 的减排。由此可见，煤制 SNG 是一举数得的有效措施，有望成为未来劣质煤炭资源和生物质资源等综合利用的发展方向。

煤制 SNG 技术是利用褐煤等劣质煤炭，通过煤气化、一氧化碳变换、酸性气体脱除、高甲烷化工艺来生产代用天然气。典型工艺流程如图 1-12 所示，主要流程为：原煤经过备煤单元处理后，经煤锁送入气化炉。蒸汽和来自空分的氧气作为气化剂从气化炉下部喷入。在气化炉内煤和气化剂逆流接触，煤经过干燥、干馏和气化、氧化后，生成粗合成气，粗合成气的主要组成为氢气、一氧化碳、二氧化碳、甲烷、硫化氢、油和高级烃，粗合成气经急冷和洗涤后送入变换单元。粗合成气经过部分变换和工艺废热回收后进入酸性气体脱除单元。粗合成气经酸性气体脱除单元脱除硫化氢和二氧化碳及其他杂质后送入甲烷化单元。在甲烷化单元内，原料气经预热后送入硫保护反应器，脱硫后依次进入后续甲烷化反应器进行甲烷化反应，得到合格的天然气产品，再经压缩干燥后送入天然气管网。

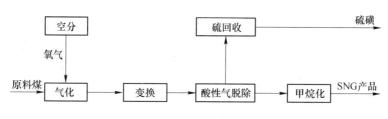

图 1-12 煤制 SNG 典型工艺流程

煤制 SNG 技术的气化可采用固定床工艺、流化床工艺和气流床工艺。流化床气化工艺比较适应年轻褐煤气化，但气化压力小于 1MPa，飞灰太多且含碳高，碳转化率、气化效率较低，在装置大型化方面存在一定的问题。BGL 固定床液态排渣压力气化，虽然能较好地适应高水分褐煤气化，且有蒸汽消耗低、煤气中甲烷含量高的特点，但该技术还不成熟。在我国可供选择的气化工艺有 GSP、Shell 干粉煤、液态排渣气流床压力气化、Lurgi 碎煤固定床干法排灰压力气化。

GSP、Shell、Lurgi 三种煤气化工艺在消耗指标上，消耗高水分原料煤基本一样，差别最大的是氧气消耗原料煤 Shell、GSP 是 Lurgi 的 2.9 倍。电：Shell 是 Lurgi 的 19 倍，GSP 是 Lurgi 的 12 倍。蒸汽：GSP、Lurgi 比 Shell 每 10^6kJ 多消耗 3.5kg。三种气化工艺的碳转化率、气化效率、气化热效率基本一样。

三种煤气化投资相差很大。Shell 投资是 Lurgi 的 2.6 倍，GSP 是 Lurgi 的 2 倍。造成投资大的主要原因除气化装置外，空分装置影响更大。对于以煤原料生产合成天然气，Lurgi 煤气化生产煤气中按热值分布，焦油热值约占煤总热值的 10%，甲烷热值约占煤气总热值的 30%，H_2、CO 约占 60%。因此采用 Lurgi 煤气化工艺合成天然气相比 Shell、GSP 煤气化工艺，变换低温甲醇洗净化装置、甲烷化装置处理量大大减少，消耗、投资大大降低。因此在我国煤气化工艺还是首选 Lurgi 煤气化。但是同煤制甲醇一样，Lurgi 煤气化工艺气化炉废水排放量和污染物浓度远高于其他工艺，其废水是本书重点讨论的范围。

1.3.4.2 煤制烯烃生产工艺及废水产排情况

煤制烯烃是指以煤为原料合成甲醇后再通过甲醇制取乙烯、丙烯等烯烃的技术。由于煤制烯烃的工艺过程中先合成甲醇，再进行后续的生产链，因此煤制烯烃生产中废水产排情况与煤制甲醇相似。即固定床排放高浓度难降解有毒有害废水，流化床和气流床的造气废水中有机物浓度较低，属于一般的工业有机废水。煤制甲醇气化炉后续的工艺节点中，也会排放较高浓度的有机废水，但废水中有机物大多是易生物降解的，处理相对较容易。

1.3.4.3 煤制二甲醚生产工艺及废水产排情况

煤制二甲醚是以煤为原料合成甲醇后，再通过甲醇制取二甲醚的技术。由于煤制二甲醚的工艺过程中先合成甲醇，再进行后续的生产链，因此煤制二甲醚生产中废水产排情况与煤制甲醇近似。即固定床排放高浓度难降解有毒有害废水，流化床和气流床的造气废水中有机物浓度较低，属于一般的工业有机废水。煤制甲醇气化炉后续的工艺节点中，也会排放较高浓度的有机废水，但废水中有机物大多是易生物降解的，处理相对较容易。

1.4　煤液化生产工艺及产排污

1.4.1　煤液化生产工艺

煤液化技术分为煤直接液化技术和煤间接液化技术。煤直接液化是指将煤炭制成油煤浆，在高温、高压下，借助于供氢溶剂和催化剂，使氢元素进入煤及其衍生物的分子结构，从而将煤转化为液体燃料或化工原料的先进洁净煤技术。通过煤直接液化，不仅可以生产汽油、柴油、液化石油气、喷气燃料油，还可以提取 BTX（苯、甲苯、二甲苯）及生产乙烯、丙烯等重要烯烃的原料。煤间接液化是以煤为原料，先气化制成合成气，然后通过催化剂作用将合成气转化成烃类燃料、醇类燃料和化学品的过程。

目前，世界上具有代表性的最先进的几种煤直接液化工艺是德国的 IGOR（Integrated Gross Oil Refine）工艺、美国碳氢化合物研究公司（HTI）两段催化液化工艺和日本的 NEDOL 工艺。

IGOR 工艺是由 IG 工艺发展来的。IG 工艺是由德国染料公司开发的两段工艺，第一段为煤浆加氢，将煤转化为粗汽油和中油；第二段为气相加氢，将第一段的产品转化为商品油。IGOR 工艺将 IG 的两段结合到一起，在高温分离器和低温分离之间设置了两个催化加氢反应器（固定床），其结果缩短了流程，不仅减少设备的投资，也减少了 IG 工艺由于流程长带来的热损失。

IGOR 工艺以制铝赤泥（拜耳赤泥）为催化剂，拜耳赤泥的主要成分为 Al_2O_3、Fe_2O_3、SiO_2。拜耳赤泥是铝生产过程中的副产品，由于催化剂价格便宜，对催化剂不进行回收。液化反应压力为 30MPa，反应温度为 465℃，空速为 $0.5t/(m^3 \cdot h)$。反应产物进入高温分离器，由高温分离器底部出来的粗油被送入减压闪蒸塔，减压闪蒸塔底部产物为液化残渣，顶部的闪蒸油与高温分离器的顶部产物一起进入第一个固定床加氢反应器，其产物进入中温分离器。中温分离器底部的重油作为循环溶剂，用于煤浆制备，顶部产物进入第二个固定床加氢反应器。两个加氢反应器的操作参数和使用的催化剂均相同，操作温度为 350～420℃，操作压力为 30MPa，空速为 0.5/h（液体空速），催化剂为 Mo－Ni 型载体催化剂。第二个加氢反应器的产物进入低温分离器，其顶部出来的富氢气经水洗和油洗后循环使用，其底部产物进入常压蒸馏塔，在常压蒸馏塔中分馏出汽油和柴油馏分。

美国碳氢化合物研究公司（HTI）两段催化液化工艺采用胶态铁催化剂，它比一般的铁系催化剂活性高。这种工艺将煤、催化剂和循环溶剂制成煤浆，煤浆经过预热并与氢混合后进入一段反应器。操作压力为 17MPa，操作温度为 440～450℃。反应产物进入高温分离，高温分离器顶部产物进入第二段反应器。高温分离器分离出来的液体一部分作为循环溶剂返回制浆系统，另一部分经过减压和催化裂化可以取得成品汽油。第二段反应器的操作压力和温度与第一段反应器相同。第二段反应器的产物进入低温分离器，低温分离器底部产物进入常压塔，顶部产物作为循环氢使用。常压塔顶部产物可获得石脑油，底部产物一部分经过加氢可获得柴油，另一部分经过催化裂化可获得汽油。

日本的 NEDOL 工艺方法是日本于 20 世纪 80 年代在 EDS 工艺的基础上开发的。原料采用烟煤，反应器采用铁催化剂，反应温度为 450℃，反应压力为 17～19MPa，催化剂使用合成硫化铁或天然硫化铁。工艺特点是：制浆用的循环溶剂采用单独加氢，因而提高了溶剂的供氢能力。常压蒸馏塔底部产物进入减压蒸馏塔，脱除中质和重质组分。大部分的中质油和全部重质油经过加氢处理后作为循环溶剂，减压蒸馏塔底产物为未反应的煤、矿物质和催化剂，这些物料可作为制氢的原料。溶剂加氢反应器是固定床催化反应器，操作温度为 320 ~ 400℃，压力为 10MPa，催化剂是由炼油过程使用的加氢脱硫催化剂改进的。物料在反应器内的平均停留时间约为 1h，反应产物在一定温度下经过闪蒸获得石脑油产品，闪蒸得到的液态产物作为循环溶剂送往煤浆制备单元。

煤间接液化制油工艺主要有南非 Sasol 间接液化工艺、荷兰 Shell 的中间馏分油 SMDS 合成工艺和美国 Mobil 的甲醇合成油 MTG 工艺等 3 种。除此之外的 Syntroleum 工艺、Exxon 的 AGC – 21 工艺、Rentech 工艺基本与以上工艺类似，只是使用了不同的专有催化剂。由于我国煤间接液化实际工程较少，在此就不做详细的介绍。

1.4.2 煤液化生产的排污节点

煤间接液化制油工艺首先是将煤炭气化，气化过程中废水排放强度与气化工艺有关，与前面阐述的一样，固定床工艺废水排放强度高，流化床和气流床工艺废水排放强度相对较低。煤气化之后的节点废水排放强度相对较低，排放的废水属于一般工业有机废水。

目前，国内对煤直接液化生产工艺的排污节点报道较少，这主要是国内的煤液化工艺多涉及一些专业保密和商业保密，煤液化企业均不愿意公布其生成工艺节点。煤液化厂的工艺流程及污水排放节点如图 1 – 13 所示。煤直接液化生产工艺排放的高浓度污水指经汽提、脱酚装置处理后的出水，主要包括煤液化、加氢精制、加氢裂化及硫磺回收等装置排

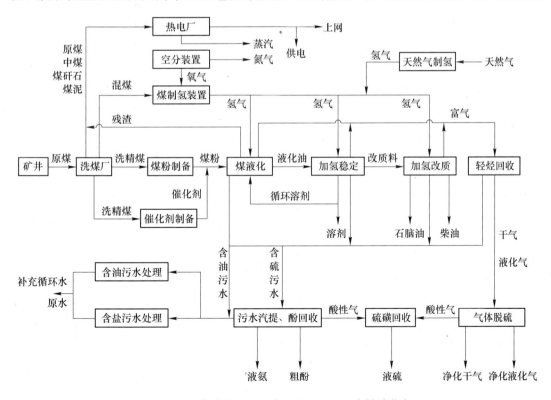

图 1 – 13　煤液化厂的生产工艺流程及污水排放节点

出的含酚、含硫污水。根据神华煤制油汽提、脱酚的工艺资料及煤液化废水水质分析报告，确定出高浓度污水的进水水质的特点：油含量低，盐离子浓度低；COD 浓度很高，已经超出一般生物处理的范畴，其中多环芳烃和苯系物极其衍生物、酚、硫等有毒物质浓度高，可生化性差，是一种比较难处理的污水。

1.5 煤化工废水处理要求及行业产业政策

2012 年 6 月 27 日，中华人民共和国环境保护部和国家质量监督检验检疫总局联合发布了《炼焦化学工业污染物排放标准》（GB 16171—2012），该标准规定现有和新建焦炉生产过程储备煤、炼焦、煤气净化和热回收利用等工序水污染物排放执行的标准，钢铁等工业企业炼焦工段污染物排放控制要求执行的标准。因而，焦化废水处理工艺的出水水质必须满足《炼焦化学工业污染物排放标准》（GB 16171—2012）中规定的限制标准。煤气化废水和煤液化废水的排放并没有相关的行业标准，因此在我国煤气化废水和煤液化废水的处理工艺的出水水质必须满足《污水综合排放标准》（GB 8978—1996）中规定的限制标准。

中华人民共和国工业和信息化部（简称"工信部"）于 2008 年 12 月 19 日下发的 15 号文《焦化行业准入条件（2008 年修订)》中明确规定：酚氰废水处理合格后要循环使用，不得外排。因此对焦化污水不再是单纯追求达标排放，还要考虑处理后如何回用的问题。由于煤化工行业高浓度有机废水基本都属于酚氰废水，因此严格来讲，煤化工废水的处理均不再是单纯追求达标排放，还要考虑处理后如何回用的问题。

为促进水资源的循环利用，保证再生水使用的安全、卫生，我国水利部于 2007 年 3 月 1 日发布了《再生水水质标准》（SL 368—2006），该标准适用于地下水回灌、工业、农业、林业、牧业、城市非饮用水、景观环境用水中使用的再生水，并给出再生水的定义：对经过或未经过污水处理厂处理的集纳雨水、工业排水、生活排水进行适当处理，达到规定水质标准，可以被再次利用的水。根据再生水利用的用途，再生水水质标准共分五类，即地下水回灌用水标准，工业用水标准，农业、林业、牧业用水标准，城市非饮用水标准，景观环境用水标准。可见，煤化工废水回用水质标准可遵循《再生水水质标准》（SL 368—2006）。另外，也可以参考我国其他污水再生利用水质标准，包括《城市污水再生利用 分类》（GB/T 18919—2002）、《城市污水再生利用 城市杂用水水质》（GB/T 18920—2002）、《城市污水再生利用 景观环境用水水质》（GB/T 18921—2002）、《城市污水再生利用 地下水回灌水质》（GB/T 19772—2005）、《城市污水再生利用 工业用水水质》（GB/T 19923—2005）、《污水再生利用工程设计规范》（GB 50335—2002）。

2 煤化工高浓度有机废水水质特征

2.1 煤化工高浓度有机废水排放特征概述

2.1.1 煤化工废水排放特征

目前,针对煤焦化、煤气化和煤液化三种生产产生的高浓度废水处理中,关于焦化废水处理的研究最多,因而其水质特征阐述得也最全面,本章将重点阐述焦化废水水质特征,同时结合一些文献资料和笔者研究比较焦化废水、煤气化废水和煤液化废水之间的异同。

焦化废水的原始水质和水量与生产原料、生产对象、产品构成、生产设施、生产工艺、生产控制参数、自动化水平、生产技术水平、清洁生产水平、节能环保措施、技术经济条件、地理气象环境等众多因素有关。不同历史时期的水质、水量差距非常大,可以说有天壤之别;捣鼓焦炉和顶装焦炉、有回收焦炉和无回收焦炉、高温炼焦和低温干馏、大型焦炉和小型焦炉所产的废水水质和水量各不相同;不同的煤气净化冷却、加压、脱硫、脱氰、脱氨、脱苯、脱萘工艺所产生的废水种类和性质不尽相同;传统酸洗法苯精制和不同工艺的苯加氢精制所产废水的水量和水质的恶劣程度区别也非常大;只回收简单粗产品和生产精制产品种类齐全的焦油加工、洗油加工、蒽油加工等,所产废水的构成完全不同;常规备煤、煤调湿和型煤炼焦所产废水的水量和水质差异较大;夏季比冬季、南方比北方产焦化废水的量要多;清洁生产和节能环保做得好的企业,所产废水的水质会得到明显改善;自动化水平和生产技术水平高的企业,所产焦化废水的水质和水量比较稳定;生产管理好的企业,跑冒滴漏现象可以避免;在同一个企业的同一个厂区内,有同样生产技术条件的两个厂,所产焦化废水的水量和水质相差也很大。所以说,焦化废水水质水量的确定,应以生产运行实测数据或条件生产类似厂的资料为依据。在无法得到相关数据的情况下,可以参考相关的设计规范以及具有相同或相近生产工艺、规模和生产管理水平的焦化厂,尤其是化产品精制工艺对废水水质影响较大,应该重点考虑。图 2-1 给出了焦化厂可能存在的化产品精制工艺,供读者参考。

目前,我国的一些研究文献中对于焦化废水水质和水量阐述较多,基本倾向于焦化废水是一种高浓度难降解有毒有害有机工业废水,水质水量变化大,包含污染物种类多,可生化性较差,难以处理,但是在具体叙述中有较大差别。

一般来说,焦化废水可能包括焦化厂以下几种工艺过程水:

(1) 剩余氨水。在炼焦过程中,炼焦煤含有的物理水和解析出的化合水随荒煤气从焦炉引出,经初冷凝器冷却形成冷凝水,称为剩余氨水。剩余氨水经蒸氨工序脱除部分氨后,形成焦化废水。该类废水含有高浓度的氨、酚、氰、硫化物及石油类污染物。

(2) 煤气终冷水、蒸汽冷凝分离水。这类废水包括煤气终冷的直接冷却水、粗苯和精

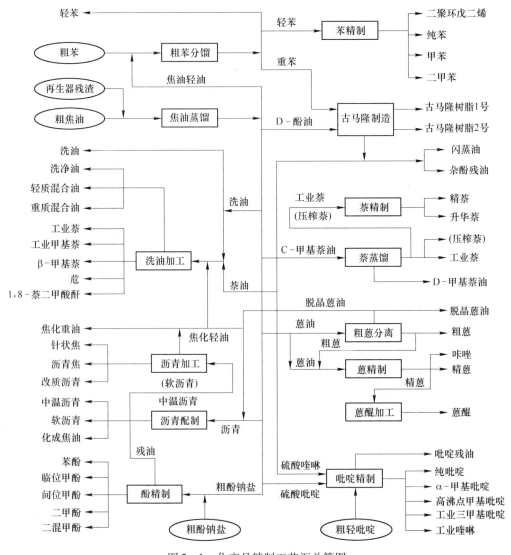

图 2-1 化产品精制工艺汇总简图

苯加工的直接蒸汽冷凝分离水。这类废水均含有一定浓度的酚、氰和硫化物，水量不大，但成分复杂。

（3）古马隆聚酯水洗废液。这种废水是生产精加工化学品过程中的洗涤废水，水量较小，且仅在少数生产古马隆产品的焦化厂中存在，一般呈白色乳化状态，除含酚、油类物质外，还因聚合反应所用催化剂不同而含有其他产物。

（4）其他废水。各种槽、釜定期排放的分离水、湿熄焦废水、焦炉上升管水封盖排水、煤气管道水封槽排水及管道冷凝水、洗涤水、车间地坪或设备清洗水等，这些废水多为间断性排水，含酚、氰等污染物。

以上废水全部汇入焦化废水处理站，集中处理后全部回用。

焦化生产工艺废水来源如图 2-2 所示。

焦化废水含有大量成分复杂、有毒有害、难降解的有机物，废水产生量及成分随采用

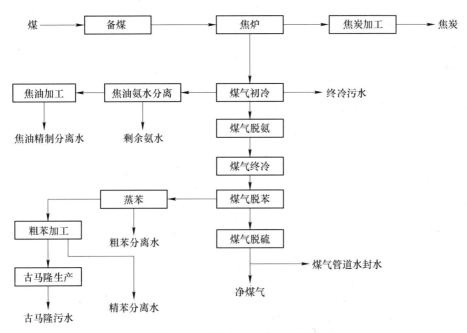

图 2-2 焦化生产工艺废水来源

的生产工艺和化学产品精制加工的深度不同而异，废水的 COD（化学耗氧量）较高，主要污染物是酚、氨、氰、硫化氢和油等。一般来说，焦化废水的水质特点包括以下四点：

（1）水量比较稳定，水质则因煤质不同、产品不同及加工工艺不同而异。

（2）废水中含有机物、大分子物质多。有机物中有酚类、苯类、有机氮类（吡啶、苯胺、喹啉、咔唑、吲哚等）以及多环芳烃等；无机物中含量比较高的有：$NH_3 - N$、SCN^-、Cl^-、S^{2-}、CN^-、$S_2O_3^{2-}$ 等。

（3）废水中 COD 浓度高，可生化性差，BOD_5/COD 一般为 0.28 ~ 0.32，属较难生化处理废水。

（4）焦化废水中含 $NH_3 - N$、TN 较高，不增设脱氮处理，难以达到规定的排放要求。

一般情况下，焦化废水的水质水量特征见表 2-1。对在产和异地改建焦化项目的焦化废水治理项目，其污染物与污染负荷应通过实测来确定；对新建和改扩建焦化项目的焦化废水治理项目，其污染物与污染负荷应由焦化设计专业提供，当无污染物与污染负荷资料时，可参照表 2-2 ~ 表 2-8。焦化系统各废水排放点的水质见表 2-9。焦化废水处理的建设规模可根据所处理的焦化废水量来确定，蒸氨及生化处理规模与焦化生产规模的对应关系见表 2-10，其中生化前处理及生化处理水量中，已将低浓度焦化废水、制甲醇废水、厂区生活污水及生产装置区初期雨水的量包含在内。

表 2-1 不同规模焦化厂废水产生量

废水来源	工艺流程	废水产生量/$m^3 \cdot h^{-1}$				备　注
		4 万吨/a	10 万吨/a	20 万吨/a	60 万吨/a	
蒸氨后废水	硫氨流程	—	—	—	20	
	氨水流程	5	12	24	60	

废水来源	工艺流程	废水产生量/m³·h⁻¹				备　注
		4 万吨/a	10 万吨/a	20 万吨/a	60 万吨/a	
终冷排污水	硫铵流程	—	—	—	34	按废水排放量15%计算
精苯车间分离水	连续流程	—	—	—	0.8	
	间歇流程	0.24	0.5			
焦油车间分离水洗涤水	连续流程	—	—	—	0.5	
	间歇流程	0.09	0.21	0.32		
古马隆分离水	间歇流程	—	0.17	0.36	1.0	
化验室		0.15	0.15	0.15	0.15	
煤气水封		0.2	0.2	0.2	0.4	

表 2 - 2　煤气净化及化学产品回收过程中的几种典型焦化废水水质和水量指标

序号	名　称	COD$_{Cr}$/mg·L⁻¹	挥发酚/mg·L⁻¹	总氰化物/mg·L⁻¹	硫氰酸根/mg·L⁻¹	氨氮/mg·L⁻¹	石油类/mg·L⁻¹	废水量/m³·(t焦)⁻¹	备　注
1	剩余氨水	4000~9000	400~2600	30~60	200~900	2500~6000	200~800	0.10~0.23	
2	粗苯分离水	7000~12000	350~650	20~50		40~200	120~500	0.025~0.028	
3	煤气终冷排污水							0~0.058	该水量已送入氨水系统,全负压回为0
		400~700	100~500	16~25				0.09~0.11	氨水脱硫
		400~700	100~500	16~25				0.10~0.12	冷法弗萨姆
4	粗苯、终冷排污水	500~700	30~50	15~25	10~20	200~400	5~15	0.13~0.18	塔-希法脱硫制硫酸无饱和器法产硫铵,设有废水脱酚装置
5	蒸氨及回收工艺排水	3000~4000	90~200	6~10	300~400	850~1000	5~15	0.25~0.34	
6	无水氨塔底排水							0.030~0.035	蒸氨气产无水氨
								0.020~0.025	煤气产无水氨
7	煤气水封水	4500~5500	200~300	5~10	200~300	950~1200	21000~23000	0.01~0.02	槽罐车收集
8	脱硫废液			180000~420000	3500~5500				HPF、PDS脱硫

表 2 - 3　苯加氢精制过程中典型焦化废水水质和水量指标

排水点名称	COD$_{Cr}$/mg·L⁻¹	挥发酚/mg·L⁻¹	总氰化物/mg·L⁻¹	硫氰酸根/mg·L⁻¹	氨氮/mg·L⁻¹	苯系物/mg·L⁻¹	废水量/m³·(t粗苯)⁻¹	备　注
凝液分离水槽	5000~6500	25~40	15~25	15~25	2000~3000	800~1000	0.15~0.50	莱托法苯加氢
工艺混合废水槽					5000~7000	250~350	0.10~0.15	溶剂法苯加氢

表2-4　酸洗法苯精制过程中几种典型焦化废水水质和水量指标

序号	排水点名称	COD$_{Cr}$ /mg·L^{-1}	挥发酚 /mg·L^{-1}	总氰化物 /mg·L^{-1}	硫氰酸根 /mg·L^{-1}	全氨 /mg·L^{-1}	苯系物 /mg·L^{-1}	废水量 /m^3·(t粗苯)$^{-1}$
1	原料油槽分离水	5000~8000	450~650	200~500		200~280	3000~3500	0.03~0.04
2	两苯塔和初馏塔分离水	3000~4500	800~1000	100~250		200~400	6000~8500	0.04~0.5
3	吹苯塔和各产品塔分离水	1500~2000	2.5~4.5	0.2~0.5		20~50	200~300	0.04~0.5
4	刷槽车水	200~300	1.5~2.0	0.1~0.2		10~30	30~60	0.01~0.02
5	刷地坪水	450~650	1.0~1.5	0.05~0.1		10~30	200~800	0.03~0.04

表2-5　焦油加工（常压蒸馏）过程中几种典型焦化废水水质和水量指标

序号	排水点名称	COD$_{Cr}$ /mg·L^{-1}	挥发酚 /mg·L^{-1}	总氰 /mg·L^{-1}	硫氰酸根 /mg·L^{-1}	氨氮 /mg·L^{-1}	石油类 /mg·L^{-1}	排水量 /t·(t焦油)$^{-1}$
1	原料槽分离水	17100~21600	3200~3500	30~60	100~900	200~400	1860~11100	0.01~0.02
2	最后脱水	29000~38900	5400~6300	330~6500	60~1800	300~2500	500~10000	0.03~0.04
3	蒸吹脱酚分离水	16100~78000	3000~14900	250~350	90~430	500~900	300~10000	0.06~0.18
4	硫酸钠废水	32000~63000	6200~11800	1500~2300	90~470	50~80	1700~12700	0.008~0.012
5	沥青池排污水	100~470	20~80	1~5	10~135	20~40	20~40	0.5~1.5

表2-6　焦油加工（减压蒸馏）过程中典型焦化废水水质和水量指标

序号	项目		COD$_{Cr}$ /mg·L^{-1}	挥发酚 /mg·L^{-1}	总氰 /mg·L^{-1}	硫氰酸根 /mg·L^{-1}	氨氮 /mg·L^{-1}	挥发酚 /mg·L^{-1}	废水量 /m^3·(t原料)$^{-1}$	备注
1	焦油蒸馏脱水		25000~35000	3000~4000	200~300	130~180	4500~6000		0.03~0.11	m^3/(t焦油)
2	酚盐分解中和槽		38000~45000	2000~3000				70~100	2.5~7	m^3/(t粗酚) 不含送焚烧水量
3	古马隆脱酚排水		2000~2500	5000~6500				100~180	0.08~0.25	m^3/(t古马隆)
4	吡啶精制脱水		900~1200						1.0~1.8	m^3/(t粗吡啶)
5	沥青延迟焦排水槽	范围	13460~80400	147~13010	0.5~12420	1001~1459	6450~16130	36~1971	0.70~0.86	m^3/(t沥青焦)
		平均	约37800	约7050	约1630	约1100	约11700	约350		
	蒸馏塔回流槽		约70160	约7600	约375	约2500	约8895	约8.5		
	排污系统		3100~15400	600~2500	1~6	5000~15000	500~1500	100~400		
6	处理后含氨废水		900~1000						0.95~1.05	m^3/(t古马隆) 含F≤100mg/L

表 2 - 7　洗油、精蒽及蒽醌加工过程中几种典型焦化废水水质和水量指标

序号	项目	排水点	排水量/m³·d⁻¹	排水制度	备　注
1	洗油加工	原料槽分离水	0.30（约100m³/a）	定期	洗油加工为蒸馏－熔融静止结晶法，其加工能力为：11700t/a；蒽油加工能力为：10100t/a；焦化轻油加工能力为：2500t/a
2		轻馏分冷凝液分离水	微量	定期	
3		脱盐基设备分离水	0.16（约55m³/a）	定期	
4	精蒽加工	溶剂油分离水	0.05	间歇送至油晶配置	
5	蒽醌加工	洗净器排水	0.72		

表 2 - 8　几种典型蒸氨废水水质和水量

序号	项目	COD_Cr /mg·L⁻¹	挥发酚 /mg·L⁻¹	总氰 /mg·L⁻¹	硫氰酸根 /mg·L⁻¹	氨氮 /mg·L⁻¹	石油类 /mg·L⁻¹	废水量 /m³·(t焦)⁻¹	备　注
1	脱酚脱固定氨	1750~2700	90~200	5~40	300~700	60~300	30~200	0.25~0.35	蒸汽蒸氨耗蒸汽量为：120~170kg/（m³废水）
2	不脱酚脱固定氨	2500~5500	250~1250	5~40	300~700	60~300	30~200	0.25~0.35	
3	不脱酚脱挥发氨	2500~5500	250~1250	5~40	300~700	600~1000	30~200	0.25~0.35	

注：废水水质与原废水组成有关；废水量指标中未包括化产品精制部分的废水，若有化产品精制废水送蒸氨，应根据送来其水量及水质对相关的指标进行调整；蒸氨后废水中氨氮与蒸氨操作条件有关，控制在 80~200mg/L 之间为好。

表 2 - 9　焦化系统各废水排放点的水质

排水点	pH 值*	挥发酚	氰化物	苯	硫化物	硫化氢	油	硫氰化物	氨	吡啶	萘	COD_Cr	BOD_5	色和嗅
蒸氨塔后（未脱酚）	8~9	1700~2300	5~12	—	—	21~136	610	635	108~255	140~296		8000~16000	1000~6000	棕色、氨味
蒸氨塔后（已脱酚）	8	300~450	5~12	1.2	6.4	21~136	3061	—	108~255	140~296	1.5	4000~8000	1200~2500	棕色、氨味
粗苯分离水	7~8	300~500	22~24	166~500	3.25	59~85	269~800	—	42~68	275~365	62.5	1000~2500	1000~1800	淡黄色、苯味
终冷排污水	6~7	100~300	100~200	1.66	20~50	34	25	75	50~100	25~75	35	700~1029	—	金黄色、有味
精苯车间分离水	5~6	892	75~88	200~400	20.48	100~200	51		42~240	170		1116	—	灰色、二硫化碳味
精苯原料分离水	5~7	400~1180	72	—	40~96		120~17000		17~60	93~1050		1315~39000		黑色、二硫化碳味
精苯蒸发器分离水	6~8	100~600	1~10	—	1.8	8~200	36~157		25~100			590~620		黄色、苯味
焦油一次蒸发器分离水	8~9	300~600	23	2.0	3.2	471	3000~12000	—	2125	3920	37.5	27236		淡黄色、焦油味
焦油原料分离水	9~10	1800~3400	54.3	—	72	2437	5000~110000	—	5750	600	—	19000~33485		棕色、萘味
焦油洗塔分离水	8~9	5700~8977		120		289~1776	370~13000			1075		33675		
洗涤蒸吹塔分离水	9~10	7000~14000	0.325	—	10400	93~425	5000~22271			583		39000		黄色、萘味

排水点	pH值*	挥发酚	氰化物	苯	硫化物	硫化氢	油	硫氰化物	氨	吡啶	萘	COD$_{Cr}$	BOD$_5$	色和嗅
硫酸钠废水	4~7	6000~12000	2~12	2.5	3.220	93~471	905~21932	—	42.5	87.4	37.5	21950~28515	—	—
黄血盐废水	6~7	337	58	—	—	10.2	116	—	85	210	—	—	—	—

注：* 表示无量纲。

表 2 – 10　蒸氨及生化处理规模与焦化生产规模的对应关系

项　目	数　　　　值							备　注
焦化规模/万吨焦·a^{-1}	60~70	90~100	130~150	180~200	260~300	360~400	540~600	
高浓度废水/m^3·h^{-1}	≤22	≤35	≤50	≤70	≤105	≤138	≤200	包含部分化产品精制废水的量
蒸氨废水/m^3·h^{-1}	20~25	35~40	50~60	70~80	100~120	140~160	210~235	
生化前处理/m^3·h^{-1}	30~35	45~50	65~75	90~100	130~150	180~200	270~300	
生化处理/m^3·h^{-1}	50~60	80~90	110~130	150~180	220~260	300~360	450~540	
生化后处理/m^3·h^{-1}	25~60	40~90	55~130	75~180	110~260	150~360	220~540	扣除回用水量
污泥处理/m^3·h^{-1}	0.5~4	1~6	1.5~9	2~12	2.5~15	3.5~25	5.5~40	与所用药剂性质及用量有关

2.1.2　煤气化废水排放特征

煤气化废水包括煤气发生站废水和气化工艺废水。煤气发生站废水主要来自发生炉中煤气的洗涤和冷却过程，这一废水的量和组成随原料煤、操作条件和废水系统的不同而变化。气化工艺废水是在煤的气化过程中，煤中含有的一些氮、硫、氯和金属元素，在气化时部分转化为氨、氰化物和金属化合物；一氧化碳和水蒸气反应生成少量的甲酸，甲酸和氨反应生成甲酸铵。这些有害物质大部分溶解在气化过程的洗涤水、洗气水、蒸汽分流后的分离水和贮罐排水中，一部分在设备管道清扫过程中放空。与炼焦相比，气化对环境的污染要小得多。相对于煤的焦化，煤气化产生的废水比较少，大约每气化一吨煤约产生 0.5~1.1m^3 废水，实际中因为工艺设备和方法的不同而产生的污水量不同。其特点是污染物浓度高，酚类、油及氨氮浓度高，生化有毒及抑制性物质多，在生化处理过程中难以实现有机污染物的完全降解。由此可见，煤气化废水是一种典型的高浓度、高污染、有毒、难降解的工业有机废水。其中几种典型气化工艺产生的废水水质情况见表 2 – 11。

表 2 – 11　不同煤气化工艺废水水质情况　　　　　　　　　　（mg/L）

污染种类	污染物浓度		
	固定床（鲁奇床）	流化床（温克勒炉）	气流床（德士古炉）
焦油	<500	10~20	无
苯酚	1500~5500	20	<10
甲酸化合物	无	无	100~1200

污染种类	污染物浓度		
	固定床（鲁奇床）	流化床（温克勒炉）	气流床（德士古炉）
氨氮	3500 ~ 9000	9000	1300 ~ 2700
氰化物	1 ~ 40	5	10 ~ 30
COD	3500 ~ 23000	200 ~ 300	200 ~ 760

从表 2 - 11 可见，3 种气化工艺产生的废水最明显的特征是固定床工艺产生的有机污染物 COD 最多，污染最严重，其他两种工艺污染较轻。另外，三种工艺产生废水中氨氮含量均很高，且均含有氰化物。固定床工艺产生的酚含量高，其他两种气化工艺酚含量较低；固定床工艺产生的焦油含量高，其他两种气化工艺较低；气流床工艺中产生的甲酸化合物较高，其他两种工艺基本不产生。

总体上来讲，气化废水的水质特征为：

（1）色度大，污染物浓度高。废水一般呈深褐色，有一定黏度，多泡沫，pH 在 6.5 ~ 8.5 范围内波动，呈中性偏碱，有浓烈的酚、氨臭味。COD 值一般在 6000mg/L 以上，氨氮浓度为 3000 ~ 10000mg/L。

（2）成分复杂。废水中不但存在着大量悬浮固体和水溶性无机化合物，且还有大量的酚类化合物、苯及其衍生物、吡啶等，有机物种类多达上百种。

（3）毒性高。废水中不但氰化物和酚类具有毒性，且焦油中含有致癌物质，在干馏制气废水中检测出毒性较高的 3，4 - 苯并芘。

（4）水质波动大。废水水质因各企业使用的原煤成分及气化工艺的不同而差异较大。德士古气化工艺产生的废水量少，污染程度较低，但是对煤种的适应性不如鲁奇气化工艺；而鲁奇气化工艺、传统的常压固定床间歇式气化工艺等产生的废水污染程度较大，特别是鲁奇气化工艺产生的含酚废水很难处理，运行成本高；以褐煤、烟煤为原料进行气化产生的污染程度远高于以无烟煤和焦炭为原料的工艺。因此针对不同的煤气化工艺和所采用的煤种，应采用有针对性的工艺对其废水进行处理。

2.1.3 煤液化废水排放特征

煤液化工艺中的废水包括高浓度含酚废水和低浓度含油废水。高浓度含酚废水主要来自汽提、脱粉装置处理后的出水，包括煤液化、加氢精制、加氢裂化及硫磺回收等装置排出的含酚、含硫废水。此废水水质的特点是油含量低，盐离子浓度低，COD 浓度很高，已经超出一般生物处理的范畴，其中多环芳烃和苯系物及其衍生物、酚、硫等有毒物质浓度高，可生化性差，是一种比较难处理的废水。低浓度含油废水包括来自煤液化厂内的各种装置塔、容器等放空、冲洗排水，机泵填料排水，围堰内收集的污染雨水、煤制氢装置低温甲醇洗废水等。

煤液化产生的废水主要分为高浓度污水、含油污水、含盐污水及催化剂污水等四种废水。

（1）高浓度污水。油含量低，盐离子浓度低；COD 浓度很高，已经超出一般生物处理的范畴，其中多环芳烃和苯系物及其衍生物、酚、硫等有毒物质浓度高，可生化性差，是一种比较难处理的污水。

（2）含油污水。污水含油量较高，COD 及其他污染物浓度不高，水中阴、阳离子的组成与新鲜水相似，经过除油及生化处理后出水可以达到污水回用指标。

（3）含盐污水。含盐污水中 COD 含量不高，盐含量已达到新鲜水的 5 倍以上。要想回用，首先要将水中的 COD 处理到回用水要求指标，同时脱盐也是必须要进行的一步。

（4）催化剂污水。含有大量的硫酸铵，其总溶解固体含量为 4.8%，已超过一般海水中的盐含量，而有机物的含量很少。

2.1.4 煤化工废水水质比较分析

目前，很少有文献比较煤焦化、煤气化和煤液化生产过程产生的高浓度有机废水水质之间的差别。唯一能够查到的比较是斯坦福的美国工程院院士 Luthy 报道的内容，Luthy 教授对煤焦化废水、煤气化废水和煤液化废水水质进行了比较研究。煤焦化、煤气化和煤液化废水的水质组分比较接近，但是不同组分的浓度、各种组分浓度比例存在区别，见表 2-12。例如，气化炉冷凝液中 COD 和酚类物质的浓度高于焦化废水，但是焦化废水中氰化物和硫氰化物的浓度高于气化炉冷凝液。氰化物的保存和煤气化废水中氰化物的分析干扰问题使氰化物数据分析较困难。研究表明，将煤气化水样采用合理方法保存，保存后水样运到实验室进行尽快分析，将分析结果与未采取措施保存的水样相比，发现未采取措施保存的水样中氰化物浓度在几天内会持续降低。因为水样保存方法和分析的及时性问题，很多气化废水中关于氰化物浓度的报道的可靠性都比较低。

表 2-12 煤精制废水的水质

名 称	焦 化 厂		煤 气 化					煤液化
	弱氨水	蒸氨出水	合成气冷凝液		GFETC 排渣工艺废水	合成烷烃工艺副产品生产废水	METC 工艺排空水	H-Coal 工艺污水
			旋风分离和水激冷	水激冷				
COD/mg·L⁻¹	2500~10000	3400~5700	3000~5100	7000~14000	21000~30000	15000~43000	16900~87000	88000 (26500)
BOD/mg·L⁻¹	—	1700~3500	—	—	—	—	—	53000
苯酚/mg·L⁻¹	400~3000	620~1150	560~900	1300~2000	3500~6500	1700~6600	300~2950	6800
NH₃-N/mg·L⁻¹	1800~6500	22~100	2600~4600	11000~13000	4000~7500	7200~11000	3400~7740	14000
NO₃⁻-N/mg·L⁻¹	—	0.2	1~5	0.2~1.1	<2	—	—	<1
有机氮/mg·L⁻¹	—	21~27	4~10	24~41	60~140	—	—	50
P/mg·L⁻¹	<1	0.9	0.5~1.8	3~29	2~20	—	—	—
CN⁻/mg·L⁻¹	10~100	2~6	0.1~0.7	3~85	约50	0.1~0.6	16~110	—
SCN⁻/mg·L⁻¹	100~1500	230~590	17~45	16~150	80~200	22~200	8~200	—
S²⁻/mg·L⁻¹	200~600	8	60~220	60~560	60~300	—	560~750	29000
SO₄²⁻/mg·L⁻¹	—	325~350	60~180	70~370	90~230	—	—	—
溶剂萃取/mg·L⁻¹	100~240	25~170	—	40~90	200~430	460~1000	—	600
碱度（以 CaO₃ 计）	3800~4300	525~920	9800~15000	39000~49000	14000~24000	10000~20000	<800~25000	—
电导率/μS·cm⁻¹	—	3500~6000	30000	22000~46000	19000~21000	—	—	—
pH 值	7.5~9.1	9.3~9.8	7.8~8.0	7.8~8.4	8.2~8.6	8.6~9.3	8.5~8.8	9.5

2.2　煤化工有机废水的主要水质指标

根据表达的目的不同，煤化工有机废水的水质指标表示方法也多样，常规的指标有化学需氧量（chemical oxygen demand，COD）、生化需氧量（biological oxygen demand，BOD）氨氮（$NH_3 - N$）、硝酸盐氮（$NO_3 - N$）、总氮（TN）、挥发酚含量、氰化物含量、硫氰化物含量、油含量、多环芳烃含量、苯并芘含量、悬浮物含量（SS）、pH 等。

酚，泛指酚类及酚类化合物，煤化工废水处理排放标准中特指挥发酚，即沸点在230℃以下的挥发酚，多为一元酚。

氰化物包括游离态氰化物和络合氰化物两类。前者氰基以 CN^- 和 HCN 分子的形式存在，后者氰基以稳定度不等的各种金属氰化物的络合阴离子的形式存在。游离态氰化物和络合氰化物统称为总氰化物。

硫氰酸盐指含硫氰酸根（CNS^-）的盐类。硫氰酸根经生物水解后会转化为甲醇、铵和硫化物，是煤化工废水生物脱氮中隐形氨氮的主要来源；硫氰酸根经氯化后会产生有毒的 CNCl。

煤化工废水 COD 分析一般可以采取 $K_2Cr_2O_7$ 消解方法分析，国内外的研究机构多采用哈希公司的快速消解仪进行消解，然后采用紫外可见分光光度计分析消解液的吸光度。

值得注意的是，在采用紫外可见分光光度计进行消解液吸光度分析过程中，要谨慎对待煤化工废水中氯离子的干扰。在实际分析过程中，经常发现消解液吸光度不断地从大变小，无法稳定在一个固定的值；有时还能发现消解管中消解液顶端漂浮着少量白色絮体，这些絮体使得消解液的吸光度急剧升高，这些白色絮体的产生是氯离子的干扰结果。一般情况下，标准方法中均要求在 COD 分析中向消解管中加入一定量的 $HgSO_4$ 作为掩蔽剂，排出氯离子的干扰，但是在操作过程中，通常会有几种情况导致白色沉淀的产生。

第一种情况是由于有的煤化工废水中氯离子浓度非常高，导致掩蔽剂加的量不足，从而使得煤化工废水中仍然存在少量的氯离子，这些氯离子在消解过程中与 $K_2Cr_2O_7$ 反应生成氯气，聚集在消解管顶端，当消解管冷却，管盖被打开时，消解管顶部的氯气会重新溶解在消解液中，与催化剂 Ag^+ 反应生成氯化银沉淀，有时也会生成氯化银絮体漂浮在消解液顶部。在采用分光光度计分析消解液吸光度时，细小的氯化银颗粒对光起到散射作用，导致消解液吸光度增加，在分析过程中，氯化银颗粒不断下沉，对光的散射作用不断减弱，导致吸光度不断降低，致使分析过程中无法获得准确的吸光度，也就无法获得准确的煤化工废水 COD 值。出现这种情况时，需要根据煤化工废水中氯离子浓度调整掩蔽剂的添加量；也可以通过打开消解管盖子，将消解液静沉 12h，待氯化银颗粒全部沉入消解管底部，再进行吸光度分析，通过这种方法来减少氯离子对 COD 分析的干扰，但是目前还没有办法确认每次有效的沉降时间，以消除氯离子的干扰。

第二种情况是由于 $HgSO_4$ 的溶解度相对较低，会导致沉淀的生成。由于在 $K_2Cr_2O_7$ 快速消解法中，硫酸是需要添加的物质，因此出现硫酸浓度过高导致沉淀生成是常见的问题。这就是即便掩蔽剂浓度添加合适，也会造成白色沉淀产生的原因。一些文献中报道即便是产生了沉淀也不会对测量产生影响，这种说法是可行的，但是需要提醒的是，这句话是有前提的，如果消解后采用滴定法，那么沉淀对测量结果影响较小，但是如果采用的是分光光度计法，沉淀对测量结果的影响通常是没有办法估计的，有时影响是非常大的。由于硫酸带来的沉淀问题，很难通过调节硫酸浓度来控制，因此，笔者认为，煤化工废水

COD 的分析应该采用的是 $K_2Cr_2O_7$ 消解 + 滴定法测定，而不应该采用 $K_2Cr_2O_7$ 消解 + 分光光度计法测定。滴定前注意调节 pH 到酸性，从而使滴定终点更明显。

　　煤化工废水氨氮分析一般采用纳氏试剂比色法，标准的纳氏试剂比色法分析煤化工废水时，严格来说应该对煤化工废水进行蒸馏预处理，然后进行纳米试剂比色分析。氨氮分析过程中蒸馏预处理主要是用来排除有色基团的干扰，而煤化工废水中存在着较多的有色基团，因此从理论上讲，采用蒸馏预处理煤化工废水是必需的。煤化工废水氨氮浓度较高，进行纳氏试剂比色分析之前，一般会采用大比例进行稀释，尽管大比例稀释会减少煤化工废水中发色基团对氨氮分析的干扰，但是目前并没有研究表明蒸馏预处理对煤化工废水氨氮分析的影响较小，因此，笔者认为，煤化工废水氨氮纳氏试剂比色分析时应该采用蒸馏预处理来提高分析的准确度。

2.3　煤化工废水中典型有机物分析

　　明确煤化工废水中所含有的有机物组成和各种有机物的含量以及有机物的特性，对于煤化工废水处理技术的选择具有的意义不言而喻。为了明确煤化工废水的水质组成，可以对煤化工废水进行 HPLC、GC、GC – MS 和 HPLC – MS 分析。由于 HPLC 可以直接进水样，因而在水质分析中具有简便快捷的优点，但是 HPLC 定性功能较弱，需要借助合理假设和标准样品来进行，对于类似煤化工废水这种复杂水样中有机物定性分析较困难，因此一般不用 HPLC 进行煤化工废水中有机物定性分析，而是用做煤化工废水中特定污染物（如酚类物质和杂环化合物）的定量分析。GC 不仅存在定性功能较弱的缺点，而且一般不能直接进水样，需要进行复杂的前处理操作（萃取、净化、蒸发和浓缩等），因此一般也不用 GC 进行煤化工废水中有机物定性分析，通常用做煤化工废水中特定污染物（如多环芳烃）的定量分析。

　　GC – MS 具有较好的定性分析能力，可以被用作煤化工废水中有机物的定性分析。由于 GC 不能直接进水样，所以采用 GC – MS 分析煤化工废水时，需要进行前处理，可以采取的典型前处理方法包括液液萃取和吹扫捕集。斯坦福大学的 Luthy 和清华大学的何苗教授均采取液液萃取 + GC – MS 对焦化废水进行了分析。液液萃取 + GC – MS 方法可以采用美国 EPA 市政污水和工业废水中有机物分析方法的 method 625 – Base/neutrals and acids 为基础进行优化。挥发性有机物分析方法还可以辅以吹扫捕集 + GC – MS 法，以 EPA 市政污水和工业废水中有机物分析方法的 method 624 – Purgeables 为基础进行优化。

　　典型的液液萃取 + GC – MS 分析煤化工废水中有机物的流程如图 2 – 3 所示。

　　在清华大学何苗教授的研究中，共检出 51 种有机物，见表 2 – 13，全部属于芳香族化合物及杂环化合物。

表 2 – 13　焦化废水 GC – MS 检出物

物　质　名　称	所占质量 分数/%	所占 TOC 浓度/mg·L^{-1}	物　质　名　称	所占质量 分数/%	所占 TOC 浓度/mg·L^{-1}
苯酚	29.77	94.07	喹啉	5.26	16.62
甲基苯酚（间 + 对 + 邻）	13.40	42.34	异喹啉	2.63	8.311
3，4 – 二甲酚	9.03	28.53	甲基喹啉	2.92	9.227
3，5 – 二甲酚	9.03	28.53	羟基喹啉	0.32	1.011
间苯二酚	2.8	8.848	C_2 烷基喹啉	0.59	1.864

物 质 名 称	所占质量分数/%	所占TOC浓度/mg·L^{-1}	物 质 名 称	所占质量分数/%	所占TOC浓度/mg·L^{-1}
4-甲基邻苯二酚	3.05	9.638	喹啉酮	0.17	0.537
2，3，5-三甲基苯酚	2.03	6.415	三联苯	0.92	2.907
苯甲酸	0.51	1.612	吩噻嗪	0.84	2.654
乙苯	5.77	18.23	C$_4$烷基苊	0.12	0.38
苯乙腈	0.67	2.117	邻苯二甲酸酯	0.20	0.632
2，4-环戊二烯-1-次甲基苯	0.31	0.98	吡啶	1.26	3.982
甲基苯	2.22	7.015	苯基吡啶	0.54	1.706
二甲苯	1.58	4.993	C$_2$烷基吡啶	0.18	0.569
苯乙烯酮	0.04	0.126	氰基吡啶	0.05	0.158
吲哚	1.14	3.602	甲基吡啶	0.14	0.442
蒽	0.98	3.097	C$_4$烷基吡啶	0.25	0.79
蒽腈	0.11	0.348	呋喃	0.65	2.054
菲	0.34	0.442	苯并呋喃	0.74	2.338
咪唑	0.89	2.812	二苯并呋喃	0.28	0.885
苯并咪唑	0.71	2.244	苯并噻吩	0.54	1.706
吡咯	1.23	3.886	咔唑	0.95	3.002
二苯基吡咯	0.06	0.19	萘	1.05	3.318
联苯	1.17	3.697	甲萘基腈	0.11	0.348
萘酚	0.13	0.411	2-甲基-1-异氰化萘	0.16	0.506
C$_5$烷基苊	0.25	0.79	苯并喹啉	0.88	2.83
噻吩	0.82	2.71	合 计	100	316
C$_3$烷基喹啉	0.70	2.212			

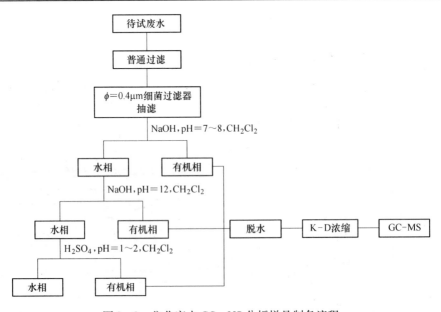

图 2-3 焦化废水 GC-MS 分析样品制备流程

如对这些有机物进行归纳分类，可将这 51 种有机物归纳为表 2-14 中所示的 14 大类物质类别。其中以苯酚类及其衍生物所占比例最大，占总质量百分比的 60.08%，其次为喹啉类化合物，所占比例为 13.47%，苯类及其衍生物占总质量百分比的 9.84%，此三大类物质构成了焦化废水中的主要有机物。以吡啶类、萘类、吲哚类、联苯类为代表的杂环化合物及多环芳烃在焦化废水中所占比例在 0.13% ~ 1.26% 之间波动，构成了焦化废水中除主要污染物以外的剩余污染物，其质量百分比共为 16.61%。

表 2-14 焦化废水中有机物类别及含量

序号	物 质 类 别	质量分数/%	所占 TOC 浓度/mg·L^{-1}
1	苯酚类及其衍生物	60.08	189.85
2	喹啉类化合物	13.47	42.57
3	苯类及其衍生物	9.84	31.09
4	吡啶类化合物	2.42	7.647
5	萘类化合物	1.45	4.582
6	吲哚类	1.14	3.602
7	咔唑类	0.95	3.002
8	呋喃类	1.67	5.277
9	咪唑类	1.60	5.056
10	吡咯类	1.29	4.076
11	联苯、三联苯类	2.09	6.604
12	三环以上化合物	1.80	5.688
13	吩噻嗪类	0.84	2.654
14	噻吩类	1.36	4.290

值得指出的是，无论是采取液液萃取 + GC-MS 还是吹扫捕集 + GC-MS 分析煤化工废水中有机物，均存在一定的缺陷，主要原因包括以下几个方面：

（1）就 GC-MS 的检测能力来说，它大约只能检测出水中 20% ~ 30% 的有机物，如果采用液液萃取的前处理方法，可以检测出的有机物种类更少，因为一些有机物（例如水溶性强的小分子有机酸）很难获得较好的萃取效率。

（2）通过 GC-MS 谱库检索获得的有机物，都有一定的匹配率，由于煤化工废水中有机物种类较多，大部分通过检索获得的有机物匹配率均不高，因此很难对煤化工废水中有机物开展准确定性分析。

（3）无论是液液萃取 + GC-MS 还是吹扫捕集 + GC-MS，能够分析的对象均是挥发性有机物或者半挥发性有机物，对于煤化工废水中长链烷烃等大分子有机物，无法检测出来，而这些物质是焦化废水处理的难点。

煤化工废水中有机物的定性分析除了采用上述的 GC-MS 方法，还采用 HPLC-TOF-MS 和 HPLC-MS/MS 的方法。目前，HPLC-MS 分析主要是根据文献调研，选取典型的酚类、PAHs、内分泌干扰物、抗生素、消炎药、β-受体阻滞药对水样进行分析。先采用固相萃取，然后用 LC-MS 分析，初始方法根据文献报道方法建立，并根据实验结果进行优化。

2.4 煤化工废水中溶解性有机质分子量分布

溶解性有机质（dissolved organic matter，DOM）指经过 $0.45\mu m$ 膜过滤后，仍保留在水体中的有机质。对于煤化工废水中溶解性有机质的含量，目前还存在意见不一致的地方。有的认为，腐殖质是煤的主要构成部分，煤化工废水又是煤气化、焦化和液化过程中产生的废水，因此煤化工废水中的腐殖质含量应该不会太低。而有的观点是，煤焦化和煤气化废水中的有机物中均来自有机物挥发后，用水洗后形成废水，腐殖质分子量较大，不易挥发，因此大部分腐殖质不容易进入煤化工废水中，因此煤化工废水中的溶解性有机质的含量不会太高。尽管如此，也有不少文献中报道煤化工废水中含有溶解性有机物质。

通常，DOM 可分为腐殖酸（humic acids，HA）、富里酸（fulvic acids，FA）和亲水性有机质（hydrophilic organic matter，HyI）三种成分，其中腐殖酸和富里酸统称为腐殖质（humic substances，HS）。采用不同特性的分离树脂，可以将水中的溶解性有机物质分成不同的组分。例如当水中 EfOM 浓度低时，采用实验室的反渗透膜系统对 EfOM 进行富集。采用 DAX－8、XAD－4 和 MSC－1H 三种树脂将 EfOM 分离成疏水酸性组分、疏水碱性/中性组分、两亲酸性组分、两亲碱性/中性组分、亲水碱性组分、亲水酸性/中性组分和氨基酸。

腐殖质是广泛存在于土壤、水体等环境中的一类复杂、稳定的有机高分子混合物，颜色呈黄色或深褐色，其来源、组成和结构十分复杂，分子量一般可以从几百到上百万。一般认为腐殖质是动植物及微生物残体（如木质素）在天然环境中经酶分解、氧化及微生物合成等不同反应和过程逐步演化而成，至于确切的形成机理，尚存在争论。根据腐殖质在酸碱溶液中的溶解情况可分为：腐殖酸、富里酸和胡敏素，其中在 pH 大于 2 的条件下溶于水的为腐殖酸，在任何 pH 条件下都溶于水的是富里酸，不溶于水的为胡敏素，通常讨论的水溶性腐殖质主要指腐殖酸和富里酸。

工业废水（包括煤化工废水）中 DOM 的组成差别较大。各种处理工艺对 DOM 各成分的处理效果不一，对低分子量、腐殖化程度较高的富里酸处理效果尤为差，对同一组分不同分子量的 DOM 处理效果也存在较大差异。因此，研究 DOM 的组分和各组分分子量分布特征，对于选择合适的处理工艺具有重要的指导意义。

由于腐殖质类的溶解性有机质很难挥发，所以它的定性分析无法采用 GC－MS 完成，目前针对废水中腐殖质类的溶解性有机质的研究主要集中于 DOM 的组成结构及各组分的分子量分布、元素组成和光谱特征，试图通过这些研究来揭示 DOM 的化学结构特征。这些研究中，分子量分布研究是最基础的，可采用超滤膜分级方法和排阻色谱分析方法。

超滤膜分级方法首先将待测煤化工水样通过 $0.45\mu m$ 混合纤维素酯微孔滤膜，然后以高纯 N_2 为驱动力进行超滤试验，将剩余滤液依次通过截留分子量分别为 100kDa、10kDa、5kDa、3kDa 和 1kDa 的超滤膜（PL 系列膜，Millipore 公司），从而得到不同分子量下的各级滤液，用于进一步分析测试。空白实验以高纯水作为待测水样，按上述步骤得到不同分子量下的滤液，用于分析测试。

分子量分布还可以采用体积排阻色谱进行分析和验证，使用岛津 LC－20A 型 HPLC 和填充 HW－50S 树脂的 Biax 色谱柱，流动相为偏磷酸钠、磷酸二氢钠和硫酸钠混合液，标准曲线采用分子量为 232～17900 Da 的聚乙二醇制备，分散度采用质量平均分子量除以数量平均分子量计算。

值得一提的是，无论是采取超滤膜分级的分析方法还是采取体积排阻色谱的分析方法，在分析分子量分布的过程中均会产生较大的误差，结果的可重复性较差。了解废水中有机物在不同分子量区间的分布特性对研究废水中有机污染物的特性以及废水处理过程中污染物的降解机理具有重要的作用，并有助于处理工艺的选择，从而提高水处理效果，尤其是有助于煤化工废水二级生化处理工艺出水深度处理工艺的选择。

煤化工废水 A–O–O 工艺出水的截留分量 TOC 分布区间见表 2–15。

表 2–15 A–O–O 出水不同粒径的 TOC 分布

物理分级	孔径大小/nm	TOC 累积值/mg·L⁻¹	粒径间隙/nm	TOC 差值/mg·L⁻¹
未过滤	—	318.2	>450	124.6
0.45μm	450	193.6	13~450	18.7
100kDa	13	174.9	5~13	14.2
10kDa	5	160.7	3~5	34
3kDa	3	126.7	2~3	4.0
1kDa	2	122.7	<2	122.7

生物处理工艺出水中，悬浮性颗粒物和小分子量有机物对 TOC 值的贡献率较大，分别占 TOC 总量的 39.15% 和 38.56%，其他分子量的有机物对应的 TOC 分别占 TOC 总量的 5.87%、4.46% 和 10.69%。

A–O–O 工艺出水的截留分量 COD 分布区间见表 2–16。

表 2–16 A–O–O 出水不同粒径的 COD 分布

物理分级	孔径大小/nm	TOC 累积值/mg·L⁻¹	粒径间隙/nm	TOC 差值/mg·L⁻¹
未过滤	—	310.2	>450	119
0.45μm	450	191.2	13~450	0.6
100kDa	13	190.6	5~13	10.1
10kDa	5	180.5	3~5	32.9
3kDa	3	177.6	2~3	3.3
1kDa	2	174.3	<2	174.3

从表 2–16 可知，生物出水中经 0.45μm 过滤后，COD 的变化较为明显，在 1kDa~0.45μm 之间，COD 的变化很小。针对于生物处理工艺出水，由 COD 测试分析所显示分子量分布与由 TOC 测试分析所显示的分子量分布相近。

2.5 煤化工废水水质水量对处理的影响分析

根据现场收集到的水量资料表明，生产运行的实际煤化工废水量与设计废水量之间存在着一定的差异，多数都比设计废水量要少。就焦化废水而言，现场调研表明，焦化废水的水量变化主要与装炉洗精煤的含水量有关。一般焦化厂有自备洗煤厂的，且洗煤脱水效果不好的，废水产生量就较多；洗精煤运途远的，废水产生量就比较少，有的仅有设计废水量的70%左右。但也有个别焦化厂废水产生量超过设计废水量，主要原因是由于化产系统的换热设备渗漏而进入的循环冷却水所致。还有一种比较典型的情况是，因蒸氨塔的能力不够（如有的蒸氨系统是按与产焦60万吨/a的规模配套设计的，但实际焦炭生产能力已达到90万吨/a），故有部分水量进行蒸氨后送到生化处理，其余部分废水未经处理直接送到熄焦或排放。

煤化工废水的原始水质与生产原料、生产对象、产品构成、生产设施、生产工艺、生产控制参数、自动化水平、生产技术水平、清洁生产水平、节能环保措施、技术经济条件、地理气象环境等众多因素有关。不同历史时期的水质、水量差距非常大；生产工艺不同，所产废水的构成完全不同；清洁生产和节能环保做得好的，所产生的废水水质会得到明显改善；自动化水平和生产技术水平高的，所产生的煤化工废水水质比较稳定。所以说煤化工废水的水质千差万别，废水中同一水质成分的浓度有的相差几倍，甚至几十倍。

在这些污染物成分中有的是有控制手段可以控制的，如氨氮、pH、石油类。废水生物脱氮处理比较经济和有效的氨氮浓度范围在80~150 mg/L之间，极限浓度为300~400mg/L。COD_{Cr}、挥发酚、氰化物等指标属不可控制的废水指标，但煤化工废水生物脱氮处理系统对它们的适应能力比较强，如COD_{Cr}从1000mg/L到6000mg/L，挥发酚从100mg/L到1800mg/L，生化系统都可以接受，对生化处理效果的影响不大。但是煤气的脱硫和脱氰对煤化工废水生物脱氮稳定运行具有重要作用。

目前普遍认为煤化工废水生化处理工艺效果不好，主要是因为煤化工废水中污染物对生物抑制性强，导致生化系统中微生物的活性不高。因而围绕煤化工废水生化处理过程中的微生物活性开展了深入的研究，尤其是围绕焦化废水水质对其处理的影响展开了大量的研究。

斯坦福的Luthy等从20世纪70年代起就开始研究焦化废水生化处理过程中微生物活性，全面分析了不同来源、不同水力停留时间（HRT）、污泥停留时间（SRT）和初始浓度下的生物降解情况、建立降解动力学模型，提出微生物产率系数不高于0.1，高浓度酚类物质、氨氮、氰化物和硫氰化物可能是微生物活性的抑制物；Luthy等还对废水中的有机物污染物成分进行了分析，检测出酚类化合物、长链烷烃、多环芳烃、杂环化合物、有机氰化物等500多种有机物，研究发现，通过长时间的生物驯化，活性污泥系统能够去除大部分的污染物，其中，对酸性萃取组分中的酚类和烷基化苯酚的去除率能达到100%；碱性萃取组分中除烷基吡啶外，可以去除大部分有机污染物；对中性萃取组分中烷基苯、多环芳烃的去除率不高。

Vazuez等提出当煤焦化废水中氨氮浓度超过400mg/L时就会对氨氮降解菌产生强烈的抑制作用。当硝化单元HRT足够长时可实现对氨氮的有效去除，但是由于碳源不足和微生物抑制的作用，无法实现对总氮的有效去除；O-O-A或A-O-O工艺在外加碳源的情况下可实现对氨氮、总氮、酚、氰化物和硫氰化物等典型污染物的有效去除，但是高浓度氨氮对硫氰化物降解菌存在明显抑制作用，同时，氰化物和硫氰化物的存在也对硝化菌存在抑制作用，导致硝化单元的水力停留时间过长。Cameron等对焦化废水中硫氰化物、氰化物、苯酚对微生物的抑制进行了系统研究，并探讨了生物抑制剂对出水水质指标（如COD、氨氮和TN）的影响，提出苯酚由于降解速度较快，对硫氰化物和氰化物抑制可能性较小，但是氰化物即使在1mg/L浓度下也能对硫氰化物降解产生抑制，硫氰化物的降解是三者中最慢、最敏感的一步。一些研究提出焦化废水中还存一些有机物，它们能够彼此抑制（或者促进）对方降解微生物生长，正是这些相关关系，导致焦化废水处理生化系统具有复杂性，有时会导致处理系统的失效。在这些研究指导下，一些研究提出了新的工艺和调控方法，并取得了较好的进展，例如强化预处理、优化处理构筑水力停留时间，采用A-O-O工艺和固定微生物技术都取得了较好的处理效果，同时，分子生物学技术和手段也开始应用于焦化废水生化处理系统中微生物群落结构的研究中。

3 煤化工废水预处理技术

3.1 煤化工废水预处理概述

目前普遍认为煤化工废水宜采用物化与生化组合技术进行处理，根据需要选择深度处理技术。物化处理作为生化处理的预处理，主要目的是提高可生化性，减轻后续处理的负荷。根据煤化工废水水质水量对处理效果的影响和目前众多煤化工废水实际处理工程的运行效果来看，煤化工废水中的高浓度氨氮、油类、有毒有害物质（如酚类、杂环化合物等）均会对生化处理工艺的主体（活性污泥）产生抑制作用，因此它们是预处理的主要对象。另外，煤化工废水处理工艺的原水有时也会含有高浓度的颗粒物和悬浮物，它们会堵塞处理构筑物的管路，并影响生化处理工艺好氧池中氧气的传质，因而也是预处理的对象。

3.1.1 脱氨预处理分析

煤化工废水中氨氮的去除无疑是一项挑战性任务。从环境工程的角度出发，煤化工废水中的氨氮主要是通过生物处理工艺的硝化－反硝化反应来去除。无论利用哪一种生物处理工艺的硝化反应来去除氨氮，微生物的活性均会受到高浓度氨氮的抑制，这也已经获得了科学研究人员和工程设计人员的普遍认可。由于煤化工废水中存在着较多的生物抑制性物质，所以目前的试验水平下很难得到生物工艺中对微生物产生抑制作用的临界氨氮浓度。目前一般认为，当煤化工废水中氨氮浓度小于200mg/L时，硝化菌的活性基本不受抑制；当煤化工废水中氨氮浓度高于300mg/L时，硝化菌的活性会受到强烈的抑制。因此，进入生物处理工艺的煤化工废水中氨氮浓度最好不要超过200mg/L。已有的科学研究和工程实践证明，当进入生物处理工艺的煤化工废水中氨氮低于200mg/L时，二级生物处理工艺正常运行时，出水氨氮完全能够达标，且浓度较低，1L基本有几毫克。

煤化工企业不同生产工序排出的废水中氨氮浓度差别非常大，含量最高的废水中氨氮浓度高达7000mg/L。由于实际生产中不同工序排出的废水水质和水量并不能恒定在一个固定值上，尤其是发生生产事故时废水水质和水量的变化更大，排入废水处理装置的煤化工废水中氨氮浓度变化也会非常的大，氨氮浓度超过200mg/L的情形肯定会发生，甚至也会发生氨氮浓度超过1000mg/L的情形。

一般来说，焦化废水中氨氮的预处理主要是通过蒸氨去除的。蒸氨装置的设计更多属于焦化工艺设计的范畴，硝化反应构筑物的设计属于水处理的范畴。

在实际运行过程中，蒸氨工段的效果受多种条件（比如气温、油类含量等）的影响，尤其是冬天气温低，蒸氨的效果难以保证，这也导致焦化废水原水中的氨氮往往非常高。蒸氨系统目前主要使用泡罩式蒸氨塔和筛板式蒸氨塔，这两种蒸氨塔均能达到比较理想的效果，但是蒸氨塔易被焦油堵塞，故蒸氨塔应设备用塔。蒸氨系统的氨水换热器和废水冷却器不能采用波纹板式换热器，否则，会因焦油堵塞换热器使得蒸氨系统无法运行。同时，蒸氨的费用较高，一些企业为了节约蒸氨的费用，往往会调低蒸氨的效率预期，这也会导致焦化废水原水中的氨氮值较高。另外，随着焦化工艺设备运行年数的增加，蒸氨的锈蚀程度增加，设备的故障率也会增加，这也会导致蒸氨效率变低，出水氨氮值偏高。

尽管焦化生产工艺本身带有蒸氨工艺，焦化废水处理工艺的进水氨氮往往较高，超过生化工艺中微生物能够承受的范围，因而有时需要采取预处理工艺降低进水中氨氮的浓度。

3.1.2 煤化工废水除油预处理分析

不少文献都报道了煤化工废水中的焦油能够抑制后续生物处理构筑物中活性污泥的活性。关于对活性污泥活性产生抑制作用的临界焦油浓度，不同文献中给出了不同的数据，这些值之间也存在较大的差别。实际上由于煤化工废水中生物活性抑制物较多，抑制物浓度也不是一成不变的，而且目前对于抑制物之间的协同机制研究较少，所以几乎不可能得出一个科学的临界浓度。一般认为，为了减轻焦油对后续生物处理构筑物中的活性污泥的抑制作用，应该将煤化工废水中的油含量降到100mg/L以下。

使进入生化处理系统的焦化废水中焦油含量稳定在100mg/L曾经是一个难题。但是随着清洁生产技术的发展，目前这个难题已经能够被解决。目前，在大多数焦化工艺中，煤气初冷器由竖管冷却器变为横管冷却器，使煤气的初冷温度由原来的45℃左右降到了25℃左右。同时，一些焦化工艺中还加上煤气初冷器喷洒焦油技术、煤气电捕焦油技术、煤气终冷密闭循环技术，这些技术的联合使用使煤气中的焦油和萘得到了有效的分离，焦化废水中的含油量也大大减少，由原来的七份水三份油的水质情况，降到含油量不到100mg/L，使原来焦化废水的治理难题之一——除油问题得到解决。

目前，生化前处理的除油设施有除油池、隔油池和浮选池，现煤焦化联合生产的企业，焦化废水的除油基本在蒸氨前完成，蒸氨后废水中含油量非常低，一般在50mg/L以下，不少都低于30mg/L，目前所上除油设施基本闲置，分离不出油来，实际上也没有必要上除油设施，只设一个防御性的隔油池就可以了。

至于独立生产的苯精制或焦油加工废水等，如采用生化处理的话，应在蒸氨前采用有效的除油措施，如除焦油器化学沉淀除油、化学絮凝过滤除油等，确保进蒸氨系统的废水含油量不大于100mg/L。

就目前除油设施运行情况调查结果来看，只有宝钢化工总厂和太钢等少数浮选除油设施在运行，其他建有加气浮选除油设施的企业，浮选设备基本在闲置，近年来的新上项目不少都取消了气浮除油工艺。在已经运行的焦化废水处理设施中，基本都设有除油池，但现场运行情况表明，重力除油池基本分离不出重油和轻油来，重力除油池及其配套的油水分离及贮存设施基本处于闲置状态，除油池仅当作均和池来使用，现新设计的项目中，有的已把除油池设计成隔油池，预防出现几率非常小的由于操作失误而导致的跑油现象的发生。

3.1.3 煤化工废水脱酚预处理分析

不少文献中均报道酚具有较强的生物抑制性，这也导致了很长一段时间内人们认为煤化工废水难以处理，主要是因为酚类物质抑制了生物处理工艺中微生物的活性，因此早期的焦化废水预处理工艺中均设置了脱酚装置。后续的不少研究逐步证明微生物对于酚类物质（尤其是苯酚）的耐受能力非常强，即使是当焦化废水中苯酚浓度为 700mg/L 时，微生物仍然能够保持较好的活性，众多的焦化废水二级生物处理工艺出水中的酚浓度也非常低，一些文献报道的酚类物质是微生物易降解的。甚至有一些研究指出应该利用酚类物质的易降解性能，使它们成为反硝化的碳源，这些研究认为在焦化废水中设置预处理脱酚装置减少了反硝化工序中可供利用的碳源，这对焦化废水脱氮是不利的。在这种理论指导下，不少焦化废水处理的实际工程没有设置预处理脱酚装置。

需要指出的是，关于酚的生物抑制性和降解性研究都是以一种或几种酚类物质（较多的选择苯酚）为模型污染物开展的，这种条件下得出的结论可能难以适用于煤化工废水中的混合酚类，因为也有不少文献报道多元酚的生物抑制性远强于苯酚和二元酚。鉴于目前还没有合适的方法来探讨多元酚的生物抑制性以及混合酚类物质中不同酚类物质的抑制性协同机理，应用酚类物质的生物降解性来指导煤化工废水处理工艺的设计时需要谨慎。当然，众多的煤化工废水二级生物处理工艺出水中的酚浓度较低，有理由让很多研究者乐观地认为无须设置预处理脱酚装置。但是需要指出的是，出水中酚浓度多采用氨基安替比林分光光度法分析，该方法实际上是一种挥发酚的测试方法，并不能分析总酚的浓度，虽然采用该方法能够判断出水中酚浓度是否能够达标，但是还无法判断出水中是否含有对微生物具有较强抑制作用的酚类物质。

3.1.4 煤化工废水除浊预处理

因为气流的夹带作用，煤炭在焦化、气化过程中会带走大量的煤尘，这些煤尘在冷却的时候进入水中，并和煤化工废水中不溶于水的油类物质一起造成煤化工废水浊度升高。一部分煤尘和焦尘在焦油氨水分离槽中会沉淀下来，但是仍然会有部分煤尘和粉尘与油类一起构成煤化工废水中的悬浮物（suspended solid，SS），这些悬浮物容易导致管道堵塞、腐蚀，影响后续生物处理的氧气传质以及增加后续生物处理负荷，可采取有效的措施去除这些悬浮物，从而降低煤化工废水的浊度或悬浮物浓度。在欧洲，普遍的煤化工废水处理工艺为先去除悬浮物和油类污染物质，然后利用蒸氨法去除氨氮，再采用生物氧化法去除酚硫氰化物和硫代硫酸盐。

目前，通过预处理工艺降低废水浊度或者去除废水中的悬浮物可以采取混凝沉淀、气浮以及过滤等方法。

从理论的角度，采用过滤法对煤化工废水进行预处理存在可行性，但是从工程实际应用的效果来说，很难取得较好的经济性，过滤系统的堵塞也会是一个比较难避免的问题。尽管不少研究报道显示，一些新开发的滤料和过滤系统对煤化工废水预处理除浊能够产生较好的效果，但是这些都需要进一步的实验和工程验证，尤其是需要严格的工程验证。

目前，在一些煤化工废水的实际处理工程中，混凝沉淀和气浮工艺常被用来作为煤化工废水的预处理工艺，大量的文献报道显示不断有新的混凝药剂和气浮工艺开发出来，并用于煤化工废水预处理试验研究和现场中试研究，其中也不乏取得非常好的预处理效果的报道。从废水处理的经济可行性（cost - effective analysis）方面分析，单独采用混凝沉淀或气浮工艺进行预处理除浊并不是一个非常经济的做法，更多的是可以在煤化工废水除油预处理中去除悬浮固体，因此没有必要单独针对煤化工废水预处理除浊开展相应的研究和工程设计。

3.1.5 煤化工废水化学氧化预处理

长期以来，煤化工废水一直被认为是高浓度难降解有毒有害废水，其可生化降解性差，生物主体处理工艺的处理负荷大。因此，大量研究都采用化学氧化的方法（尤其是高级氧化的方法）进行预处理，提高其可生化降解性，同时也降低后续生物主体处理工艺的处理负荷。常用的化学氧化法包括 Fenton 试剂化学氧化法、异相催化 Fenton 试剂化学氧化法、臭氧氧化法、催化臭氧氧化法、光催化氧化法、电化学氧化法等。

如图 3-1~图 3-4 所示是臭氧投加量对臭氧氧化降解煤化工废水中典型污染物（喹啉、苯酚、邻苯二甲酸二甲酯和吲哚）效果的影响。

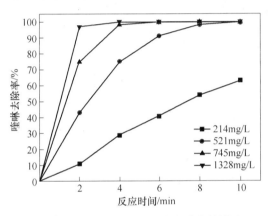

图 3-1 臭氧投加量对喹啉去除率的影响

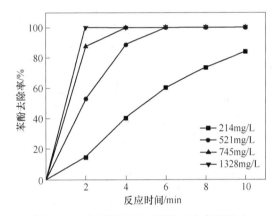

图 3-2 臭氧投加量对苯酚去除率的影响

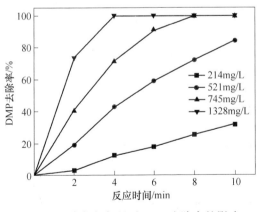

图 3-3 臭氧投加量对 DMP 去除率的影响

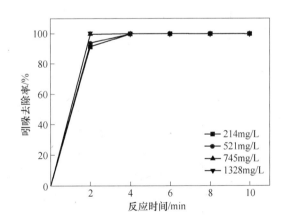

图 3-4 臭氧投加量对吲哚去除率的影响

由图 3-1 可以看出，随着臭氧投加量的不断增加，臭氧氧化对喹啉的去除速率也是不断升高，但是达到 745mg/L 后，臭氧投加量的增加对喹啉去除率的提高并不显著。当臭氧投加量为 745mg/L 和 1328mg/L 时，反应进行 8min 时喹啉的去除率就都达到了 100%。由图 3-2 知，当臭氧投加量从 214mg/L 增大为 521mg/L 时，臭氧氧化对苯酚的去除率急剧上升，反应 6min 时去除率达 100%。当臭氧投加量为 745mg/L 和 1328mg/L 时，臭氧氧化对苯酚的降解速率就更快了，反应 2min 时，苯酚的去除率就已达到 87% 以上。由图 3 - 3 可以看出，当臭氧投加量为 214mg/L，反应进行 10min 后 DMP 的去除率才只有 32.02%。随着臭氧浓度不断地增大，DMP 的去除率有了明显的提高，当臭氧投加量为 521mg/L 时，去除率就已达到 84.69%。当臭氧投加量为 745mg/L 和 1328mg/L 时，反应进行 8min 时 DMP 完全被降解。由图 3 - 4 可知，臭氧氧化对吲哚的去除效果很好，臭氧投加量对吲哚的去除率的影响很小，反应 2min 时，在各个臭氧投加量的条件下，吲哚的去除率就都已经接近 100%。由此可见臭氧氧化吲哚是一个快速反应。可见，臭氧与煤化工废水中部分有机物的反应速率是非常快的。

表 3 - 1 是臭氧与煤化工废水中典型酚类污染物的反应速率，从表中可以看出，臭氧与酚的反应速率较快。同样，臭氧氧化过程中产生的羟基自由基（OH·）与酚的反应速率也非常快，基本没有选择性。然而现有的文献表明，酚类物质的生化降解性较好。因此，从理论的角度出发，高级氧化工艺中，很难调控臭氧和羟基自由基等氧化剂优先与煤化工废水中难生化降解性有机物反应，而后与酚类等易生化降解性有机物反应。

表 3 - 1 臭氧与酚类物质的反应速率常数

溶 质	反 应	pH 值	表观速率常数/L·(mol·s)$^{-1}$
苯酚	$O_3 + C_6H_5OH/C_6H_5O^- \rightarrow$产物	8	18×10^6
2 - 氯苯酚	$O_3 + ClC_6H_4OH/ClC_6H_4O^- \rightarrow$产物	8	66×10^6
4 - 氯苯酚	$O_3 + ClC_6H_4OH/ClC_6H_4O^- \rightarrow$产物	8	34×10^6
2，3 - 二氯苯酚	$O_3 + Cl_2C_6H_3OH \rightarrow$产物	2	$< 2 \times 10^3$
2，4 - 二氯苯酚	$O_3 + Cl_2C_6H_3OH/Cl_2C_6H_3O^- \rightarrow$产物	8	约 5×10^9
2，4，6 - 三氯苯酚	$O_3 + Cl_3C_6H_2OH/Cl_3C_6H_2O^- \rightarrow$产物	8	$> 10^8$
2，4，5 - 三氯苯酚	$O_3 + Cl_3C_6H_2OH/Cl_3C_6H_2O^- \rightarrow$产物	8	$> 10^9$
五氯苯酚	$O_3 + Cl_5C_6OH/Cl_5C_6O^- \rightarrow$产物	8	$\gg 10^5$

假设化学氧化方法预处理煤化工废水时，先与煤化工废水中难降解有机物反应，将煤化工废水的 COD 降低 300mg/L，对于一个处理规模为 100m³/h 的煤化工废水处理厂，则可以提供的电子为：

$$300mg/L \times \frac{1g}{1000mg} \times \frac{1mol}{16g} \times \frac{2mole^-}{1mol} \times \frac{1000L}{1m^3} \times 100m^3/h = 3750mole^-/h$$

假定氧化剂为 H_2O_2，用 H_2O_2 氧化煤化工废水时 1mol 的 H_2O_2 分子可以得到两个电子，因此，需要的 H_2O_2 为：

$$3750mole^-/h \times \frac{1molH_2O_2}{2mole^-} \times \frac{34g}{1molH_2O_2} \times \frac{1kg}{1000g} = 63.75kg/h$$

如果采用 27.5%（质量浓度）的工业级双氧水，密度约为 1.099g/mL，价格为 1200 元/吨，则运行费用为：

$$63.75kg/h \times \frac{100kg}{27.5kg} \times \frac{1t}{1000kg} \times 1200 \text{ 元/吨} = 278.2 \text{ 元/h}$$

则成本增加为（278.2 元/h）/（100m³/h）= 2.8 元/m³，如果考虑 H_2O_2 的利用率（化学氧化反应过程中物质的传质及氧化剂的分解均会降低氧化剂的利用率，大约为

25%），则增加的成本在 10 元左右，经济性较差。由于化学氧化工艺的本质是电子的转移，因此采用其他化学氧化工艺提高煤化工废水的可生化性本质上无法节省电子，其经济性也不会太好，可见采用化学氧化或者是高级氧化预处理工艺来提高煤化工废水的可生化性不是一个较好的方法。

3.1.6 煤化工废水吸附预处理

目前，有研究报道采用吸附法对煤化工废水进行预处理可以提高其可生化降解性，还有报道显示一些特殊吸附材料对煤化工废水中难生物降解物质具有专属吸附能力。但笔者认为这些研究的结果需要进一步论证，尤其是需要在煤化工废水处理的实际中获得较好的论证，主要原因有以下几点：

（1）目前对煤化工废水中的有机物的定性和定量研究均是建立在 GC – MS 的方法上的，正如本书前面章节所述的那样，方法本身还存在很多需要完善的地方，即便是以前一直被认为难生化降解的酚类物质，现有的研究表明其可生化降解性较好。因此，现在很难确认煤化工废水中究竟哪些有机物具有生化降解性，因而也很难确认能够被专属吸附材料吸附的有机物是否是造成煤化工废水难以生化处理的主要物质。

（2）目前开发专属吸附材料更多的是一门艺术，而不是一门技术，尤其是有机物的专属吸附材料的开发，难度更大，而且实验室开发的专属吸附材料需要经过长时间实际应用的检验。

（3）由于煤化工废水有机物含量非常高，目前吸附材料的吸附容量均有限。以活性炭为例，其比表面积远高于其他吸附材料。假定采用活性吸附的方法预处理煤化工废水，使废水中难降解污染物浓度从 20mg/L 降低至 1mg/L。粉末活性炭吸附预实验中，吸附迅速达到平衡浓度，吸附实验所得的数据符合 langmuir 公式 $\dfrac{x}{m} = \dfrac{b\left(\dfrac{x}{m}\right)^0 C_e}{1 + bC_e}$，经过数据拟合得到 $b = 0.13\text{L/mg}$，$\left(\dfrac{x}{m}\right)^0 = 0.345\text{mg/mg}$。对于废水流量为 $100\text{m}^3/\text{h}$ 的煤化工废水处理厂来说，其活性炭投加量可按如下方式简单估算为：

$$C_0 = 20\text{mg/L}, C_e = 1\text{mg/L}, \left(\dfrac{x}{m}\right)^0 = 0.345\text{mg/mg}, Q = 100\text{L/s}$$

$$\dfrac{x}{m} = \dfrac{b\left(\dfrac{x}{m}\right)^0 C_e}{1 + bC_e} = \dfrac{0.13 \times 0.345 \times 1}{1 + 0.13 \times 1} = 0.0397$$

由 $$Q(C_0 - C_e) = \dfrac{x}{m} \times M$$

得： $$M = \dfrac{Q(C_0 - C_e)}{\dfrac{x}{m}} = \dfrac{100 \times (20 - 1)}{0.0397 \times 10^6} = 0.0479\text{t/h}$$

活性炭的售价按 8000 元/t 计算，那么活性炭作为吸附预处理的成本为：$0.0479t/h \times 8000$ 元/t $= 383$ 元/h。这个处理费用是无法接受的，所以活性炭必须进行频繁的再生处理。诚然，采用活性炭再生能够节省处理成本，但是再生必然会产生新的费用。可见采用吸附预处理工艺来提高煤化工废水的可生化性的经济性较差。

目前也有研究显示，采用改性焦粉、废弃焦炭等作为吸附材料对煤化工废水进行预处理来提高其可生化降解性，吸附饱和的焦粉或焦炭通过混烧进一步处理，达到"以废治废"的目的。"以废治废"是一种较好的思路，但是需要考虑废物原材料稳定供应的问题，同时必须找到合适的改性工艺提高焦粉和焦炭等材料的吸附容量。

3.2 煤化工废水的蒸氨预处理

3.2.1 蒸氨工艺

现有的蒸氨工艺按热源是否与氨水接触分为直接蒸氨工艺与间接蒸氨工艺；按蒸馏塔内的操作压力不同，可分为负压蒸氨工艺与常压蒸氨工艺；还有应用新技术及新设备的一种直接蒸氨工艺，即加装喷射热泵的直接蒸氨工艺。以下就直接蒸氨、间接蒸氨、添加喷射热泵的蒸氨及负压蒸氨工艺分别进行分析。

3.2.1.1 直接蒸氨工艺

常规的直接蒸氨工艺是在蒸氨塔的塔底直接通入水蒸气作为蒸馏热源。进料氨水与塔釜废液经进料预热器进行换热，被加热至90~98℃左右后进入蒸氨塔中，利用直接蒸汽进行汽提蒸馏，塔顶氨分缩器后的氨气（约70℃）送到其他工段或进一步冷凝成浓氨水，氨分缩器冷凝所得液相直接进入塔内做回流。蒸氨塔底部排出的蒸氨废水，在与进料氨水换热冷却后送往生化处理装置处理或送去洗氨，其工艺流程如图3-5所示，直接蒸汽加热的特点是工艺简单，设备相对较少，流程短，不过废水产生量大。

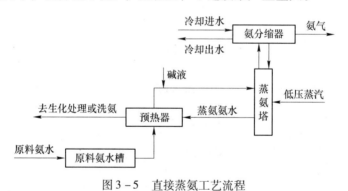

图3-5 直接蒸氨工艺流程

3.2.1.2 间接蒸氨工艺

间接蒸氨工艺与直接蒸氨工艺不同之处就是利用再沸器或管式炉等加热蒸氨塔塔底的废水，根据加热塔底废水的热源不同又可分为：水蒸气加热、煤气管式炉加热和导热油加热三种。虽然加热介质不同，但是工作原理是相同的，各焦化厂多根据自己的具体情况选定不同加热介质，其工艺流程（以再沸器为例）如图3-6所示。

间接蒸氨工艺特点是：相对直接蒸氨工艺而言，工艺流程较长，设备投入多，与直接蒸氨工艺能耗相当。但是间接蒸氨的优点是蒸汽冷凝水可回收再利用，冷却水使用量小，设备维修少。

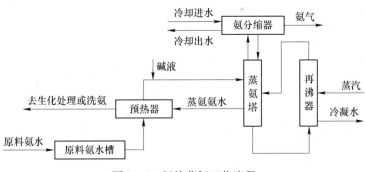

图 3 - 6 间接蒸氨工艺流程

3.2.1.3 喷射热泵蒸氨工艺

喷射热泵蒸氨工艺是一种直接蒸氨工艺的改进，其与常规的直接蒸氨工艺的区别是：蒸氨废水储罐中的废水，因一次蒸汽在喷射热泵中的高速流动产生的吸力而蒸发一部分，将蒸氨废水中的能量进行了充分的利用。一次蒸汽与蒸氨废水产生的蒸汽混合通入塔底中与进料氨水接触，将其中的氨蒸发出来，其工艺流程如图 3 - 7 所示。

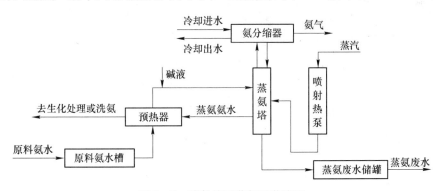

图 3 - 7 喷射热泵蒸氨工艺流程

这种工艺中一次蒸汽不是直接进入塔底中将进料氨水加热，而是先进入喷射热泵内，将蒸氨废水中的热量进行充分的利用。

3.2.1.4 负压蒸氨工艺

该工艺是在氨分缩器上安装一套负压抽真空装置，将蒸氨塔中的压力保持在 0.02 ~ 0.04MPa 之间。该技术可充分利用氨水自身余热，蒸氨塔温度由常规蒸馏温度 105℃ 降至负压蒸馏温度的 80℃，进料氨水进料温度由原来的 80℃ 左右降低到目前的 65℃ 左右，其工艺流程如图 3 - 8 所示。

该工艺与常规蒸氨相比的特点是蒸汽消耗量显著降低，蒸氨废水处理量明显下降。且负压蒸氨对蒸氨塔的设备材质要求低，投资少。虽然负压蒸馏增加一定电耗，但现场的氨气污染显著下降，经济效益明显提高，环保效益显著。

目前焦化厂常用的是直接蒸氨工艺，但是蒸汽浪费较严重，所以近几年，间接蒸氨工艺逐渐受到关注，间接蒸氨工艺中的水蒸气加热因其操作简单，成本较低而使用最为广

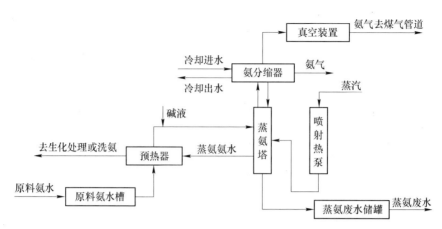

图 3-8 负压蒸氨工艺流程

泛。首先设备的一次投入经费，直接蒸氨工艺的设备简单，无再沸器和蒸汽冷凝装置，前期投入较少；间接蒸氨工艺的设备多且流程较长，因此前期投入较多。另外在相同的蒸氨效率下，两种蒸氨工艺的蒸汽消耗量基本相同，但是冷却水的耗量却相差较多。主要是因为间接蒸氨工艺中蒸汽冷凝水可以回收利用，而且间接蒸氨工艺增加的再沸器相当于一层理论塔板，由蒸馏原理可知，理论塔板增加回流比减小，则塔顶回流冷却水耗量降低。直接蒸氨工艺需要在塔底持续通入蒸汽保证蒸馏效率，但是蒸汽冷凝水直接从塔底流出，使得塔底废水的采出量增大，蒸汽浪费严重，在水资源匮乏的地区不建议使用直接蒸汽加热工艺。但是由于直接水蒸气操作维修费用低，因此成为很多焦化厂蒸氨工艺的首选。

3.2.2 焦化厂蒸氨塔及传统蒸氨工艺

蒸氨塔是蒸氨工序中的中心设备，多为板式塔结构，氨水由氨水泵抽送至焦炭过滤器，过滤吸附重油及固体悬浮物后，进入废水换热器，氨水在废水换热器中与蒸馏后的高温废水进行热交换，温度达到设定值后进入蒸氨塔。碱液由计量泵从碱液槽定量加到蒸氨塔的氨水入口管道中，经管道混合器混合后，入蒸馏塔，控制蒸氨塔的废水 pH 值，或蒸馏后的废水 pH 值。氨水在塔内逐板顺流而下与上升的直接蒸汽进行热量和质量交换，氨气浓度逐步降低，至塔底达到处理要求，废水排出塔外，蒸馏所用的蒸汽直接由塔底最后一块板下进入塔内，与液体逆流接触而上直至塔顶，蒸汽中的氨气浓度逐步提高，蒸氨塔顶部直接与分缩器相连，氨水蒸气在分凝器中被部分冷凝，冷凝液回到塔顶第一块塔板上作为回流液。分凝器使用循环水作冷却介质，通过冷却水流量控制未冷凝的氨水蒸气温度（或冷凝量），把氨水蒸气温度控制在一定的范围内，浓度即可达到要求。蒸馏后的废水从塔下部进入废水换热器和废水槽，水温度降低后，经废水槽再次分离重油后，由废水泵送至废水冷却器，进一步冷却后送往生化工序。

传统蒸氨工艺流程如图 3-9 所示，冷凝鼓风工段得到的剩余氨水，首先进入氨水储槽，根据借用水和油之间的密度关系进行油水分离，经油水分离后的氨水进入到氨水中间槽，在槽内沉降重油，槽内设蒸汽加热盘管，在温度较低时便于加热重油以完成分离和排出，剩余氨水由泵抽送至焦炭过滤器，经过滤器吸附重油后，进入板式换热器换热。剩余氨水在板式换热器中与蒸馏后的高温废水进行热交换，温度达到 70 ~ 90℃左右后从塔顶进

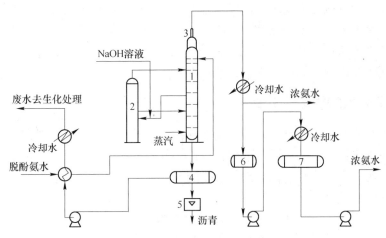

图 3-9 传统蒸氨工艺流程

1—蒸氨塔；2—反应塔；3—氨气分缩器；4—沥青分离槽；

5—沥青冷却器；6—浓氨水中间槽；7—浓氨水槽

入蒸氨塔。同时在碱液贮槽中的 NaOH（6% ~ 30%），通过碱液输送泵多次导入蒸氨塔的原料氨水管道，和原料氨水进行充分混合并送入蒸氨塔内，然后进行 pH 值的调节来保证固定铵的分解。

蒸氨塔中塔底蒸汽直接蒸馏气提原料氨水，蒸馏出的氨气从塔顶进入氨分缩器，进入氨分缩器后进行循环水冷却，之后将冷凝的液体导入蒸氨塔顶部回流，没有冷凝的部分（包含 NH_3 10%）送入饱和器中与4%的稀 H_2SO_4 进行反应获得硫酸铵。塔底排出的蒸氨废水通过氨水换热器中与剩余氨水进行换热，当温度降至大约 70 ~ 80℃时送入废水冷却器中，循环水冷却至 0 ~ 30℃，之后导入蒸氨废水槽中，用蒸氨废水泵送入工业污水工段进行生化处理，而蒸氨塔塔底定期排出的焦油则存入焦油桶或刮除至焦油储存池中，人工进行清理外运。

影响蒸氨效果的主要因素是蒸汽用量，一般每立方米废水需要蒸汽 160 ~ 200m³。气量越大效果越好，但蒸汽含氨量越低，蒸氨成本越高。为提高蒸氨效果，工程现阶段必要时会加碱，使固定铵转化为游离铵。碱液由计量泵从碱液罐定量加到蒸氨塔的剩余氨水入口管道中，经管道混合器混合后进入蒸氨塔，控制蒸氨后废水的 pH 为 10 ~ 10.5。分凝器使用循环水作冷却介质，通过冷却水流量控制未冷凝的氨蒸气温度，把氨蒸气温度控制在100 ~ 130℃，即可使浓度达到 200mg/L 以下。蒸馏后的废水从塔下部重力流入板式换热器和废水槽，水温降至 60℃，在废水槽内再次分离重油后，由废水泵送至后续处理工序。

蒸氨工艺中要注意的问题：焦化废水中含有大量的煤焦油等悬浮物质，为避免进入蒸氨塔造成蒸氨塔的堵塞，所以蒸氨前对焦化废水进行过滤除油是十分必要的，常用的除油装置是氨水过滤器和气浮除油机。在满足蒸氨效率的前提下，蒸汽耗量越少越好。当蒸氨塔的内部结构、操作参数等一定时，蒸汽量越大塔底废水中氨氮含量越低，但是当蒸汽量超过塔内的允许气速时，会造成干板或塔波动不稳的情况，且蒸汽量越大，塔顶氨分缩器和塔底再沸器的负荷随之增加，蒸氨塔的经济指标随之下降。因此在蒸氨塔设计时，蒸汽流量一般控制在较低范围内，与蒸氨塔焦化废水的进量相关。

从某焦化厂的蒸氨处理工艺实例可以看出，蒸氨塔处理高浓度剩余氨水效果明显，加碱后氨氮的去除率为93%，未加碱时氨氮的去除率也可达到90.8%，处理后的废水达到了后续生化处理的条件。同时，蒸氨工艺技术成熟，流程简单，操作方便，去除效率高，适于用作焦化企业高浓度剩余氨水的预处理工艺。

3.3 煤化工废水的脱酚预处理

由于酚类物质对微生物有较强的抑制作用，又有回用价值，因此，在废水进行生化处理前，必须首先降低其浓度，同时采用物理化学方法将其加以回收。煤化工废水脱酚预处理方法有蒸汽脱酚、吸附脱酚和溶剂萃取脱酚等方法。其中溶剂萃取脱酚在煤化工废水实际处理工程中应用最多。

（1）蒸汽脱酚。蒸汽法的实质在于废水中的挥发酚与水蒸气形成共沸混合物，利用酚在两相中的平衡浓度差异（即酚在汽相中的平衡浓度大于酚在水中的平衡浓度），因此含酚废水与蒸汽在强烈的对流时，酚即转入水蒸气中，从而使废水得到净化，再用氧氧化钠洗涤含酚的蒸汽以回收酚。此法不仅不会在废水处理过程中带入新的污染物，而且回收酚的纯度高，但脱酚效率仅约为80%，效率偏低，耗用蒸汽量较大。在实际应用中可以合理调整影响汽脱效果的各主要因素之间的关系，进一步提高脱酚装置的脱酚效果。缺点是未挥发酚不能再使用，且设备庞大，目前基本不为厂家所采用。

（2）吸附脱酚。吸附脱酚是采用一种液固吸附与解吸相结合的脱酚方法，将废水与吸附剂接触，发生吸附作用达到脱酚的目的。吸附饱和的吸附剂再与碱液或有机溶剂作用达到解吸的目的。随着廉价、高效、来源广的吸附剂的开发，吸附脱酚法发展很快，是一种很有前途的脱酚方法。但煤化工废水处理中采用吸附法回收酚存在一定困难，因有色物质的吸附是不可逆的，活性炭吸附有色物质后，极难将有色物质洗脱下来，无法再生从而影响活性炭的使用寿命。

（3）溶剂萃取脱酚。溶剂萃取脱酚是指选用一种与水互不相溶但对酚具有比水溶解能力大的有机溶剂，使其与水密切接触，则水中的绝大部分酚将转移到有机溶剂中去，从而实现水中酚的脱除。该法脱酚效率高，可达95%以上，而且运行稳定，易于操作，运行费用也较低。在我国焦化行业的废水处理中应用最广。新建焦化厂都采用溶剂萃取法。萃取剂多为苯溶剂油（重苯）和N-503煤油溶剂。萃取效果的好坏，与所用萃取剂和设备密切相关。十全十美的萃取剂是没有的，所以选择萃取剂要综合考虑，在基本满足上面六条的原则下选择分配系数大、萃取剂在水中溶解度小、沸点低、相对密度小的低廉物质。下面就国内外常用的几种萃取剂有关的物理常数见表3-2。

表3-2 国内外常用的几种萃取剂物理常数

名　称	二异丙醚	醋酸丁酯	N503(5%~12%)+煤油	重苯
沸点/℃	68.3	125	155±1	
相对密度（20℃）	0.725	0.875	0.86	0.885
黏度（20℃）/Pa·s	0.34×10^{-3}	0.74×10^{-3}	19.5×10^{-3}	
表面张力/N·m^{-3}（达因/厘米）	—	25.48×10^{-3}(20℃)	—	29.3×10^{-3}
燃点/℃	433	—	190	—

名　称	二异丙醚	醋酸丁酯	N503（5%～12%）＋煤油	重苯
闪点/℃	-27.7	—	158	—
凝固点/℃	-60	—	-54	—
水中溶解度（20℃）	0.2%	0.7%	0.01g/L	—
水中共沸温度/℃	6104	90.2	—	—
分配系数	26.6	48.1	8～32	2.3
萃取剂在水中溶解度	很少	1.36	小于0.01g/L	—
毒性、腐蚀性	无毒无腐蚀	轻微腐蚀	轻毒性、无腐蚀	有毒无腐蚀
乳化性	不乳化	基本不乳化	乳化	浮华

从厂区送来的煤化工废水经氨水池调节，在焦炭过滤器中过滤焦油后，经冷却器冷却至55℃。冷却后的废氨水进入萃取塔的焦油萃取段，与部分轻油逆流接触，进一步除去氨水中的焦油。从焦油萃取段出来的氨水，自流进入酚萃取段，而含焦油轻油自流进入废苯槽。在酚萃取段，氨水与轻油逆流接触，氨水中的酚被轻油所萃取，萃取后的氨水经分离油后，用泵送往氨水蒸馏装置做进一步处理。由酚萃取段排出的含酚轻油进入脱硫塔上段的油水分离段，分离水后的轻油流入中段，经与碱或酚盐作用除去油中的硫化氢。脱硫后的轻油流入富油槽，再用泵经管道混合器送入分离槽，在此轻油中的酚被碱中和成酚钠盐，并与轻油分离后，一部分送到脱硫塔，另一部分送到化产品酚精制装置做进一步加工。离开分离槽的轻油再送入萃取塔循环使用。为保证循环油质量，连续抽出循环油量的2%～3%与废苯槽废苯一起送到溶剂回收塔处理，所得到轻油送回循环溶剂油中。为防止放散气对大气的污染，将各油类设备的排放气集中送入放散气冷却器，使之冷凝成轻油，加以回收利用。

3.4 煤化工废水除油技术

3.4.1 煤化工废水除油概述

含油废水中所含的油类物质，包括天然石油、石油产品、焦油及其分馏物，以及食用动植物油和脂肪类。不同工业部门排出的废水所含油类物质的浓度差异很大。如炼油过程中产生的废水，含油量约为150～1000mg/L，焦化厂废水中焦油含量约为500～800mg/L，煤气发生站排出的废水中的焦油含量可达2000～3000mg/L。

油类物质在废水中通常以以下四种状态存在：

（1）浮上油，油品在废水中分散的颗粒较大，油滴粒径大于100μm，易于从废水中分离出来。

（2）分散油，油滴粒径介于10～100μm之间，悬浮于水中。

（3）乳化油，油滴粒径小于10μm，油品在废水中分散的粒径很小，呈乳化状态，不易从废水中分离出来。

（4）溶解油，油类溶解于水中的状态。

含油废水的治理应首先利用隔油池，回收浮油或重油，处理效率为60%～80%，出水中含油量约为 100~200mg/L；废水中的乳化油和分散油比较难处理，故应防止或减轻乳化现象。方法之一是在生产过程中注意减轻废水中油的乳化；其二，是在处理过程中尽量减少用泵提升废水的次数，以免增加乳化程度。处理方法通常采用气浮法和破乳法。

煤化工有机废水生化前处理的除油设施有除油池和浮选池，现代煤化工生产的企业当中，煤化工废水的除油基本在蒸氨前完成，蒸氨后废水中含油量非常低，一般在 50mg/L 以下，不少都低于 30mg/L，目前所设除油设施基本闲置，分离不出油来，实际上也没有必要设除油设施，只设一个防御性的隔油池就可以了。

但是原有的煤化工企业，尤其是焦化企业，其蒸氨废水中的含油量可能会较高，此时需要设置除油设施。设置废水除油设施的原则主要有以下三点：

（1）当废水中含油超过 150mg/L 时，需设置重力除油池和浮选除油。

（2）当废水中含油 100~150mg/L 时，可仅设置重力除油。

（3）当废水中含油在 100mg/L 以下时，可设置简化的除油池，其作用是阻截事故状态下氨水中带来的焦油。

3.4.2　隔油池隔油

隔油池（oil separator）是利用油与水的比重差异，分离去除污水中颗粒较大的悬浮油的一种处理构筑物。煤的焦化和气化工业排出含高浓度焦油的废水，其典型处理方法就是用隔油池进行隔油。

利用隔油池与沉淀池处理废水的基本原理相同，都是利用废水中悬浮物和水的比重不同而达到分离的目的，采用重力除油的原理。隔油池的构造多采用平流式，含油废水通过配水槽进入平面为矩形的隔油池，沿水平方向缓慢流动，在流动中油品上浮水面，由集油管或设置在池面的刮油机推送到集油管中流入脱水罐。在隔油池中沉淀下来的重油及其他杂质，积聚到池底污泥斗中，通过排泥管进入污泥管中。经过隔油处理的废水则溢流入排水渠排出池外，进行后续处理，以去除乳化油及其他污染物。

常用的隔油池有平流式与斜流式两种形式。在煤化工废水除油中，矩形平流式除油池具有较好的脱除重油和轻油的效果。

平流式隔油池表面一般设置盖板，除便于冬季保持浮渣的温度，从而保持它的流动性外，还可以防火与防雨。在寒冷地区还应在池内设置加温管，以便必要时加温。平流式隔油池的特点是构造简单、便于运行管理、油水分离效果稳定。有资料表明，平流式隔油池可以去除的最小油滴直径为 100~150μm，相应的上升速度不高于 0.9mm/s，出水油含量可小于 50mg/L。平流隔油池中油粒上升速度可通过实验求出（同沉淀的方法相同）或直接用斯托克斯公式计算。平流式隔油池的设计可以按表面负荷计算，也可以按照停留时间来计算。按表面负荷设计时，一般采用 1.2m³/(m²·h)；按停留时间设计时，一般采用 2h。

仅仅依靠油滴与水的密度差产生上浮而进行油、水分离，油的去除效率一般为 70%~80% 左右，隔油池的出水仍含有一定数量的乳化油和附着在悬浮固体上的油分，一般较难降到排放标准以下。

3.4.3　浮选除油池

在煤化工废水除油中，因重力除油后的废水不经浮选池也可进入生化处理系统，故浮选池可以设计成单系列，但必须设置不经浮选直接进入下道处理工序的超越管。因煤化工废水处理浮选水量都较大，考虑到节能和系统配置等因素，设计中一般多采用部分水量加溶气浮选，且采用浮选后水加气。溶气水量、溶气量、溶气压力和溶气时间既是一组关键的技术指标，又是一项重要的经济指标，设计时应二者兼顾，优化取值。浮选水力停留时间不宜过长，一般以 0.5h 为宜，但不应超过 1.0h。释放器对提高浮选效果特别重要，应根据不同的池形结构配置适宜的释放器。最小管径要求主要是考虑当管壁黏油，过水断面减小后的流通能力。主要是为了防止油阻塞管道和便于油管道排空。气浮法分离油、水的效果较好，出水中含油量一般可小于 20mg/L。

气泡产生的方法主要有两种，一是散气法，主要采用多孔的扩散板曝气和叶轮搅拌产生气泡，气泡的直径较大，约在 1000μm 左右；二是溶气法，常用的有加压溶气法和射流容器法。目前加压溶气法在煤化工废水处理中使用较多，一般将加压溶气气浮法作为隔油池的补充处理，并作为生物处理的预处理工艺而设置在生物设备之前，煤化工废水就常用加压溶气气浮法去除那些用自然浮上法无法去除的油类物质。

常用的气浮池有平流式和竖流式两种。平流式气浮是目前最常用的一种形式，其反应池与气浮池合建。废水进入反应池完全混合后，经挡板底部进入气浮接触室以延长絮体与气泡的接触时间，然后由接触室上部进入分离室进行固 - 液分离。池面浮渣由刮渣机刮入集渣槽，清水由底部集水槽排出。平流式气浮池的优点是池身浅、造价低、构造简单、运行方便。缺点是分离部分的容积利用率不高等。气浮池的有效水深通常为 2.0 ~ 2.5m，一般以单格宽度不超过 10m，长度不超过 15m 为宜。废水在反应池中的停留时间与混凝剂种类、投加量、反应形式等因素有关，一般为 5 ~ 15min。为避免打碎絮体，废水经挡板底部进入气浮接触室时的流速应小于 0.11m/s。废水在接触室中的上升流速一般为 10 ~ 20mm/s，停留时间应大于 60s。废水在气浮分离室的停留时间一般为 10 ~ 20min，其表面负荷率约为 6 ~ 8m^3/(m^2·h)，最大不超过 10m^3/(m^2·h)。

竖流式气浮的基本工艺参数与平流式气浮池相同。其优点是接触室在池中央，水流向四周扩散，水力条件较好。缺点是与反应池较难衔接，容积利用率较低。有经验表明，当处理水量大于 150 ~ 200m^3/h，废水中的可沉物质较多时，宜采用竖流式气浮池。

4 煤化工高浓度有机废水生化处理技术

4.1 煤化工高浓度有机废水生化处理基本想法

目前，煤化工废水主要是采用生化工艺去除废水中的含碳有机物、含氮有机物、氨氮和硝酸盐氮，使出水的氨氮、COD、总氮低于相关排放标准；或者是有效降低它们的浓度，为深度处理创造条件。这一点成为业界的普遍共识，这也是湿式氧化和超临界氧化工艺难以大规模运用于煤化工高浓度有机废水的处理中，或者说湿式氧化和超临界氧化工艺只能作为煤化工高浓度有机废水的预处理工艺。

早期，我国的煤化工废水主要是采取完全混合式活性污泥法处理，即通常所说的普通生化法，一般采用单段延时曝气活性污泥法脱除酚、氰、硫氰酸盐和降低出水中 COD 值。目前比较成熟的结论是普通生化法脱除酚和易释放的氰效果比较好，脱除硫氰酸盐、络合氰化物和去除 COD 的效果不太理想，对氨氮脱除效果较差。

普通生化法去除氨氮效果较差，控制氨氮的途径是通过废水蒸氨减少进入生化工艺中的氨氮浓度。尽管普通生化处理废水中氨氮浓度一般只需要控制在不超过 40mg/L，但由于硫氰酸盐水解后会产生隐形氨氮，使生化处理系统中氨氮浓度增高，故需要在废水蒸氨时加碱脱除固定氨，且需控制较高的蒸氨废水 pH 值，以便使蒸氨后废水中的氨氮浓度控制在 10mg/L 以下。

由于煤化工废水的生化处理的主要目标是除碳脱氮，因此，从微生物去除含碳有机物和含氮污染物的原理上来讲，煤化工废水的生化处理工艺宜采取缺氧和好氧的各种组合工艺。不少工程师从提高煤化工废水的可生化性角度出发，在缺氧和好氧组合工艺基础上增加厌氧工艺，即希望通过采取厌氧水解工序来提高煤化工废水可生化性，降低煤化工废水中有毒污染物对后续处理构筑物中的微生物活性的抑制。市场调研表明，目前国内成功运行的工艺包括缺氧/好氧工艺（A/O 工艺，也称前置反硝化生物脱氮处理工艺）、水解酸化/缺氧/好氧工艺（A/A/O 或 A²/O 工艺）、好氧/缺氧/好氧工艺（O/A/O 工艺）、缺氧/好氧/好氧工艺（A/O/O 工艺）、水解酸化/缺氧/好氧/好氧工艺（A/A/O/O 工艺）。水解酸化、缺氧和好氧工序中既可以采用活性污泥法（悬浮生物生长系统），也可以采用生物膜法（附着生物生长系统），也可以是两种形式的组合。针对这些工艺，从上个世纪 60 年代，国内外一些重点科研单位进行了大量的探索，即便是几十年后的今天，这些研究仍然在继续，通过不断的研究，取得了显著的进展，解决了煤化工废水处理中存在的不少难题，同时也促进了整个高浓度难降解有毒有害废水处理研究。

4.2 单级完全混合式活性污泥法处理煤化工废水

单级完全混合式活性污泥法处理煤化工废水最早开始于焦化废水的处理。尽管我国在 20 世纪 80 年代，不少焦化厂采用完全混合式活性污泥法处理过焦化废水。但是，随着对焦化废水水质的认识日益增多以及对出水水质要求日益严格，采用完全混合式活性污泥法处理焦化废水明显无法达到要求。目前采用好氧生物工艺，在一个完全混合式反应器中同步去除焦化废水中的酚氰和氨在实际工程中很少应用，但是在实验室通常可以采用这种工艺进行煤化工废水处理的小试研究，该研究可以获得煤化工废水生化处理工艺所需要的工艺参数。

试验的反应装置由一个20L的好氧反应器和后接一个直径为24.5cm，容积为12L的沉淀池组成。好氧反应器采用透明的PVC材料制成，并在反应器的不同高度设置出水口。通过设置在反应器底部的直径为1mm的12孔口曝气装置将氧气通入反应器中。好氧反应池中设有搅拌桨，以保证液体完全混合。通过一个加热组件将反应器中的温度控制在（35±0.5）℃。反应器中液体的补给和污泥的回流采用多通道蠕动泵实现。

为了监测反应器中的有机物降解情况，进水和出水的水质均采用标准方法进行分析，对于那些不能及时分析的水样，需要在4℃的条件下进行冷藏。使用 HACH DR/2010 分光光度计，采用比色法进行测定水中酚和COD，氨氮的测定采用电位测定法，使用 ORION 95 - 12 BN 离子选择性电极进行测定，SCN^- 采用比色法进行测定。

实验用水为取自炼钢厂的经过预处理的焦化废水，废水污染物浓度变化较大，酚的浓度为 110 ~ 350mL/L，$NH_3 - N$ 的浓度为 504 ~ 2340mg/L，SCN^- 的浓度为 185 ~ 370mg/L，COD 的值为 807 ~ 3275mg/L，氰化物的浓度为 28 ~ 32mg/L，有机氮的浓度为 70 ~ 200mg/L，硫酸盐的浓度为 90 ~ 110mg/L，磷酸盐的浓度为 0.4 ~ 0.6mg/L，氯化物的浓度为 1200 ~ 1390mg/L，硫化物的浓度为 0.1 ~ 0.2mg/L。焦化废水中也含有较低浓度的金属物质，这些金属物质主要是铁、钙、镁和锌，这些金属物质也是生物生长代谢需要的物质。

实验分三个阶段进行：（1）实验的启动；（2）研究添加碳酸氢盐是否有助于硝化条件下微生物对有机物的降解情况；（3）研究在不添加碳酸氢盐的条件下微生物对有机物的降解情况。还可以采用序批实验，研究 pH 值、氨浓度和碱度对生物降解性能的影响。

通过采用不同的流速控制反应的水力停留时间，表 4 - 1 给出了不同阶段所采用的具体的水力停留时间。由于焦化废水中污染物浓度变化比较大，使得在反应过程中很难维持一个稳定的有机物负荷，因此采用 HRT 作为研究的实验参数。如表 4 - 1 所示，污泥龄随 HRT 的增大而增大，并且污泥龄需要足够大，从而不至于成为降解污染物的限制因素。

表 4 - 1　不同实验条件下焦化废水中各种污染物的 HRT，SRT 和平均浓度

阶段	HRT/h	SRT/d	COD/mg · L^{-1}	SCN$^-$/mg · L^{-1}	酚/mg · L^{-1}	NH$_4^+$ - N/mg · L^{-1}
启动	10	3.6	1827			
	15	4.0	984	272		
	18	6.4	774	277		
添加碳酸氢盐时有机物的去除						
正式运行	18.4	7	1012			520
	23	9	912	334	215	591
	40.3	11	1544	375	292	948
	54.3	14	1596	200	1048
	96.1	23	1851		280	1095
	17.6	10.4	1273	202	187	671
	31.2	21	1852	365	232	2228
	48.1	33	2293	256	265	928

阶段	HRT/h	SRT/d	COD/mg·L⁻¹	SCN⁻/mg·L⁻¹	酚/mg·L⁻¹	NH₄⁺-N/mg·L⁻¹
	不添加碳酸氢盐时有机物的去除					
正式运行	96.1	69	1928		267	1061
	125	72	1192	213	173	699
	167	82	1274	202	168	694
	236	154	992	210	177	629

进水在进入反应器之前需要用添加一定量的盐酸对其进行中和。焦化废水中磷酸盐含量低，无法满足微生物生长的需要，因此需要添加一定量的磷酸盐。磷酸盐的添加量为 130g/m³。同时需要在反应器中添加一定量的消泡剂。从第 198 天开始向反应器中添加促凝剂（1L 焦化废水添加 0.3mL Al₂(SO₄)₃ 或 10g/m³），使出水澄清。

第一阶段为反应器的启动阶段，这个阶段维持 48d，该阶段是对活性污泥进行驯化，实验污泥取自生活污水处理厂的活性污泥，取来的活性污泥的 TSS 浓度为 30~35mg/L，其中 VSS 占 90%，SVI 值为 70mL/g。反应器中的 1/3 为取自生活污水处理厂的活性污泥，其余的为人工合成废水，人工合成废水中以葡萄糖作为碳源，并添加微生物生长所必需的营养物质。当反应器的运行稳定后，开始向反应器中添加混有焦化废水的人工合成废水，此过程中将引起污泥膨胀，所有的污泥完全上浮，正是这种污泥上浮使得反应器的启动需要重新开始。首先将反应器中的污泥全部清空，清空反应器后，向反应器中添加生活垃圾填埋场垃圾渗滤液生物处理工艺的活性污泥，该生活垃圾填埋场渗滤液处理工艺由硝化工艺和反硝化工艺组成，后置超滤装置分离活性污泥，处理垃圾渗滤液为 500m³/d。实验开始阶段向反应器中加入不同比例的垃圾渗滤液和炼焦工艺废水的混合物，焦化废水的比例由 25% 逐渐增加到 100%，这一阶段由第 49 天持续至第 71 天。

采用垃圾渗滤液生物处理工艺的活性污泥处理焦化废水和垃圾渗滤液时，并没有取得较好的处理效果。因此从第 72 天开始对焦化废水采用 2:1 的比例进行稀释，直到微生物能够适应焦化废水的浓度为止（在 HRT=18h 时 COD 的去除率高达 70%）。

尽管大部分焦化废水均含有足够的碱度用于微生物进行硝化作用，但是本次实验采用的焦化废水的平均碱度为 0.25gCaCO₃/L。由于本次实验使用的焦化废水 NH₄⁺-N 浓度较高，而 kgCaCO₃/kgNH₄⁺-N 的比例关系为 0.28，因此焦化废水中的碱度对微生物进行硝化作用是完全不够的。根据参考文献的数据，微生物进行硝化作用时对应的碱度应为 2.86~5.07kgCaCO₃/kgNH₄⁺-N。研究中添加一定量的碳酸氢钠作为自养微生物的碳源，添加量为 2.8kgNaHCO₃/m³，从而促进硝化作用的进行。反应器中 pH 值在 8.0~8.5 之间。在整个实验过程中污泥沉降效果良好，污泥体积指数低于 100mL/L。反应器中的溶解氧浓度维持在 5mg/L 左右，混合液的挥发性悬浮固体平均浓度为 0.8~1.7g/L，占总悬浮固体浓度的 58.5%~77.5%。

通过监测 COD，分析发生在反应器中能被微生物降解的有机物的变化情况。如图 4-1 所示给出了采用不同的 HRT 时出水 COD 的变化。在 HRT 为 23h 时，COD 的去除效果在 65.6% 左右（出水 COD 浓度为 279mg/L）；HRT 为 40.3h 时，COD 的去除率在 38.4% 左右（出水 COD 浓度为 982mg/L），出水 COD 升高主要是因为进水 COD 升高了。表 4-2 以去除百分比和去除速率的形式给出了平均的去除效果。水力停留时间和污泥龄对于 COD 的去除并没有明显的影响，具体的 COD 去除率在 335 ~ 470mgCOD/(gVSS·d) 之间。由于焦化废水中污染物浓度变化复杂，在特定的水力停留时间下有机物负荷并不是一个特定值，因此这个可能影响 COD 的去除效果。

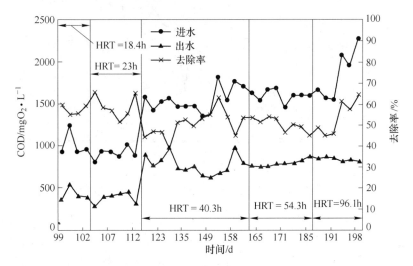

图 4 - 1　在添加碳酸氢盐条件下进水和出水中 COD 的变化以及获得的去除率

表 4 - 2　不同实验条件下污染物的平均去除率

HRT/h	SRT/d	TSS /mg·L^{-1}	VSS /mg·L^{-1}	COD 负荷率/mg COD$_{去除}$·(gVSS·d)$^{-1}$	COD 去除率 /%	酚去除率 /%	NH$_4^+$ - N /mg·L^{-1}	SCN 去除率 /%
添加碳酸氢盐条件下有机物的去除								
18.4	7	2.23	1.67	449.9	58	95	12	n. d.
23	9	2.38	1.53	363.5	60	96	20	45
40.3	11	1.60	0.99	470.4	51	99	38	37
54.3	14	1.46	0.79	454.3	52	97	65	n. d.
96.1	23	1.36	0.38	334.9	56	98	67	n. d.
不添加碳酸氢盐条件下有机物的去除								
17.6	10.4	2.02	1.65	454.5	31	92		0
31.2	21	2.34	1.98	341.9	50	96		0
48.1	33	2.44	2.03	396.2	66	98		49
96.1	69	2.74	2.19	70.3	32	96		n. d.
125	72	2.19	1.78	71.1	50	97		65
167	82	1.93	1.55	50.0	42	96		85
236	154	2.98	2.44	25.3	38	96		90

注：n. d. 指未检出。

由图 4 - 1 可以看出，进水中酚的浓度在 110 ~ 350mg/L 范围内，出水中酚浓度为 6 ~ 14mg/L，酚的去除率高达 93.5%。同时从图 4 - 2 也能看出，酚的去除效果并没有随着水力停留时间和污泥龄的延长而提高。

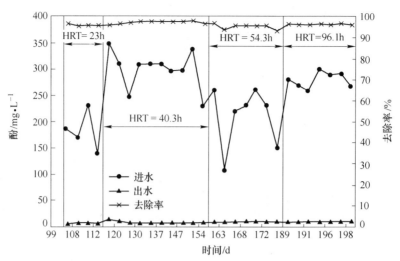

图 4 - 2　在添加碳酸氢盐条件下进水和出水中酚的变化以及去除率

　　如图 4 - 3 所示给出了反应器中进水和出水氨浓度的变化情况和水力停留时间对于硝化作用的影响情况。出水中氨的最小浓度为 318mg/L，在 HRT 为 54.3h 和 96.1h 时达到最大的去除效果，去除率为 71%；在 HRT 为 23h 时去除效果最差，去除率仅为 7.7%。由表 4 - 2 可以看出，HRT 在 54.3h 之前，硝化作用随着水力停留时间和污泥龄的增加而增加，当进一步提高水力停留时间时氨氮的去除效果不再增加。另外，图 4 - 3 给出了 TN 的去除情况（TN 包括有机氮、氨氮和硫氰酸盐）。如图 4 - 3 所示，尽管 TN 的去除效果稍微高一些，但是对于不同形式的含氮物质，曲线的变化趋势是相同的。

　　可以将氨氮去除率和停留时间的数据拟合为指数曲线（相关性为 0.982），该曲线表明在水力停留时间为 75h 时，氨氮的去除率达到 65.6%，去除效果最好；之后继续增加水力停留时间，去除效果无明显变化。该实验得到的指数曲线公式为：

$$氨氮去除率 = 65.6 \times \{1 - \exp[-0.05 \times (HRT - 12.6)]\}$$

　　由表 4 - 2 可以看出，硫氰酸盐的生物降解性非常低，当 HRT 为 23h 和 40.3h 时，硫氰酸盐的去除率分别为 45% 和 37%。焦化废水中含有酚类、氨氮、硝态氮和亚硝态氮等对微生物降解硫氰酸盐有抑制性作用物质，因此使得硫氰酸盐的去除效果较低。同时在炼钢厂的焦化废水预处理过程中，蒸氨工艺经常会出现一些问题，这些问题使得废水中的氨氮浓度较高并且浓度变化较大（进水浓度在 506 ~ 1108mg/L）。在 HRT 较低的情况下，进水中氨氮浓度突然升高很可能会加剧硝化细菌与硫氰酸盐降解菌之间的竞争。

　　在本次实验中，要想仅通过一个单独的反应器使得出水中的有机物、氨氮和硫氰酸盐降低到适当浓度是很难达到的。而这也是开展焦化废水处理技术研究人员的共识。要想使出水污染物浓度较低，一个可行的方法就是采用二段装置。其中有机物质和硫氰酸盐在第一段工艺中去除，硝化作用在第二段工艺中进行。

　　作为研究二段工艺处理焦化废水的先前的阶段，有必要研究在不添加碳酸氢盐的情况下，有机物和硫氰酸盐的去除情况。为了抑制自养硝化微生物的增长，不再向反应器中添加作为无机碳源的碳酸氢盐。反应器中仍然进焦化废水，研究 HRT 对出水污染物浓度的影响。在此阶段，反应器的 pH 保持在 6.0 ~ 7.5 的范围内。反应器中的有机负荷通常随着

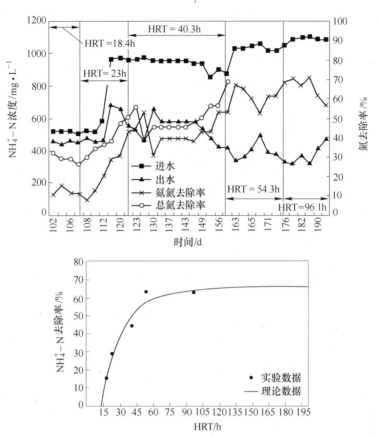

图 4-3　添加碳酸氢盐条件下进出水 NH_4^+ -N 的变化，脱氮效率
以及水力停留时间对 NH_4^+ -N 平均去除率的影响

HRT 的增加而降低，当反应器的 HRT 为 125h 时，有机负荷低于期望值（在此 HRT 条件下进水中 COD 浓度较低）。混合液中挥发性悬浮固体的平均浓度在 1.6~3.1g/L 范围内，占总悬浮固体浓度的 80%~86%。整个过程中溶解氧的浓度仍然保持在 5mg/L 左右，污泥的沉降性能良好（污泥的体积指数低于 100mg/L）。

　　如图 4-4 所示给出了实验阶段进水、出水的 COD 变化情况和不同 HRT 和 SRT 条件下 COD 的去除效果。进水 COD 浓度在 807~3275mg/L 范围内，出水 COD 浓度为 447~2036mg/L。在 HRT 增加的过程中，当 HRT 提高到 48.1h 时 COD 的去除率最高，并且与表 4-2 给出的添加碳酸氢盐时的情况相同，进一步增加 HRT，去除率反而降低。在该实验阶段出现这种现象可能是因为工业焦化废水的组成成分不同，使得进水 COD 不同。当 HRT 较长时，反应器中有机物不足，出现微生物的内源呼吸现象。因此当 HRT 高于 96h 时，COD 的去除率由原来的 400mgCOD/gVSS 下降至 71mgCOD/gVSS。

　　酚类物质生物降解性能的变化情况如图 4-5 所示，进水酚的浓度为 127~310mg/L，而出水酚的浓度在 6(HRT 为 17.6h、48.1h 和 167h) ~25mg/L(HRT 为 96h 和 17.6h) 的范围内，去除率为 87%~98%，具体的去除效果取决于实验所采用的 HRT。因此我们得出这样的结论：即使在较短的 HRT 的条件下，酚仍然具有较高的生物可降解性。其他文献也发表过活性污泥法处理含酚废水时 HRT 采用 8~10h 就已经足够。

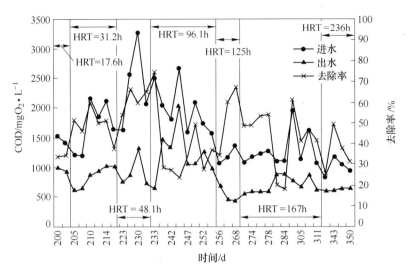

图 4 - 4   不添加碳酸氢盐条件下进出水 COD 的变化以及取得的去除率

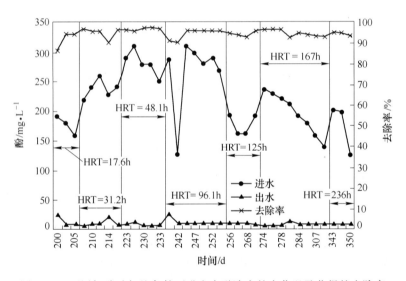

图 4 - 5   不添加碳酸氢盐条件下进出水酚浓度的变化以及获得的去除率

如图 4 - 6 所示，出水 NH_4^+ - N 的浓度通常高于进水的浓度，这是因为进水中含有机氮和 SCN^-，在生物降解的过程中，有机氮转化成 NH_4^+，SCN^- 转化成 NH_4^+、CO_2 和 SO_4^{2-}。这种转化现象已经采用人工合成的含有 SCN^- 而无 NH_4^+ 的废水，通过曝气呼吸实验（respirometric assays）证实了。在实验中可以观察到在硫氰酸盐生物降解的过程中氨氮值的增加。需要指出的是，在实验过程中有机氮的浓度变化较大，范围在 114 ~ 1215mg/L 之间，这是一个非常高的值。在 HRT 分别为 17.6h、31.2h、48.1h、125h、167h 和 236h 时，生物降解硫氰酸盐使氨氮的浓度相应增加 4.1%、99.5%、20.2%、5.3%、9.3% 和 2.5%。在 HRT 为 31.2h 时，进水有机氮的浓度仅为 114mg/L。因此，出水中 NH_4^+ - N 的浓度增加主要是由于 SCN^- 的生物降解作用。然而，在 HRT 为 236h 时，有机氮的浓度为 1215mg/L，而出水的 NH_4^+ - N 相对于进水仅增加了 2.5%。由于在此阶段硝化作用不明显，氨氮的最大去除率仅为5%，所以图4-6未给出氨氮的去除率。有机氮转化成氨氮的速率非常高，转化率在91%~98%之间。

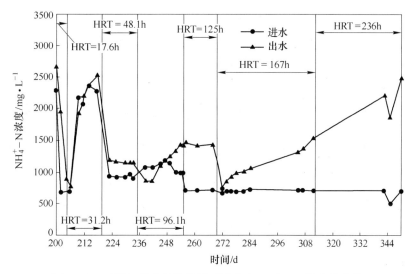

图4-6 不添加碳酸氢盐条件下进出水 NH_4^+ - N浓度的变化

如图4-7所示给出了不同HRT的条件下进出水 SCN^- 的浓度变化和HRT对 SCN^- 的平均去除率的影响。由图可以看出进水 SCN^- 的浓度在185~370mg/L之间，因此可以推测出除在水力停留时间为17.6h和31.2h的条件下，其他的水力停留时间下均产生了 SCN^- 的生物降解效果。因此可以推断，在活性污泥反应器中需要使反应器的HRT高于31.2h才有利于 SCN^- 的去除。研究表明，在没有 NH_4^+ - N、NO_2^-、NO_3^- 和酚等物质抑制作用的条件下，SCN^- 完全生物降解可能只需要23h。而当这些化合物存在时，SCN^- 的生物降解作用会产生不同程度的延迟。当废水中存在酚时，SCN^- 的生物降解所需时间推迟大概60h，而当废水中存在50mg/L的亚硝态时，可使降解所需时间推迟长达82h。

在HRT为236h的条件下，出水的 SCN^- 浓度最低，最低值为17mg/L。生物降解作用随着HRT的增大而增强，在HRT为236h时，SCN^- 的去除效果最好，去除率高达90%，在48.1h时，去除效果最差，去除率仅为45.4%。

在上一阶段的实验研究中，同时去除了废水中的有机物和氨氮污染物，SCN^- 的生物降解作用在一个较低的HRT条件下（23h）就能进行。这可能是因为在上一阶段实验中 NH_4^+ - N的浓度较低（图4-3和图4-6）或者是因为其他不同的生物降解机理导致的。在自养微生物的生长过程中，SCN^- 可以作为一种碳源和能源，同样对于一些异养微生物，在生物降解过程中也能够利用 NH_4^+ - N的产物作为氮源降解 SCN^-。这两种类型的 SCN^- 降解机理之前均有报道。

根据水力停留时间获得的 SCN^- 平均去除效果的实验数据得到一个指数曲线（r = 0.96），方程为：

$$SCN^- 去除率 = 90 \times \{1 - \exp[-0.016 \times (HRT - 19.8)]\}$$

由曲线可以看出，当这种工艺的HRT为300h时，可以达到 SCN^- 最大去除效果，去除率高达90%。而当HRT低于19.8h时，几乎对 SCN^- 没有去除效果。

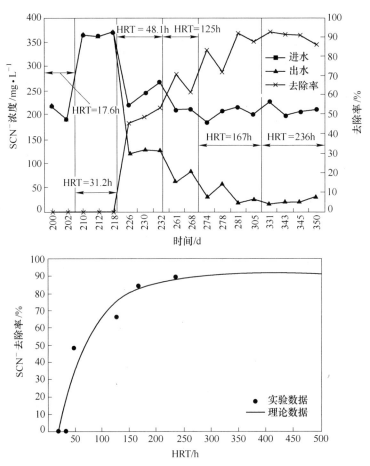

图 4 - 7　不添加碳酸氢盐条件下不同 HRT 的条件下进出水 SCN⁻ 的
浓度变化和 HRT 对 SCN⁻ 的平均去除率的影响

采用序批式实验研究 pH、NH_4^+ - N 等浓度对生物降解性的影响。为了研究 pH 值的影响，将实验放在具有搅拌装置的反应器中进行，反应器中的污泥浓度为 2.5gVSS/L，pH 分别控制为 6.0、6.5、7.0、7.5 和 8.0。实验分析了所用的焦化废水中不同污染物初始平均浓度，其中酚为 195mg/L，NH_4^+ - N 为 236mg/L，SCN⁻ 为 257mg/L。对于酚的测定，反应进行 15h 后取样测定，SCN⁻ 在反应 63h 后进行测定，如图 4 - 8 所示为实验的结果。由图可以看出，酚的生物降解性随着 pH 的增大而提高，当反应 15h 后，去除率由 pH 为 6 时的 64% 逐渐上升到最大的 95.7%。对于反应进行 63h 后 SCN⁻ 的生物降解，在 pH 为 6 时，SCN⁻ 的去除率达到了 96.9%，pH > 6.5 时 SCN⁻ 生物降解作用很低，pH 为 7 时，去除率降低到 10%。由于 SCN⁻ 的生物降解需要较长的时间，因此对于处理焦化废水采用的 HRT 足以满足对酚很高的去除效果了，鉴于此，在今后实验研究中将反应器的 pH 维持在 6.0 ~ 6.5 之间。

废水中铵的存在影响 SCN⁻ 的生物降解性。实验在同样搅拌速度和生物量的反应器中进行，其中 pH 维持在 6.5，但是废水中 NH_4^+ - N 浓度是变化的（在实验开始前对氨氮浓度进行确定）。由图 4 - 8 可以看出，当 NH_4^+ - N 的浓度由 49mg/L 增加至 135mg/L 时，对于生物降解 90% 的 SCN⁻ 所需的时间也提高了两倍。由图 4-8 降解停滞阶段也能看出，NH₄⁺-N 浓度的增加使得降解 SCN⁻ 的微生物驯化时间也增加了。

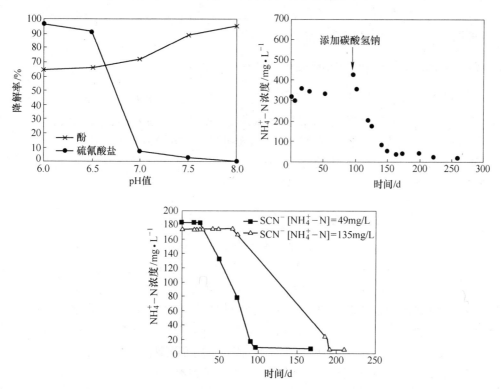

图 4-8 pH 的影响以及在生物降解中 NH_4^+-N 浓度的变化

虽然对于焦化废水来说，有足够的碱度满足硝化作用，但是一般情况下还是需要添加一些碳酸氢盐的。为了研究焦化废水处理过程中硝化作用进行时所需要的最优碱度，当污泥驯化完成后（污泥浓度 2.5gVSS/L），在 pH=8.3 的条件下，开始进行不同的序批实验。焦化废水中 NH_4^+-N 的初始浓度为 300mg/L，反应进行 100h 后，氨氮没有去除。当向反应器中投加作为碱度的碳酸氢钠时，立刻出现了硝化作用，添加碳酸氢钠 50h 后，最终出水氨氮浓度大概为 50mg/L，如图 4-9 所示。

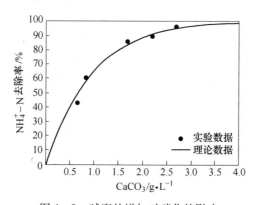

图 4-9 碱度的增加对硝化的影响

在不同的碱度条件下重复进行实验，衡量在每个实验中氨氮的去除效果。所获得的实验结果正好与理论曲线相符合，氨氮去除率为98%时需要的碱度为3.5gCaCO₃/L，这个投加量就意味着去除每千克的氨氮需要消耗6.5kg的CaCO₃（6.5kg CaCO₃/NH₄⁺ - N）。这个比值也将用于二段工艺中碱度投加量的计算。

4.3 两级完全混合式活性污泥法处理煤化工废水

目前，大多数煤化工废水的处理是在一个两段/三段式生化工艺中完成的。严格来说，在工艺设计之前，需要开展实验室的实验，通过这些实验来获得一些工艺参数。该实验可以按照如下步骤来完成。煤化工废水先经过气提处理，使用NaOH将NH₄⁺ - N浓度大约维持在200mg/L左右。然后将其储存在200L的储水罐里，加入硫酸来降低pH，加入Na₂HPO₄作为磷源（130g/m³），加入Al₂(SO₄)₃使水澄清（10g/m³），最后加入少量的消泡剂（NALCO71D5）。

启动反应器使用的污泥取自处理固废填埋场的垃圾渗滤液生化处理工艺。废水首先被泵提升到一个容积为17L的活性污泥罐（第一个反应罐）中。第一个反应罐中的混合液通过重力作用流向沉降罐（第一个沉降罐），污泥通过泵回流（回流比为1）。第一个沉降罐的出水通过重力作用流向第二个体积为15L的反应罐进行硝化反应。由于废水的碱度非常低，依据氨的浓度来投加碳酸氢钠，碳酸氢钠投加量在0.84～1.4kg/m³之间，用它作为碳源来维持自养微生物的生长。之前的研究发现CaCO₃投加量为6.5kgCaCO₃/kgNH₄时最佳。第二个反应罐的混合液通过重力作用流向第二个沉降罐，第二个沉降罐中泥水分离后，污泥以回流比为1的比例进行污泥回流，然后得到澄清的出水。循环反应261天后，将最后的出水循环打入到第一个反应罐中，目的是降低反应器中氨氮的浓度，使其有利于SCN⁻的降解（高浓度的氨氮阻碍微生物降解SCN⁻）。考虑用回流比（$R = 1 \sim 3$）来确定最佳处理参数。

在前人的研究中发现，第一个反应器生物降解硫氰酸盐的最佳pH值维持在6～6.5，第二个反应器pH为8～8.5来完成硝化反应。两个反应器都通过加热器使温度维持在恒定温度（35 ±0.5）℃。

在混合液中，挥发性固体悬浮物平均占总悬浮物的75%，范围在2～3g/L。污泥在整个反应中有较好的稳定性（污泥容积指数（SVI）低于100mg/g），反应器中氧气的浓度保持在3mg/L以上。

由于流量不同，水力停留时间也不同。表4-3表明了不同的HRT和不同步骤的污染物的平均浓度之间的关系。由于煤化工废水的组成成分复杂，要维持一个固定的有机负荷率、氮负荷率是很困难的，所以选择水力停留时间作为实验参数。表4-4表明在不同的实验条件下有机负荷率、氮负荷率和物料比的关系。

表4-3 不同工况下焦化废水的平均组成

HRT₁/h	HRT₂/h	R	pH①	COD/mgO₂·L⁻¹	SCN⁻/mg·L⁻¹	NH₄⁺ - N/mg·L⁻¹	酚/mg·L⁻¹
27.8	20.3	0	6.9	1539	316	193	264
42.4	31	0	6.7	1454	298	204	255
61	44.6	0	5.8	1197	234	186	194

HRT$_1$/h	HRT$_2$/h	R	pH①	COD/mgO$_2$·L^{-1}	SCN$^-$/mg·L^{-1}	NH$_4^+$-N/mg·L^{-1}	酚/mg·L^{-1}
98	86	0	5.3	1175	266	233	237
98	86	1	2.6	1187	215	194	187
98	86	2	2.2	1361	277	206	221
98	86	3	2.2	1609	326	180	193

①添加98%的硫酸后测得这些数值（初始pH值为8.1~8.4）。

表4-4　不同工作条件下COD和NH$_4^+$-N的平均去除率

	SRT/d	HRT/h	R	COD负荷率/kgCOD·(m^3·d)$^{-1}$	VSS/g·L^{-1}	COD负荷率/kgCOD·(kgVSS·d)$^{-1}$	COD平均去除率/%
反应1	38	27.8	0	1.33	3.0	0.41	45.5
	42	42.4	0	0.82	2.6	0.31	68.6
	47	61	0	0.48	2.0	0.26	77.6
	76	98	0	0.29	2.1	0.13	65.9
	76	98	1	0.35	2.5	0.13	69.6
	93	98	2	0.42	2.8	0.13	86.2
	100	98	3	0.78	2.6	0.15	74.9

	SRT/d	HRT/h	R	NH$_4^+$-N负荷率/kgNH$_4^+$-N·(m^3·d)$^{-1}$	VSS/g·L^{-1}	NH$_4^+$-N负荷率/kgNH$_4^+$-N·(kgVSS·d)$^{-1}$	NH$_4^+$-N去除率/%
反应2	32	20.3	0	0.14	3.0	0.04	65.6
	32	31	0	0.08	2.2	0.03	67.1
	32	44.6	0	0.10	1.5	0.05	34.7
	52	86	0	0.09	1.9	0.03	99.0
	64	86	1	0.04	2.1	0.02	97.6
	73	86	2	0.02	1.9	0.01	99.3
	54	86	3	0.05	2.2	0.01	32.4

　　两级完全混合式活性污泥法处理煤化工废水工艺将有机氮和氨氮转化为硝态氮，因而出水中含有较高浓度的硝酸根，为了去除出水中的硝态氮，可以将出水泵入一个反硝化反应器中。因此，当两级完全混合式活性污泥法的水力停留时间（HRT）分别为96h和86h时，污泥回流比为2的条件下稳定运行一段时间后，开始研究反硝化反应，将前两步反应的出水输送到容积为10L的反应器中。这项研究历时156天，采用不同的HRT(86.4h、61.7h和43.2h)，SRT(71d、52d和37d)和F/M比值（0.17、0.30、0.44kgNO$_3^-$-N/(kgVSS·d)）。反硝化反应器中的氧气浓度低于0.16mg/L，以维持缺氧条件下的反硝化过程。

　　反硝化池中的pH值保持在8.3~8.5之间。反硝化池中的总固体悬浮物浓度为3.0g/L左右，其中挥发性固体悬浮物占78%。

　　为了监测反应器内部微生物降解过程，进水和出水要用标准方法进行分析。在不能够立即进行分析的情况下，将样品保存在4℃的条件下。COD和硝酸盐使用HACHDR/2010进行分光光度法测量。使用95-12BN离子选择性电极电位测定氨氮的浓度。在酸性条件下SCN$^-$与Fe^{3+}形成红色络合物，再用比色法测定SCN$^-$的浓度。

4.3.1　硫氰酸的去除

如图 4-10 所示为 SCN⁻ 在两个反应器的进出水浓度及总去除率。在回流比为 2 时，SCN⁻ 的去除率高于 90%，最高可达到 98.7%。出水中 SCN⁻ 的浓度也非常低，最小可到达 4mg/L。当回流比增加到 3 时，可发现 SCN⁻ 去除率明显降低。回流比的变化引起了反应器和系统的不稳定，使得 SCN⁻ 浓度最后达到 81mg/L。

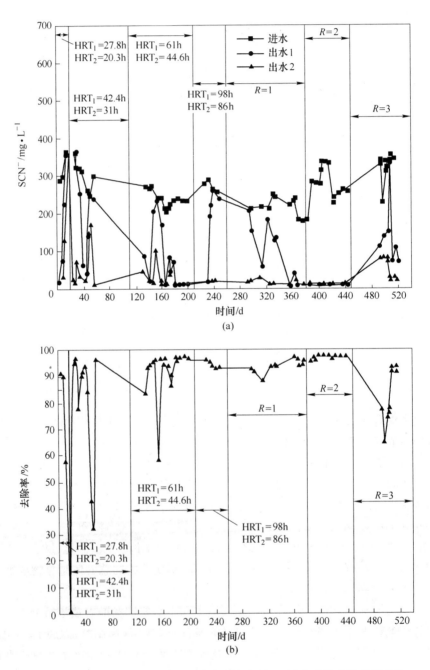

图 4-10　在焦化废水的生物处理阶段进出水 SCN⁻ 浓度以及去除率的变化

需要注意的是，SCN$^-$均可在两个反应器中去除，因为其微生物降解机理在两个池子中不同。硫氰酸盐可作为能源和氮源，被好氧微生物分解为二氧化碳、氮气和SO$_4^{2-}$。同样，异养细菌在降解硫氰酸的生长过程中使用释放的氨作为氮源。

由于出水氨氮浓度较低，出水回流到第一个反应器有利于SCN$^-$的生物降解。氨氮、酚、硝酸盐或亚硝酸盐影响SCN$^-$的生物降解过程。为了研究氨氮浓度对SCN$^-$去除效果的影响，考虑水力停留时间为98h和不同回流比条件下氨氮浓度对SCN$^-$去除效果的影响。如图4-11所示表明了第一个反应池中氨浓度对SCN$^-$去除率的影响。实验数据可得到如下等式：

$$\% \, SCN^- = 100 + 15.1 \times (1 - e^{0.0056 \times [N-NH_4^+]})$$

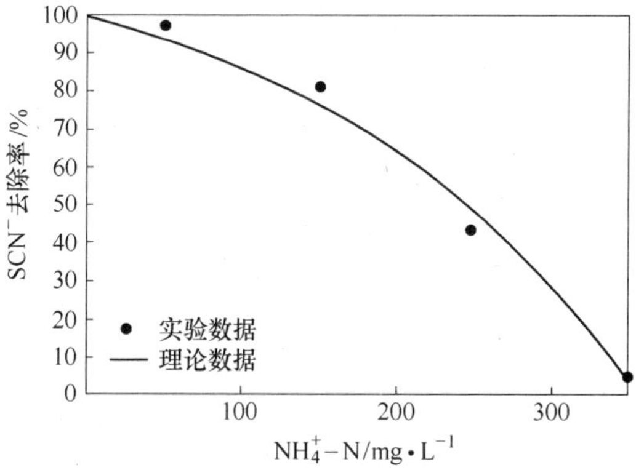

图4-11　水力停留时间为98h时NH$_4^+$-N对SCN$^-$生物降解的影响

根据这条曲线可得出在运行条件HRT为98h，氨氮浓度低于23mg/L时，SCN$^-$有效去除率高于98%。如果氨氮浓度高于260mg/L时，SCN$^-$有效去除率将降低到50%以下。其他研究者发现，当氨态氮的浓度高于3g/L时，会对硫氰酸盐的降解有轻微的抑制作用，他们所研究的废水为合成废水。而工业煤化工废水由于存在多种不同类型的有毒污染物，所以处理时表现可能更复杂。

在第一个反应器中通过异养菌去除SCN$^-$是为后续硝化过程做准备，可以避免其对硝化细菌的抑制作用。

4.3.2　COD的去除

如图4-12所示为整个系统中进出水的COD的浓度变化和去除率的情况。当第一个反应池的水力停留时间为61h时，COD去除率在80%左右，当出水进行回流时，COD去除率可增加至90%左右。但当回流比为3时，情况会有所不一样，之后会解释其原因。

系统运行之初并不稳定，第一个反应器和第二个反应器出水的COD值相差不多，这说明在第一步反应中COD基本都被去除了。在第一个反应器的水力停留时间为96h，回流比为2时，出水中COD浓度将低至159mg/L。

由表4-2可知，除了在最低水力停留时间（OLR=1.3kgCOD/(m³·d)）外，系统在不同的工作条件下（OLR=0.3~0.8kgCOD/(m³·d)·F/M=0.13~0.31kgCOD·(kgVSS·d)）COD的平均去除率不小于70%。

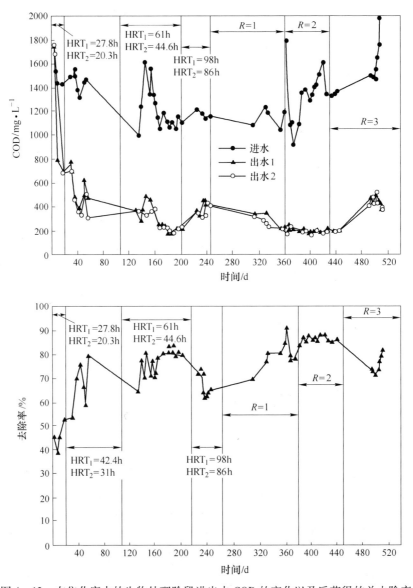

图 4 - 12　在焦化废水的生物处理阶段进出水 COD 的变化以及后获得的总去除率

4.3.3　酚类的去除

最终出水中酚类的浓度在 $R = 2$ 时为 2.3mg/L、在 $R = 3$ 时为 16mg/L，和在第一步反应的出水中酚类浓度近似。这说明酚类主要在第一个反应器中去除，如图 4 - 13 所示，在所有的运行条件下酚类的去除率都很高（不小于 95%），在回流比为 2 时得到最优运行条件，此时酚去除率大于 98%，当回流比为 3 时，去除率略微有所下降，原因是上述系统具有不稳定性。

4.3.4　$NH_4^+ - N$ 的去除

两段式反应的目的之一就是为了在第二个反应器中去除 $NH_4^+ - N$，在第一个反应器中

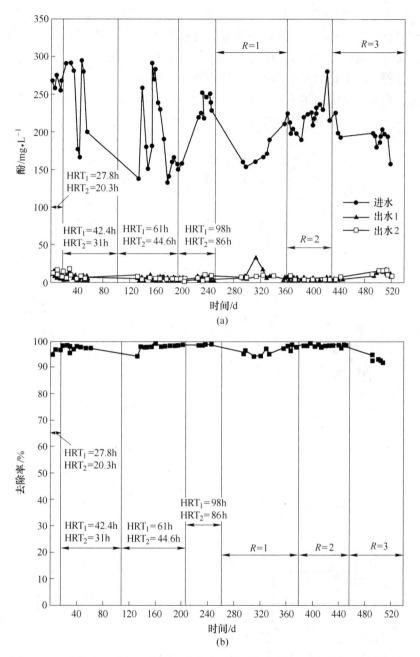

图4-13 在焦化废水的生物处理阶段进出水酚的变化以及后获得的总去除率

已经将大部分 COD、酚类和 SCN^- 去除。自养硝化菌适宜在一定碱度条件下生长。当废水中碱度值为 $0.25gCaCO_3/L$，$NH_4^+ - N$ 的初始浓度为 200mg/L，$CaCO_3$ 与 $NH_4^+ - N$ 的比例为 1.25 时，$NH_4^+ - N$ 的浓度经处理后明显降低。在先前的研究中可知，在煤化工废水中处理 $NH_4^+ - N$ 的最佳条件为 $6.5kgCaCO_3/kgNH_4^+ - N$。因此在整个硝化反应中应投加适量碱。

如图4-14所示为进出水中 $NH_4^+ - N$ 的浓度和通过硝化反应后 $NH_4^+ - N$ 的去除率的

关系。进水中的氨浓度范围为 123 ~ 296mg/L。在实验的第一阶段（从第 1 天到第 140 天），第一个反应器出水的 $NH_4^+ - N$ 浓度低于进水浓度，这说明在第一个反应器中也发生了部分硝化反应。这可能是由于 pH 值在这个阶段的控制能力较差，pH 值介于 7.8 ~ 8.9 有利于硝化过程。从 150 天到第 240 天，反应器在更高的水力停留时间下运行，但是最终出水不回流，第一个反应器的氨浓度增加。这可能是因为废水中的有机氮转变为 $NH_4^+ - N$，SCN^- 通过生物降解为 NH_4^+、CO_2 和 SO_4^{2-}。

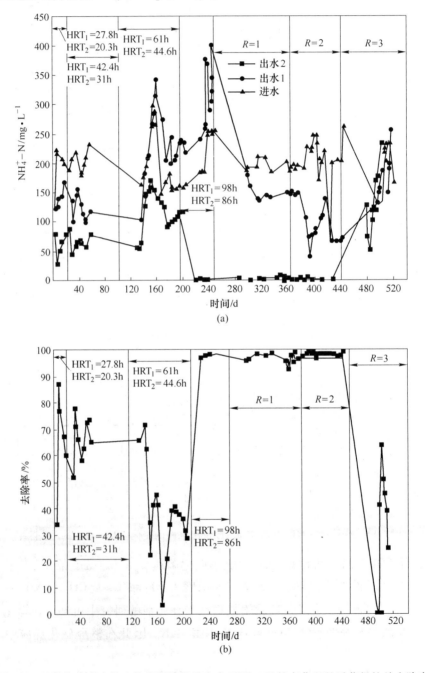

图 4 - 14　在焦化废水的生物处理阶段进出水 $NH_4^+ - N$ 的变化以及后获得的总去除率

在水力停留时间为86h，回流比为2时，可得到氨的最佳去除效果，去除率为99%，出水中 $NH_4^+ - N$ 浓度最低为0.12mg/L。在相同的水力停留时间运行，但不进行出水回流，氨的去除效率也很高。当回流比为3时，和其他污染物一样，氨的去除效率明显下降。表4-2表明了在不同运行条件下氨的去除率的变化。污泥龄为32d，提高水力停留时间时，硝化反应效率没有提高。当 $NH_4^+ - N$ 浓度高于0.04kg/(kgVSS·d)时，硝化反应效率降低。在污泥龄为52d，水力停留时间为98h时，硝化反应效率明显提高。在此运行条件下，硫氰酸盐的存在似乎并没有对硝化作用有显著影响。当回流比增加至2~3时，由于试验的水力系统出了问题，使得 $NH_4^+ - N$ 去除率由99%减少到32%。

为了研究在较低水力停留时间时 SCN^- 浓度对硝化反应的影响，实验选取水力停留时间为44.6h时不同浓度的 SCN^- 作为参数。从图4-15可知，得到如下曲线的线性关系：

$$N = 0.081 - [0.043 \times (1 - e^{-0.031[SCN^-]})]$$

其中，N 代表单位体积的 $NH_4^+ - N$ 的去除速率。

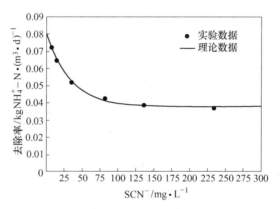

图4-15 在硝化反应阶段水力停留时间为44.6h时 SCN^- 对 $NH_4^+ - N$ 去除的影响

根据所得曲线可知，在没有 SCN^- 时，氨氮去除效果为0.081kg$NH_4^+ - N$/(m³·d)，而当 SCN^- 浓度高于150mg/L时，氨氮去除效果降低至0.037kg$NH_4^+ - N$/(m³·d)。

为了验证硝化过程的正确性，只测量 $NH_4^+ - N$ 的浓度是不够的，因为无法确认 $NH_4^+ - N$ 经硝化的最终产物为 NO_3^-。在某些情况下，$NH_4^+ - N$ 降解时，产物由 NO_2^- 转变为 NO_3^- 的最终硝化过程可能被抑制，尤其当混合液中溶解氧浓度低于2mg/L，污泥龄低于15天时。

在整个研究过程中，定期测量 NO_2^-、NO_3^- 的浓度，过程中没有监测到 NO_2^-，NO_3^- 的浓度在282~428mg/L之间。

为了除去在硝化过程中形成的硝酸盐，在两段式反应器后再接一个10L的反应器。表4-5表明了在不同水力停留时间时，进入到反硝化反应器中不同污染物的浓度。进入反硝化池之前COD，酚类和 SCN^- 的浓度都很低，因为这些污染物已经在之前被去除，COD的值在65~220mg/L之间，由于反硝化菌为异养菌，需要加入甲醇作为外部有机碳源。

表4-5 焦化废水以及研究中反硝化反应器的进水的平均特性

HRT₃/h	COD/mg·L⁻¹		酚/mg·L⁻¹		SCN⁻/mg·L⁻¹		$NH_4^+ - N$/mg·L⁻¹		$NO_3^- - N$/mg·L⁻¹	
	WW	DN	WW	DN	WW	DN	WW	DN	WW	DN
86.4	1312	220	210	4.4	234	10.9	196	5.6	n. d.	331

续表 4 - 5

HRT₃/h	COD/mg·L⁻¹		酚/mg·L⁻¹		SCN⁻/mg·L⁻¹		NH₄⁺-N/mg·L⁻¹		NO₃⁻-N/mg·L⁻¹	
	WW	DN	WW	DN	WW	DN	WW	DN	WW	DN
61.7	1337	165	220	2.6	297	4.8	218	1.6	n.d.	412
43.2	1400	175	221	2.7	272	6.0	197	1.3	n.d.	420

注：n.d. 指未检出。

研究中，甲醇投加量影响硝酸盐的去除率，而不会影响出水的 COD 值。在实验的第 16 天发现 $6.7\mathrm{mgCOD/mgNO_3^--N}$ 有利于反硝化细菌的生长。在这个条件下硝酸盐被大量去除而出水 COD 值明显增加，如图 4-16 和图 4-17 所示。在之后的监测中发现 COD 与 NO_3^--N 的比例在 $3\sim4\mathrm{mgCOD/mgNO_3^--N}$ 时，最佳比例为 3.5，同时投加甲醇量为 $1.2\mathrm{L/m^3}$。实验从第 48 天起用上述反应条件。

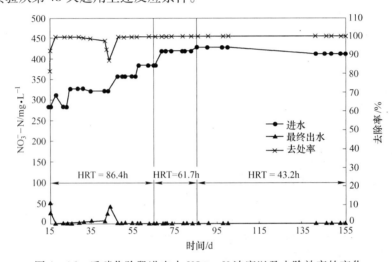

图 4-16 反硝化阶段进出水 NO_3^--N 浓度以及去除效率的变化

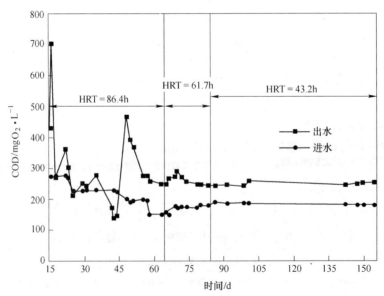

图 4-17 反硝化阶段进出水中 COD 浓度的变化

硝酸盐负荷率从 0.09kg/(m³·d)（HRT 为 86.4h 时）上升至 0.23kg/(m³·d)（HRT 为 43.2h）。图 4-16 说明了反硝化反应中进出水的硝酸盐浓度变化和不同运行条件下硝酸盐的去除率。其中硝酸盐的进水浓度在 282~428mg/L 之间，出水浓度低于 0.12mg/L。硝酸盐的去除率即使在很低的水力停留时间时仍高达 81.9%~99.9%。

反硝化反应器进水的 COD 值在 148~269mg/L 之间，从图 4-16 中也可知，在运行的第 1~16 天，当 COD 与 NO_3^--N 的比值为 6.7 左右时，硝酸盐的去除率很高，但是多余的甲醇会使出水的 COD 值增加至 704mg/L。在运行第 17~44 天时，COD 与 NO_3^--N 的比值在 3 左右时，进水 COD 的值减至 143mg/L，且硝酸盐去除效率也有所下降（图 4-16）。最佳运行参数为 3.5mgCOD/mgN 时，出水 COD 的值略微增至 245mg/L。

其余污染物的浓度在反应的最后一步没有任何变化。表 4-6 显示了第三步反应的最终出水中不同污染物的平均浓度和在不同运行条件下其去除率。污染物的最低浓度分别为：COD 为 251mg/L，酚类为 2.6mg/L，SCN^- 为 4.8mg/L，NH_4^+-N 为 1.3mg/L，总氮为 2.8mg/L。

表 4-6 最终出水的平均特性和在不同工况下经三步生物处理焦化废水得到的去除率

HRT₃ /h	SRT /d	NO_3^--N 负荷率		COD		酚		SCN		NH_4^+-N		总氮	
		kgNO₃⁻-N·(m³·d)⁻¹	kgNO₃⁻-N·(kgVSS·d)⁻¹	出水 /mg·L⁻¹	去除率/%	出水 /mg·L⁻¹	去除率/%	出水 /mg·L⁻¹	去除率/%	出水 /mg·L⁻¹	去除率/%	出水 /mg·L⁻¹	去除率/%
86.4	71	0.07	0.04	306	75.4	4.4	97.8	10.9	95.3	5.6	97.1	16.4	95.3
61.7	52	0.16	0.07	261	80.5	2.6	98.8	4.8	98.3	1.6	99.3	2.8	99.3
43.2	37	0.24	0.10	251	82.0	2.7	98.7	6.0	97.7	1.3	99.2	2.9	99.2

4.4 煤化工废水 A/O 处理工艺

4.4.1 工艺概述

A/O 工艺在国内外曾被广泛用来处理煤化工废水，无论是研究方面还是工程设计及运营管理方面都已积累了丰富的经验，使得该工艺处理煤化工废水已经走向了较成熟的设计阶段，正因为如此，目前对 A/O 工艺处理煤化工废水的研究反而较少。

A/O 工艺，即缺氧—好氧生物脱氮工艺，如图 4-18 所示。该工艺于 20 世纪 80 年代初开发。该工艺将反硝化段设置在系统的前面，因此又称为前置式反硝化生物脱氮系统，是目前较为广泛采用的一种脱氮工艺。

反硝化反应以污水中的有机物为碳源，曝气池中含有大量硝酸盐的回流混合液，在缺氧池中进行反硝化脱氮。在反硝化反应中产生的碱度可补偿硝化反应中所消耗碱度的 50% 左右。该工艺流程简单，无需外加碳源，因而基建费用及运行费用较低，脱氮效率一般在 70% 左右；但由于出水中含有一定浓度的硝酸盐，在二沉池中，有可能进行反硝化反应，造成污泥上浮，影响出水水质。

A/O 工艺处理煤化工废水在国内起步较早，科研人员对 A/O 工艺的研究相对成熟，并获得一系列的研究成果，目前成为我国处理焦化废水的主体工艺。焦化废水前置反硝化

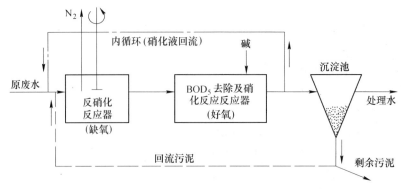

图 4 – 18　缺氧—好氧生物脱氮工艺

生物脱氮处理，对脱除酚、易释放氰、硫氰酸盐、氨氮、亚硝酸盐的效果比较理想，特别是通过异化途径脱除氨氮的效果非常好，对络合氰化物的去除效果不太理想，出水 COD 和悬浮物往往较难达到国家相关废水排放标准，它们的进一步去除还需借助于生化后处理。

以下列出的是 A/O 工艺处理煤化工废水结果的报道，供读者有一个初步的感性认识。

（1）煤化工废水 A/O 生物处理新工艺的研究中，采用长污泥龄，投加廉价碳源处理含酚废水，当水力停留时间（HRT）为 40h、污泥回流比为 4.0，进水水质：COD 为 500 ~ 1200mg/L，BOD_5 为 200 ~ 300mg/L，$NH_4^+ - N \leqslant 200mg/L$，油 ≤50mg/L 时，A/O 系统出水水质可达：COD < 150mg/L，BOD_5 < 40mg/L，$NH_4^+ - N$ < 15mg/L。同时酚的去除率大于 99.9%，氰化物的去除率大于 85%，硫氰化物去除率大于 95%。当在 A/O 系统中投加少量粉末活性炭时，对难降解有机物的去除有较好的效果，可使处理出水 COD 小于 100mg/L。

（2）选用 A/O 工艺处理煤化工废水，处理前煤化工废水中的 COD、挥发酚，$NH_3 - N$ 浓度分别为 2982mg/L、453.8mg/L、675.3mg/L，处理能力为 80m^3/h，工艺经验监测结果表明，COD、挥发酚、$NH_3 - N$ 排放浓度分别为 140.7mg/L、0.1mg/L、13.6mg/L，去除率分别为 95.3%、99.9%、98.0%，符合国家《污水综合排放标准》中二级排放标准。

（3）采用具有特定载体的生物滤池 A/O 工艺处理煤化工废水，废水含有高浓度酚类化合物，COD 和 $NH_4^+ - N$ 分别约为 2000mg/L 和 260mg/L。在 HRT 为 60h 时，COD 和 $NH_4^+ - N$ 平均去除率分别达到了 87.0% 和 91.6%，最佳条件下出水 $NH_4^+ - N$ 浓度达到了国家一级排放标准。生物滤池 A/O 工艺高效去除了原水中小分子质量的酚类化合物，出水中有机物主要分布于 10000 ~ 30000 相对分子质量范围，且含有—OH、C＝O、C—O 等官能团和苯环结构。由于载体的支持和保护作用，大量微生物固定于载体的表面和内部，实现了 COD、$NH_4^+ - N$ 和 TN 的同时去除，生物滤池 A/O 系统具有运行稳定、抗冲击等优点。出水的 COD 在 200mg/L 左右，高于国家二级排放标准的 150mg/L。

（4）A/O 工艺处理煤化工废水结果表明，系统的启动期约为 30d，工艺系统在提升负荷阶段 COD 与 $NH_3 - N$ 去除率基本保持不变；满 COD 负荷运行阶段，COD 与 $NH_3 - N$ 的去除率分别为 82.8%、97.3%；进出水总氰浓度分别为 13.57mg/L 和 0.78mg/L；工艺系统运行温度为 28 ~ 30℃，总水力停留时间为 142.5h，污泥回流比为 100%，混合液回流比为 400%。

采用 A/O 工艺处理煤化工废水，具有处理工艺简单、操作方便、投资省、适合已有生物工艺的改建，污泥的回流减少了后续污泥的排放量，降低了处理成本等优点。但是普遍认为，该工艺用于处理煤化工废水仍存在以下的问题：

（1）A/O 工艺处理煤化工废水所需水力停留时间长，A 池反硝化作用对有机物的利用率低，并且具有选择性，未降解的某些物质进入 O 池，会对硝化细菌产生抑制作用，难降解有机物质不易去除，出水 COD 和氨氮无法达到国家排放标准。

（2）好氧池（O 池）中有机物降解菌与硝化细菌同时存在，在控制该反应池的参数时，需要严格控制反应条件，以便适合两种菌的共同生长。

（3）硝化细菌与反硝化细菌对外界环境因素非常敏感，抗冲击负荷能力较弱，须严格控制进水的 pH，且进水 $NH_3 - N$ 不宜超过 300mg/L，当进水氨氮或 pH 突然升高时，硝化作用和反硝化作用均会收到抑制作用。

（4）为了保持反硝化池较低的溶解氧，好氧池的溶解氧浓度不宜过高，从而容易造成二沉池反硝化浮泥，影响出水 COD 和色度。

4.4.2 煤化工废水 A/O 工艺处理研究

研究实验装置如图 4 - 19 所示，废水泵入 A 池进行反硝化；出水自流到 O 池进行 COD 的去除及硝化作用，同时将 O 池中的混合液回流到 A 池；O 池出水自流到二沉池中进行泥水分离，污泥回流到 A 池，上清液外排。实验采用加热棒使两个反应器维持恒温（35℃ ± 0.5℃）。

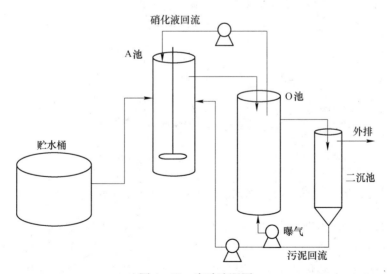

图 4 - 19 实验流程图

实验用水取自炼焦车间经预处理的焦化废水，COD、$NH_3 - N$ 的浓度分别为 2000 ~ 3000mg/L、200 ~ 300mg/L。接种污泥包括工业废水处理的污泥和市政污水处理的污泥。使用前，将污泥静置 3h 后，弃去上层的上层液体，剩余的污泥转入反应器 O 池进行驯化。

首先将接种活性污泥投入到 30L 的好氧反应器中，加入 20L 生活污水，闷曝 1 天，然后静置 2h，排出 20L 上清液。接下来按瞬时进水→曝气 8h→静沉 4h→排水 0.5h→闲置 11.5h 的程序进行，该期间内不排泥，依此连续培养。每天测量反应器中混合液 COD 的变化。连续运行若干天，待反应器稳定后，向反应器内加入焦化废水和生活污水的混合液，首先加入的为焦化废水所占比例为 10% 的混合液，继续运行反应器，测定反应器中 COD 的变化情况。待反应器稳定后，依次按照焦化废水 10%、20%、50%、70%、100% 的比例对 O 池 COD 降解菌进行培养。COD 降解菌培养完成后，开始硝化细菌和 A 池的启动，为了满足硝化细菌的培养条件，采取 HRT 为 70h，溶解氧浓度为 6.0mg/L，定期投加碱度，使 pH 保持在 8.0 ~ 8.5 之间。A 池启动中保持溶解氧浓度低于 0.5mg/L，pH 维持在 8.3 ~ 8.5 之间，HRT 为 35h。

A/O 工艺启动后，分别研究有机负荷、内回流比、外回流比、水力停留时间和曝气量对出水 COD、NH_3 - N 的影响。其中选取的有机负荷分别为 1.05kgCOD/($m^3 \cdot d$)、1.55kgCOD/($m^3 \cdot d$)、2.3kgCOD/($m^3 \cdot d$)；0.15kgNH_3 - N/($m^3 \cdot d$)、0.2kgNH_3 - N/($m^3 \cdot d$)、0.3kgNH_3 - N/($m^3 \cdot d$)，采用的内回流比分别为 50%、100%、150%，采用的外回流比分别为 100%、200%、300%，采取的 HRT 分别为 20h、35h、50h、70h、90h，采用的 DO 分别为 2.0mg/L、3.0mg/L、4.0mg/L、5.0mg/L、6.0mg/L。

COD 降解菌的培养共运行了 65 天，在这个过程中 COD 的去除效果如图 4 - 20 所示。

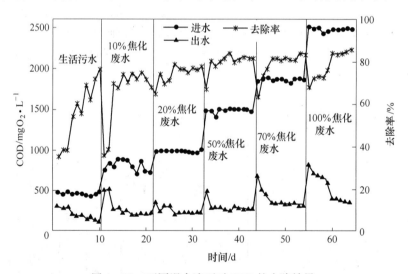

图 4 - 20　不同混合液下对 COD 的去除效果

从图 4 - 20 可知，当进水为生活污水时（此时进水 COD 为 480mg/L 左右），运行 10 天后，出水 COD 在 200mg/L 左右，COD 的去除率可达到 85%，并基本保持稳定。从第 11 天开始，改进生活污水和焦化废水的混合配水（焦化废水的体积含量为 10%），此时进水 COD 为 800mg/L 左右，运行 11 天后，出水 COD 在 250mg/L 左右，去除率最高可达到 75%，并基本保持稳定。从第 22 天开始改进含焦化废水体积 20% 的混合配水（此时进水 COD 在 980mg/L 左右），连续运行 11 天后，出水 COD 在 300mg/L，去除率可达到 78%，并基本保持稳定。从第 34 天开始改进，泵入焦化废水体积 50% 的混合配水（此时进水

COD 在 1490mg/L 左右），连续运行 11 天后，出水 COD 同样在 300mg/L 左右，去除率可达到 80%，并基本保持稳定。从第 46 天开始，改进含焦化废水体积 70% 混合配水（此时进水 COD 为 1860mg/L），连续运行 11 天后，出水 COD 在 350mg/L 左右，去除率可达到 82%，并基本保持稳定。从第 58 天开始改进 100% 的焦化废水（进水 COD 为 2450mg/L 左右），连续运行 9 天，出水 COD 可达到 370mg/L 左右，去除率可达到 85%。

从图 4-20 中还可以看出，每次改变混合液的配比时，微生物对废水的处理能力都会有一个适应的阶段，但总体趋势均能达到稳定状态，并且最终的去除率均能达到 80% 以上。由此说明微生物的驯化良好，并且对 100% 的焦化废水起到很好的去除效果。因此接下来的阶段采用 100% 的焦化废水进行进一步的实验，即硝化细菌的培养。

硝化细菌培养阶段共运行 43 天，硝化细菌的培养情况体现为 NH_3-N 的去除效果，NH_3-N 的去除效果如图 4-21 所示，COD 的去除效果如图 4-22 所示。

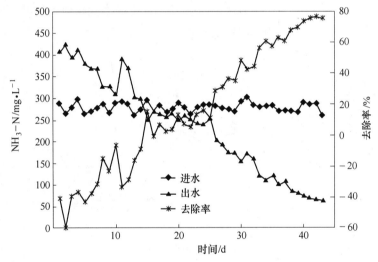

图 4-21 硝化细菌培养阶段 NH_3-N 的去除效果

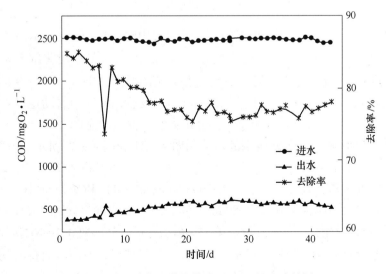

图 4-22 硝化细菌培养阶段 COD 的去除效果

由图 4-21 可以看出，进水 NH_3-N 的浓度在 270mg/L 左右，在实验运行前 20 天，NH_3-N 没有任何去除效果，相反出现了增加，这是因为在硝化细菌没有培养起来之前，微生物降解有机物的同时，会发生氨化作用，因此导致 NH_3-N 浓度升高。但随着反应时间的延长，20 天后开始出现 NH_3-N 浓度降低，并且在接下来的运行过程中，NH_3-N 的去除率开始逐渐升高，最后出水 NH_3-N 约在 35mg/L 左右，去除率约 75%，并基本保持稳定。由此说明硝化细菌已经基本培养起来。

由图 4-22 可看出硝化细菌培养阶段，刚开始对 COD 的去除率没有太大的影响，随着培养时间的延长，COD 的去除率有所下降，最后出水的 COD 约在 570mg/L，去除率约在 77% 左右。在培养 COD 降解菌和培养硝化细菌时对 COD 的去除率是不同的，培养硝化细菌时，COD 去除率有所下降，如图 4-23 所示。COD 去除率下降有以下两个原因：（1）在硝化细菌培养阶段，随着硝化细菌的生长，废水环境更适合硝化菌的生长，从而抑制一部分降解有机物的细菌生长；（2）硝化细菌会产生一些可溶性物质，这些可溶性物质也会导致 COD 浓度的升高，从而使得 COD 的去除效果有所下降。

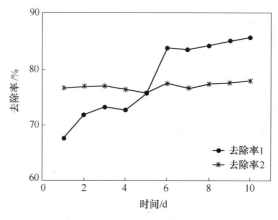

图 4-23　硝化细菌培养阶段与 COD 降解菌培养阶段 COD 去除效果对比图
（去除率 1 为培养 COD 降解菌阶段，去除率 2 为培养硝化细菌阶段）

A 池的启动与硝化细菌培养同时进行，在此过程中除观察 COD 和 NH_3-N 的去除效果外，定期观察最终出水中 NO_3^--N 的浓度变化情况。最终得出在硝化细菌培养起来之前 NO_3^--N 的浓度为 50mg/L 左右，随着 O 池硝化细菌的增多，出水 NO_3^--N 的浓度也随之增加，最高达到 120~270mg/L。但硝化细菌培养完成后，A 池的启动也基本稳定，最终出水 NO_3^--N 的浓度可到达 20~38mg/L，由此认为 A 池启动完成。

有机负荷对 COD 和氨氮去除效果的影响如图 4-24 和图 4-25 所示。由图 4-24、图 4-25 可知，实验共运行 41 天，经历了三个阶段，第一个阶段是在 A/O 工艺启动完成后继续运行，进水有机负荷和氨氮负荷分别为 1.05kgCOD/($m^3 \cdot d$) 和 0.15kgNH$_3$-N/($m^3 \cdot d$)，在该阶段出水 COD 和 NH_3-N 分别约 580mg/L 和 70mg/L，去除率分别约 75% 和 78%。第二阶段采用进水 COD 和 NH_3-N 有机负荷 1.55kgCOD/($m^3 \cdot d$) 和 0.2kgNH$_3$-N/($m^3 \cdot d$)，在实验运行刚开始对 COD、NH_3-N 的去除效果不是很理想，但随着运行时间的延长，出水 COD 和 NH_3-N 基本可以稳定在 800mg/L 和 170mg/L 左右，去除效率分别约为 78%、

53%。第三阶段采用进水 COD 和 NH_3-N 有机负荷分别约为 2.3kgCOD/($m^3 \cdot d$) 和 0.3kgNH_3-N/($m^3 \cdot d$)，同样运行的前几天在微生物的适应阶段对污染物的处理效果不理想，但随着运行时间的延长，微生物逐渐适应这种环境，去除效果也可以基本达到稳定，出水 COD 和 NH_3-N 基本可以稳定在 3860mg/L 和 580mg/L，去除率约 27% 和 23%。由以上分析可知，随着污染物浓度的增加，通过一段时间的培养，微生物能够适应该环境，但是对于污染物的去除率却出现明显的降低，该系统不适合处理高浓度高氨氮的有机废水。

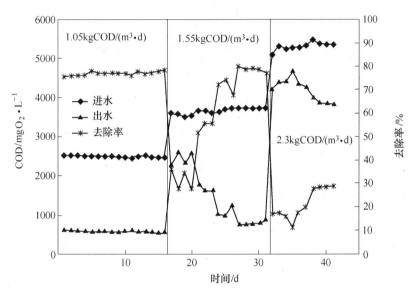

图 4-24　有机负荷对 COD 去除效果

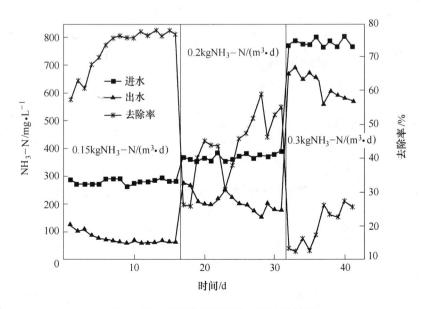

图 4-25　有机负荷对 NH_3-N 去除效果

内回流比对 COD 和 NH₃ - N 的去除效果如图 4 - 26 和图 4 - 27 所示。由图 4 - 26、图 4 - 27 可以看出进水 COD 和 NH₃ - N 均分别保持在 2480mg/L 和 278mg/L，但在不同的内回流比的情况下 COD 和 NH₃ - N 的去除率有一定的变化，但总体变化趋势不大。在 R = 50% 时，COD 和 NH₃ - N 的去除率分别为 82% 和 71%；R = 100% 时，COD 和 NH₃ - N 的去除率分别为 83% 和 73%；R = 150% 时，COD 和 NH₃ - N 的去除率分别为 83% 和 74%。可见在内回流比优化的实验过程中，不同的回流比对 COD 和 NH₃ - N 的去除率没有太显著的影响，但总体来说，随着 R 的增加，COD 和 NH₃ - N 的去除率是增加的。

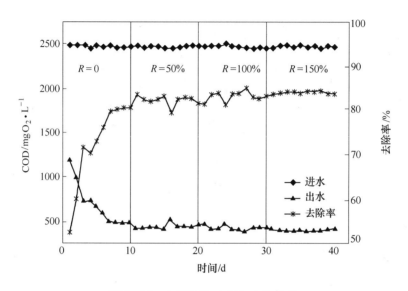

图 4 - 26　内回流比对 COD 去除效果

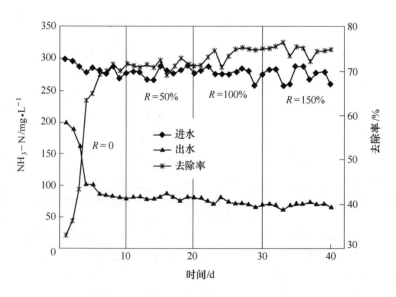

图 4 - 27　内回流比对 NH₃ - N 去除效果

外回流比对 COD 和 NH₃ - N 去除效果的影响如图 4 - 28 和图 4 - 29 所示。由图 4 - 28

和图 4-29 可知，外回流比为 300% 时 COD 和氨氮的去除率最大，因此，选定最佳外回流比为 300%。

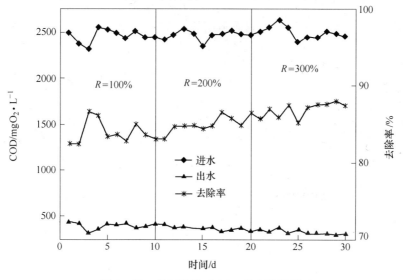

图 4-28 外回流比对 COD 的去除效果

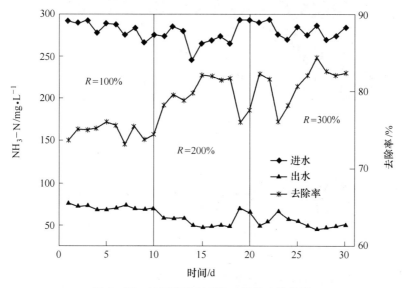

图 4-29 外回流比对 NH_3-N 的去除效果

HRT 的影响实验共运行 85 天。在此过程中控制内回流比为 100%、外回流比为 300%。实验对 COD 和 NH_3-N 效果分别如图 4-30 和图 4-31 所示。由图 4-30 和图 4-31 可以看出当 HRT 为 35~70h 时，COD 和 NH_3-N 的去除效果均有所上升，当 HRT = 90h 时，COD 的去除率发生了降低，但 NH_3-N 的去除率一直处于逐步上升的趋势。综合考虑 COD 和 NH_3-N 的去除效果，和实际工程的能耗和成本问题，最终选取 HRT = 35h 为最优的 HRT 条件。

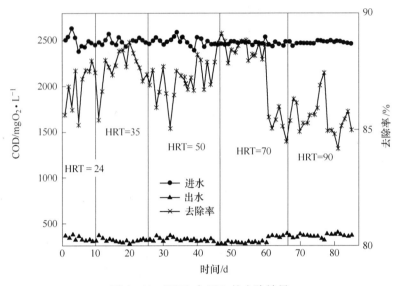

图 4-30 HRT 对 COD 的去除效果

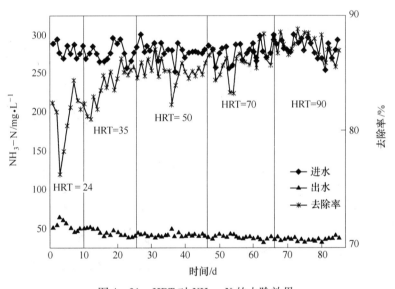

图 4-31 HRT 对 NH₃-N 的去除效果

曝气量对 COD 和 NH₃-N 去除效果的影响实验共运行 40 天，该实验过程在内回流比为 100%，外回流比为 300%，HRT 为 35h 的条件下进行，每个条件运行 10 天。在不同的溶解氧的条件下对 COD 和 NH₃-N 的去除效果如图 4-32 和图 4-33 所示。由图 4-32 和图 4-33 可以看出在溶解氧浓度为 2.0mg/L 的条件下，COD 和 NH₃-N 的去除效果均不是很好。随着溶解氧量的增加，COD 和 NH₃-N 的去除效果越来越好，尤其是对 NH₃-N 去除效果更为显著。当溶解氧为 6.0mg/L 时，虽然 NH₃-N 的去除效果很好，但 COD 的去除率出现了下降的趋势。这可能是因为当溶解氧浓度较高有利于硝化细菌的繁殖，从而在整个反应器中硝化细菌占了优势。因此综合考虑 COD 和 NH₃-N 的去除率，选取溶解氧为 5.0mg/L 为最优的实验条件。

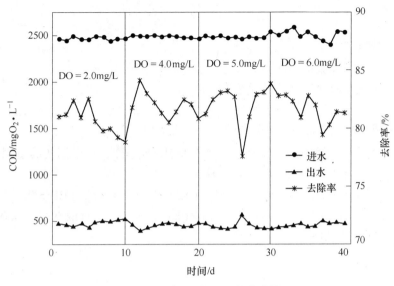

图 4 - 32　曝气量对 COD 的去除效果

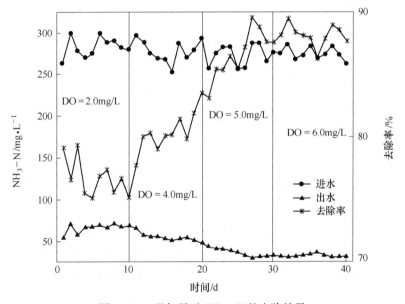

图 4 - 33　曝气量对 $NH_3 - N$ 的去除效果

4.4.3　主要处理构筑物及设计

4.4.3.1　缺氧池（A 池）容积

缺氧区的有效容积可按下式进行计算：

$$V_n = \frac{0.001Q(N_k - N_{te}) - 0.12\Delta X_v}{K_{de(T)}X} \qquad (4 - 1)$$

$$K_{de(T)} = K_{de(20)}1.08^{(T-20)} \qquad (4 - 2)$$

$$\Delta X_{\mathrm{v}} = yY_{\mathrm{t}} \frac{Q(S_0 - S_{\mathrm{e}})}{1000} \qquad (4-3)$$

式中 V_{n}——缺氧池容积，m^3；

$\quad Q$——污水设计流量，m^3/d；

$\quad N_{\mathrm{k}}$——生物反应池进水凯氏氮浓度，$\mathrm{mg/L}$；

$\quad N_{\mathrm{te}}$——生物反应池进水总氮浓度，$\mathrm{mg/L}$；

$\quad \Delta X_{\mathrm{v}}$——排出生物反应池系统的微生物量，$\mathrm{kgMLVSS/d}$；

$\quad K_{\mathrm{de}(T)}$——T℃时的脱氮速率，$\mathrm{kgNO_3^- - N/(kgMLSS \cdot d)}$，宜根据实验资料确定，无实验资料时按公式（4-2）计算；

$\quad X$——生物反应池内混合液悬浮固体（MLSS）平均浓度，$\mathrm{gMLSS/L}$；

$\quad K_{\mathrm{de}(20)}$——20℃时的脱氮速率，$\mathrm{kgNO_3^- - N/(kgMLSS \cdot d)}$，宜取 $0.03 \sim 0.06(\mathrm{kgNO_3^- - N})/(\mathrm{kgMLSS \cdot d})$。

4.4.3.2 好氧池（O 池）容积

好氧池（区）容积可按下列公式计算：

$$V_{\mathrm{O}} = \frac{Q(S_{\mathrm{o}} - S_{\mathrm{e}})\theta_{\mathrm{co}}Y_{\mathrm{t}}}{1000L_{\mathrm{s}}X} \qquad (4-4)$$

$$\theta_{\mathrm{co}} = F\frac{1}{\mu} \qquad (4-5)$$

$$\mu = 0.47\frac{N_{\mathrm{a}}}{K_{\mathrm{N}} + N_{\mathrm{a}}}\mathrm{e}^{0.098(T-15)} \qquad (4-6)$$

式中 V_{O}——好氧池容积，m^3；

$\quad Q$——污水设计流量，m^3/d；

$\quad S_{\mathrm{o}}$——生物反应池进水五日生化需氧量，$\mathrm{mg/L}$；

$\quad S_{\mathrm{e}}$——生物反应池出水五日生化需氧量，$\mathrm{mg/L}$；

$\quad \theta_{\mathrm{co}}$——好氧池设计污泥泥龄值，$\mathrm{d}$；

$\quad Y_{\mathrm{t}}$——污泥总产率系数，$\mathrm{kgMLSS/kgBOD_5}$，宜根据实验资料确定，无实验资料时，系统有初沉池时取 $0.3 \sim 0.5$，无初沉池时取 $0.6 \sim 1.0$；

$\quad X$——生物反应池内混合液悬浮固体（MLSS）平均浓度，$\mathrm{gMLSS/L}$；

$\quad F$——安全系数，取 $1.5 \sim 3.0$；

$\quad \mu$——硝化菌生长速率，d^{-1}；

$\quad N_{\mathrm{a}}$——生物反应池中氨氮浓度，$\mathrm{mg/L}$；

$\quad K_{\mathrm{N}}$——硝化作用中氮的半速率常数，$\mathrm{mg/L}$，一般取 1.0；

$\quad T$——设计水温，℃。

4.4.3.3 混合液回流量

混合液回流量可按下列公式计算：

$$Q_{\mathrm{Rt}} = \frac{1000V_{\mathrm{n}}K_{\mathrm{de}(T)}X}{N_{\mathrm{t}} - N_{\mathrm{ke}}} - Q_{\mathrm{R}} \qquad (4-7)$$

式中　Q_{Rt}——混合液回流量；

　　　V_n——缺氧池容积，m^3；

　　　$K_{de(T)}$——T℃时的脱氮速率，$kgNO_3^- - N/(kgMLSS \cdot d)$，宜根据实验资料确定，无实验资料时按公式（4-2）计算；

　　　X——生物反应池内混合液悬浮固体（MLSS）平均浓度，gMLSS/L；

　　　N_t——生物反应池进水总氮浓度，mg/L；

　　　N_{ke}——生物反应池出水总凯氏氮浓度，mg/L；

　　　Q_R——回流污泥量，m^3/d。

4.4.3.4　工艺参数

A/O 处理工艺参数见表4-7。

表4-7　工艺参数

项　目　名　称		符　号	单　位	参　数　值
反应池五日生化需氧量污泥负荷		L_s	kgBOD$_5$/(kgMLVSS·d)	0.07~0.21
			kgBOD$_5$/(kgMLSS·d)	0.05~0.15
反应池混合液悬浮固体平均浓度		X	kgMLSS/L	2.0~4.5
反应池混合液挥发性悬浮固体平均浓度		X_v	kgMLVSS/L	1.4~3.2
MLVSS 在 MLSS 中所占的比例	设初沉池	y	gMLVSS/gMLSS	0.65~0.75
	不设初沉池		gMLVSS/gMLSS	0.5~0.65
设计污泥泥龄		θ_c	d	10~25
污泥产率系数	设初沉池	Y	kgVSS/kgBOD$_5$	0.3~0.6
	不设初沉池		kgVSS/kgBOD$_5$	0.5~0.8
缺氧水力停留时间		t_n	h	2~4
好氧水力停留时间		t_o	h	8~12
总水力停留时间		HRT	h	10~16
污泥回流比		R	%	50~100
混合液回流比		R_i	%	100~400
需氧量		O_2	kgO$_2$/kgBOD$_5$	1.1~2.0
BOD$_5$ 总去除率		η	%	90~95
NH$_3$-N 去除率		η	%	85~95
TN 去除率		η	%	60~85

A/O 工艺处理煤化工废水的设计项目在我国相对较多，也积累了相对较丰富的经验，本节总结已有文献介绍的一些经验如下：

（1）煤化工废水前置反硝化生物脱氮工艺脱除硝态氮的效果相对较差，脱氮率多在 85% 以下，这主要取决于硝化液回流比和碳氮比这两大因素。生物膜/活性污泥法生物脱氮系统，由于需要回流上清液，受二沉池规模的限制，其硝化液回流比不可能选得很大，设计中一般采用300%的回流比，其极限脱氮率只有75%左右；双活性污泥法生物脱氮系统，可以有较大的回流比，设计中一般采用300%~600%的回流比，其极限脱氮率也只有

86% 左右。生物脱氮的碳氮比是指能够用于反硝化的有机碳源与总氮的比值，碳氮比与用于反硝化的有机碳源种类有关，以苯酚为有机碳源进行反硝化的理论碳氮比为 0.92，以甲醇为有机碳源进行反硝化的理论碳氮比为 0.72。硫氰酸盐自身碳氮比最多只能够 40% 的自身反硝化，其余 60% 需要借助外部有机碳源。

（2）煤化工废水中不是所有的有机碳源都能用于反硝化，部分研究资料认为酚是煤化工废水生物脱氮处理中最主要的反硝化有机碳源，因此，煤化工废水前置反硝化生物脱氮系统中，不宜在预处理过程中通过物理化学手段脱除或破坏酚。

（3）如果煤化工废水中含氨氮浓度太高，不仅需要有庞大的生化反应设施，而且需要大量的有机碳源进行反硝化，一般情况下自身系统是很难满足这种需要的，往往需要补加大量的外加有机碳源，通常这是很不经济的。因此通过蒸氨系统，控制废水中氨氮浓度在一个合适的水平，并非是一个单纯的技术指标，更主要的是一个重要的经济指标。

（4）煤化工废水处理中，氨氮、油和 pH 值属于可控指标，而酚、氰、硫氰酸盐和 COD 一般是属于不可控指标，对于不可控指标，废水处理只能被动接受。煤化工废水生化处理后的出水浓度与进水浓度之间没有固定的脱除率关系，因此不可以用脱除率来估算某种物质的残留浓度。在延时生化反应系统中，处理后某种物质的残留浓度与原废水中该物质的含量多少关系并不大，这就是生化反应与物化反应的最大区别。

4.5 煤化工废水 A/O/O 处理工艺

4.5.1 工艺概述

目前，对于 A/O/O 工艺处理煤化工废水原理国内外存在两种提法，一种是国外的研究者提出 A/O/O 工艺仅仅是在两级完全混合式活性污泥法前面加一级缺氧池，通过将第二级完全混合式活性污泥系统的出水回流至缺氧池，降低工艺最终出水的硝态氮浓度。该提法中并没有像国内的一些研究者那样提出短程硝化与反硝化的概念。国外学者提出的 A/O/O 工艺是将第二级二沉池的出水和污泥回流到缺氧池。

另外一种 A/O/O 工艺处理煤化工废水原理是国内的一些研究者和工程公司提出的，他们认为在 A/O/O 工艺中实现短程硝化与反硝化。国内学者的 A/O/O 工艺是将第二级二沉池的出水和污泥回流到第二级曝气池中。一般情况下废水的生物脱氮必须使氨氮经历典型的硝化和反硝化过程才能安全地被去除，即所谓的全程硝化 - 反硝化生物脱氮或硝酸盐型反硝化。这种提法认为，实际上从氨氮的微生物转化过程来看，氨氮被氧化为硝酸盐类是由两类独立的细菌催化完成的两种不同反应，该反应是可以分开的。因而 A/O/O 工艺脱氮基本原理概括起来可用三种生物化学反应过程表示：

（1）亚硝化反应过程。在好氧和碱性条件下，自养型亚硝化细菌将废水中的氨氮氧化为亚硝酸盐氮，同时也在其他多种异样型细菌的作用下，将废水中的部分有机污染物降解去除。用化学反应式表示如下：

$$NH_4^+ + 1.5O_2 \longrightarrow NO_2^- + H_2O + 2H + 有机物 + O_2 \longrightarrow 新细胞 +$$
$$CO_2 + H_2O + O_2 \longrightarrow CO_2 + H_2O + 能量$$

（2）硝化反应过程。在好氧条件下，自养型硝化细菌将系统中的亚硝酸盐氮进一步氧化为硝酸盐氮，同时也在其他多种异样型细菌的作用下，将废水中的其余部分有机污染物降解去除。用化学反应式表示如下：

$$NO_2^- + 0.5O_2 \longrightarrow NO_3^- + 有机物 + O_2 \longrightarrow 新细胞 +$$
$$CO_2 + H_2O + O_2 \longrightarrow CO_2 + H_2O + 能量$$

（3）脱氮反应过程。在缺氧条件下，异氧型兼性细菌利用原废水中的有机物作为脱氮时的碳源（电子供体），利用废水中 $NO_2 - N$ 里的化合氧作为电子受体，将 $NO_2 - N$ 还原成氮气而将废水中的氨氮去除，同时也将废水中的部分有机污染物降解去除。用化学反应式表示如下：

$$NO_2^- + 3H（氢供给体 - 有机物）\longrightarrow 0.5N_2 + H_2O + OH^-$$

尽管国内外研究者在 A/O/O 工艺处理废水的研究中提出了短程硝化和反硝化的概念，但是在我国煤化工废水处理 A/O/O 工艺中实现短程硝化与反硝化还是较难的。首先，目前的研究者在煤化工废水处理的 A/O/O 工艺中实现短程硝化与反硝化的原理还不能让人信服；其次，短程硝化和反硝化的实现对溶解氧（DO）的控制较严格，而我国的大量水处理工程自动化控制程度较低，操作工人的素质也不太高，笔者经历过的一些煤化工废水处理厂，操作工人均难以阐述短程硝化与反硝化的概念，更不用说控制溶解氧（DO）来实现短程硝化与反硝化，最后，国外学者提出的 A/O/O 工艺和国内学者提出的 A/O/O 工艺在形式上也存在差别，国外学者提出的 A/O/O 工艺是将第二级二沉池的出水和污泥回流到缺氧池，而国内学者的 A/O/O 工艺是将第二级二沉池的出水和污泥回流到第二级曝气池中。由于还没有明显的证据证明短程硝化与反硝化在 A/O/O 工艺处理煤化工废水中存在，而第一级曝气池中难降解有机物的去除是明显的，因此笔者更倾向于采用国外学者提出的原理来阐述和研究 A/O/O 工艺处理煤化工废水。

4.5.2 A/O/O 工艺处理煤化工废水研究

正因为对 A/O/O 工艺来处理煤化工废水还存在一些认识不足，因此 A/O/O 工艺处理煤化工废水研究受到广泛关注。同样在工艺设计之前，需要开展实验室的实验，通过这些实验来获得一些工艺参数。该实验采用煤化工废水中的焦化废水作为对象，按照如下步骤来完成。在进水前先对焦化废水进行吹脱处理，在吹脱过程中添加一定量的 NaOH 使氨氮的浓度保持在 200～300mg/L。焦化废水水质如表 4 - 8 所示。

表 4 - 8 本实验中焦化废水的组成

参 数	最小值	最大值	平均值	参 数	最小值	最大值	平均值
$COD/mg \cdot L^{-1}$	800	1870	1285	$TKN/mg \cdot L^{-1}$	250	445	300
酚$/mg \cdot L^{-1}$	100	221	180	$CN/mg \cdot L^{-1}$	11	41	28
$SCN^-/mg \cdot L^{-1}$	198	427	290	pH 值	7.2	8.4	7.9
$NH_4^+ - N/mg \cdot L^{-1}$	133	348	200				

用标准方法对进水和出水水质进行分析，以便于对反应器内发生的生物降解过程进行监测分析。在不能即刻进行分析的情况下，样品将在 4℃ 下进行冷藏保存。酚类、COD、硫氰酸盐和硝酸盐将用 HACH DR/2010 分光光度计进行比色法分析，氨氮用 ORION 95 - 12 BN 离子选择电极进行电位滴定法分析。

　　生物工艺如图 4 - 34 所示。废水存放在一个 200L 的水池内，向其中添加 Na_2HPO_4（$130g/m^3$）作为磷源，添加 $Al_2(SO_4)_3$（$10g/m^3$）促进出水澄清，加入少量的消泡剂（NALCO71D5），并添加甲醇作为反硝化微生物的有机碳源，剂量在 $0 \sim 1.2L/m^3$ 之间。通过蠕动泵将进水打入进行反硝化反应的缺氧池内，其中缺氧池内的 pH 值保持在 $8.3 \sim 8.5$ 之间。在反硝化反应池内的混合液（出水 1）通过重力作用流向好氧池前，需用 98% 的 H_2SO_4（$0.08L/m^3$）将混合液的 pH 值降低至 6.5，好氧池内将去除酚类和硫氰酸盐。第二步的混合液（出水 2）通过重力作用流向沉淀池进行泥水分离；污泥在回流比为 1 的条件下回流到第一个反应器。从第一个沉淀池出来的澄清污水（出水 2）在重力作用下流向第二个好氧池，在这个反应器中将进行硝化反应，反应过程中 pH 值应保持在 $8.0 \sim 8.5$ 之间。向这个反应器内添加碳酸氢钠作为外加碳源以助于自养微生物的生长。第二个好氧池内的混合液通过重力作用流向沉淀池，沉淀池内泥水将分离。污泥通过蠕动泵在回流比为 1 的情况下回流至反应器内。澄清的污水回流到反硝化池内，将在硝化反应中生成的硝酸盐转移到反硝化池内以降低第二个反应器内氨氮的浓度，并促进硫氰酸盐的去除，达到先前研究的成果。通过加热元件将三个反应器内的温度恒定在 $(35 \pm 0.5)℃$，选定这个恒温是因为炼钢厂的焦化废水温度在 $35 \sim 45℃$ 之间变化。而且，众所周知，嗜温微生物的适宜运行温度在 $10 \sim 35℃$ 之间，随着温度升高反应动力越高。采用最终出水流向第一个反应器不同的回流比（在 $1 \sim 3$ 之间）和不同的甲醇添加剂量（在 $0 \sim 1.2L/m^3$ 之间）来优化运行条件。对于控制去除含氮类物质的反应，这两个因素都是非常重要的。研究采用的运行参数见表 4 - 9。

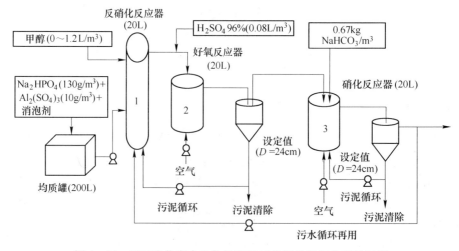

图 4 - 34　用于焦化废水生物处理的三步活性污泥处理的过程

表 4 - 9　在三阶段生物处理中使用的操作条件

阶段	时间 /d	R	HRT_1 /h	HRT_2 /h	HRT_3 /h	甲醇 /L·m^{-3}	COD 负荷率	
							kgCOD/(m³·d)	kgCOD/(kgVSS·d)
I	1 ~ 12	1	45.6	98	86	0	0.48	0.21
II	13 ~ 34	2	23	98	86	0	0.74	0.32
III	37 ~ 63	3	15.4	98	86	0.95	0.79	0.34
IV	64 ~ 105	3	15.4	98	86	12	0.68	0.30

反应器 1、2、3 内总悬浮颗粒物的平均浓度分别为 3.0g/L、3.2g/L、3.1g/L。颗粒物中大部分为挥发性悬浮颗粒物（73%～88%）。三个反应器内的污泥容积指数拟合值保持在 45～75mL/g 之间。各个反应器内溶解氧的平均浓度为：缺氧池 0.19mg/L，第一个充氧池 4.7mg/L，硝化池 3.8mg/L。

4.5.2.1　COD 的去除

进水 COD 浓度在 800～1870mg/L 之间，缺氧池出水（出水 1）获得较低的 COD 值（603～959mg/L），如图 4－35 所示。出水 1 的 COD 的降低主要取决于两个方面的原因：（1）回流的稀释作用；（2）异养反硝化细菌消耗有机碳。另一方面，甲醇的添加导致了 COD 值的升高（第Ⅲ、Ⅳ阶段）。好氧池出水（出水 2）COD 值在 471～677mg/L 之间，最终出水（出水 3）COD 值在 452～675mg/L 之间，二者 COD 值很相近。这个结果表明，如预期的一样，有机物的氧化主要发生在第一个充氧池内而不是硝化池内。回流比为 1 时总去除率为 20% 左右，回流比为 3 时总去除率为 71% 左右。

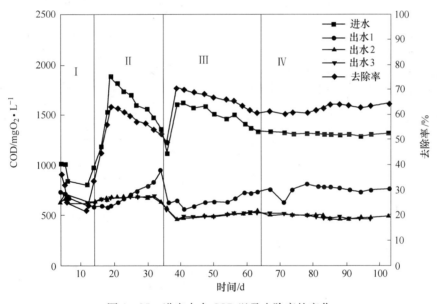

图 4－35　进出水中 COD 以及去除率的变化

4.5.2.2　酚类的去除

焦化废水中酚类浓度变化、出水浓度变化及去除率如图 4－36 所示。废水中酚类浓度在 100～221mg/L 之间。尽管由于反硝化反应利用酚类作为碳源使酚类的生物降解一部分发生在缺氧池内，但是大部分酚类的生物降解还是发生在好氧池内，最终出水中酚类浓度为 2.3～15mg/L。回流比为 2 时总去除率为 89%，回流比为 3 时总去除率为 99%。

4.5.2.3　硫氰酸盐的去除

研究中硫氰酸盐的去除情况如图 4－37 所示。焦化废水中硫氰酸盐的浓度从最初的198～427mg/L 降低到了 4.1～33.5mg/L。在回流比为 3 的条件下，总去除率达到 80%～

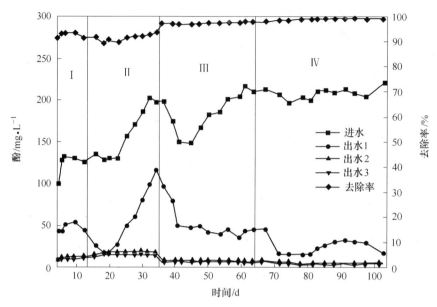

图 4 - 36 进出水中酚的变化以及去除率的变化

98.3%。通常，随着回流比的增加去除率也增加。回流比为 2 时去除率较低，主要是因为焦化废水中硫氰酸盐浓度的骤增。对于酚类和 COD 的去除情况，大部分是通过异养微生物的降解作用发生在第二个反应器内。

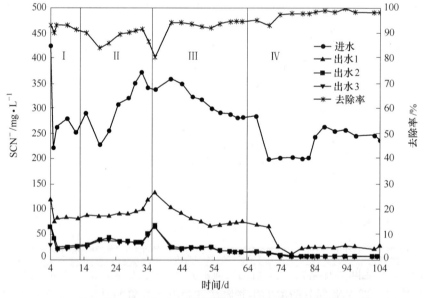

图 4 - 37 进出水中硫氰酸盐的变化以及去除率的变化

4.5.2.4 氨氮的去除

进水中氨氮浓度变化情况、各个工艺出水氨氮浓度变化情况及在不同工艺条件下的去除率情况如图 4 - 38 所示。进水中氨氮浓度在 133 ~ 348mg/L 之间；由于回流的稀释作用出水 1 氨氮浓度较低，在 65 ~ 150mg/L 之间；从好氧池出来的出水 2 氨氮浓度在 50 ~ 130mg/L 之间，有时比进水的氨氮浓度低些。这个反应器内氨氮浓度的变化主要取决于两个相对的因素：（1）在较高水力停留时间的条件下将发生一部分的硝化反应，导致出水中氨氮浓度的降低；（2）含氮有机物和硫氰酸盐的氧化作用导致出水中铵盐浓度的增加。最终出水中氨氮浓度在 0.4 ~ 21.2mg/L 之间，获得非常高的去除率，回流比为 1 时总去除率为 83%，回流比为 2 和 3 时总去除率为 99.9%。

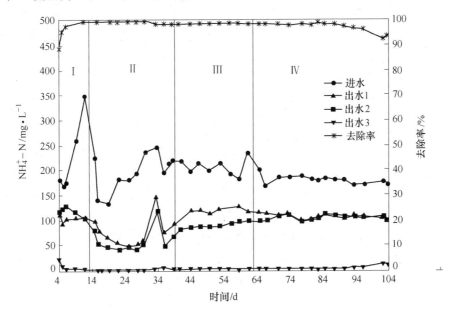

图 4 - 38　进出水中氨氮浓度的变化以及去除率的变化

4.5.2.5　硝酸盐的去除

在阶段Ⅰ和阶段Ⅱ（缺氧池内不添加甲醇），缺氧池出水中硝酸盐浓度约为 50mgNO$_3$ - N/L，最终出水中硝酸盐浓度在 120 ~ 270mgNO$_3$ - N/L，为了获得低效率，因此向反应器内添加甲醇（表 4 - 9），通过增加甲醇剂量和提高回流比在最终出水中获得较低的硝酸盐浓度。采用回流比为 3，甲醇添加剂量为 1.2L/m^3 时，在研究的最后阶段出水中获得了较低的硝酸盐浓度。当反硝化池作为三步活性污泥处理系统的最后一个反应器时，添加甲醇也有效地促进了硝酸盐的去除。由此可以说明，脱氮微生物几乎不能利用焦化废水中可缓慢生物降解的有机物。在研究的最后阶段，最终出水中获得了极低的硝酸盐浓度（在 20 ~ 38mgNO$_3$ - N/L 之间），低于应用回流比情况下计算出来的理论值（40 ~ 50mgNO$_3$ - N/L）。这可能是因为反应过程中部分氨解吸/吹脱现象，此外也可能是由于沉淀池内存在微生物、溶解氧浓度较低且水力停留时间长的条件，在沉淀池内发生了不可控制的反硝化反应。因此，观测的硝酸盐去除率比理论计算得到的最大去除率还高。

研究过程中获得的结果见表 4 - 10。由表 4 - 10 可知，在最后阶段获得了最好的去除情况，其中采用回流比为 3，甲醇添加剂量为 1.2L/m^3（相当于每 1mgNO$_3$ - N 消耗 3.5mgCOD）。

表 4-10 各阶段参数的变化以及去除率的变化

阶段	COD		酚		SCN⁻		NH₄⁺-N		NO₃⁻-N		总 氮	
	出水 /mg·L⁻¹	去除率 /%	出水 /mg·L⁻¹	去除率 /%	出水 /mg·L⁻¹	去除率 /%	出水 /mg·L⁻¹	去除率 /%	出水 /mg·L⁻¹	去除率 /%	出水 /mg·L⁻¹	去除率 /%
I	650	28	9.2	92	24	91	8.3	98	43		57	83
II	660	60	14.0	91	37	86	1.0	98	68		75	80
III	485	67.5	5.0	97	20	94	3.1	98	30		39	85
IV	487	62.5	2.7	99	6.4	97	4.5	98	27		36	90

4.5.2.6 氰化物的去除

CN^- 的初始浓度为 11 ~ 41mg/L, 如图 4-39 所示。然而由于出水回流, 反应器内 CN^- 的浓度较低且没有发现重要的抑制现象。反硝化效率较高时, 出水 1 中 CN^- 浓度在阶段 I 和阶段 II 降低到 10mg/L 左右, 在阶段 III 降低到 7mg/L 左右, 在阶段 IV 降低到 3mg/L 左右。好氧池的出水 2 中 CN^- 的浓度较低, 尤其是在阶段 IV, 浓度在 0.5mg/L 左右。硝化反应器内的出水 3 中 CN^- 的浓度很相近, 缓慢减少到 0.3mg/L。尽管已经完全确定游离的 CN^- 对硝化反应具有毒性作用, 但是焦化废水中游离的 CN^- 易与金属离子产生络合反应, 尤其是铁离子, 而 CN^- 与金属的络合物比游离 CN^- 的毒性作用要小很多。

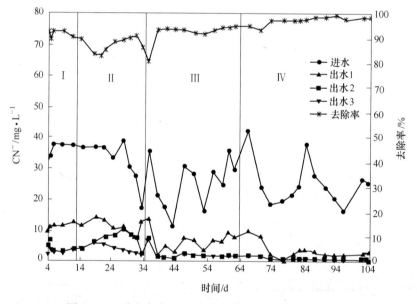

图 4-39 进出水中 CN^- 浓度的变化以及去除率的变化

4.5.2.7 两个可选的反硝化方案之间的比较

在最佳运行条件下, 对反硝化作为活性污泥系统最后一步 (N-DN) 和反硝化作为第一步 (DN-N) 两种工艺进行了比较分析, 结果如表 4-11 所示。酚类的去除不受配置不同的影响, 在两种工艺中酚类去除率均为 99%, 最终浓度在 3mg/L 以下。两种工作条件下硫氰酸盐的生物降解情况也很相似 (97% ~ 98%)。当反硝化放置在最后一步时, 氨氮和 COD 更易被去除。当反硝化被放置在工艺的最前端时，出水中的大部分不回流，不能经过反硝化反应，导致最终出水中硝酸盐浓度更高。至于 COD，在工艺的最前端添加甲醇对可缓慢生物降解物质的生物降解具有一定的作用。

考虑到工艺的经济性，第一步是反硝化反应的工艺不需要提供任何外加碳源，只需要消耗硫酸（$0.1 \sim 0.26L/m^3$）。相比之下，硫酸比甲醇要经济很多，而且硫酸还是炼焦厂的副产物。

表 4-11　最终出水中污染物的平均浓度及在两种工艺下的去除率

组　成	NH_4^+-N		NO_3^--N		总氮		COD		SCN^-		酚	
	出水 /mg·L^{-1}	去除 率/%	出水 /mg·L^{-1}	去除 率/%	出水 /mg·L^{-1}	去除 率/%	出水 /mg·L^{-1}	去除 率/%	出水 /mg·L^{-1}	去除 率/%	出水 /mg·L^{-1}	去除 率/%
DN（最后阶段）	1.3	98	0.2		2.9	99	251	82	6.0	98	2.7	99
DN（最初阶段）	4.5	98	27		36	90	487	63	6.4	97	2.7	99

4.6　煤化工废水 O/A/O 处理工艺

4.6.1　工艺概述

O/A/O 工艺即好氧–缺氧–好氧，工艺流程图如图 4-40 所示，该工艺是在 A/O 工艺的前端增设一个好氧池，使硝化细菌与有机物降解菌分开培养，一级好氧池用来培养有机物降解菌，二级好氧池用来培养硝化细菌，缺氧池则用来进行反硝化作用。为了保持菌种的纯度，一级好氧池后设置二沉池使污泥回流。二级好氧池后接二沉池，污泥回流至缺氧池，起到内回流的作用。经二级好氧池硝化作用产生的硝化液回流至缺氧池，达到脱氮的效果。同时反硝化作用可为硝化作用提供部分的碱度。由于易降解有机物质在一级好氧池中降解，使得反硝化作用缺乏能够利用的有机碳源，因此缺氧池中需为反硝化作用添加一定量的基础碳源。

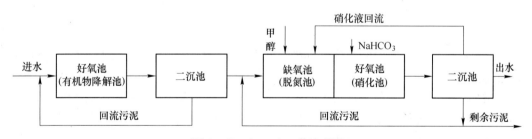

图 4-40　O/A/O 工艺流程图

O/A/O 工艺用于处理高浓度的煤化工废水，其对 COD 和 NH_3-N 的去除率均在 80% 以上。采用 O/A/O 工艺处理煤化工废水，一级好氧池能够将煤化工废水中很大一部分 COD、几乎全部的挥发酚和硫氰根去除，减少对后续硝化细菌的抑制作用。从而二级好氧池中的硝化细菌能够充分进行硝化作用将 NH_3-N 氧化成 NO_3^-。但是由于一级好氧池将大部分有机物分解，要想达到较好的脱氮效果，需要向反硝化池中添加一定量的基础碳源。有机物降解菌与硝化细菌分开培养，使得该工艺处理高浓度 COD 和高浓度 NH_3-N 的煤化工废水效果更加显著，并且出水稳定抗冲击负荷能力强。

采用 A/O 和 O/A/O 工艺处理焦化废水并进行对比实验。结果表明，O/A/O 工艺优于 A/O 工艺，但 A/O 工艺的反硝化效果较好。对于高浓度焦化废水，宜采用 O/A/O 工艺，普通的焦化废水则宜采用 A/O 工艺。O/A/O 工艺作为 A/O 法的改进工艺，对于处理高浓度焦化废水中的 COD 和 $NH_3 - N$ 以及 SCN^- 挥发酚等具有显著的去除效果，其中 $NH_3 - N$ 的去除最为明显，并且出水稳定，抗冲击能力强。但是该工艺仍存在以下问题：

（1）O/A/O 对于总氮的去除效果不及 A/O 工艺，这是因为一级好氧池有机物的大量去除，如想达到较好的脱氮效果，需要向缺氧池中投加大量的基础碳源，同时增大硝化液的回流比，因此增加了处理的成本。

（2）硝化液回流比增大，污泥好氧停留时间短，缺氧状态的污泥沉降效果差，后续污泥处理困难，出水悬浮物浓度高。

（3）O/A/O 工艺适合处理高浓度焦化废水，高浓度的废水中难降解的有机物的浓度随之增高，出水的 COD 浓度在 250mg/L 左右，因此还需进一步的物化处理，满足国家的排放标准。

（4）反应条件控制严格，需投加碱度和基础碳源，操作繁琐，处理成本高。

4.6.2 O/A/O 工艺处理煤化工废水研究

目前，采用 O/A/O 工艺来处理焦化废水，在工艺设计之前，需要开展实验室的实验，通过这些实验来获得一些工艺参数。该实验可以按照如下步骤来完成。

实验用水取焦化厂焦化废水处理站生化进水前的调节池，该废水经过蒸氨、脱酚、重力除油、气浮等预处理工艺。

实验工艺流程如图 4 - 41 所示。实验进水通过蠕动泵将焦化废水提升至一级好氧池，泥水混合物自流到一级沉淀池。一级沉淀池出水通过缺氧池，反应完成后出水自流到二级好氧池，经二级好氧池反应后自流到二级沉淀池。沉淀池泥水分离后，在继电器的控制下使污泥进行回流，一级沉淀池的污泥回流至一级好氧池，二级沉淀池的污泥回流至缺氧池。为了使泥水混合均匀，微生物能够充分的接触废水中的营养物质，一级好氧池和缺氧池均设有搅拌装置。

一级好氧池中，废水中的易降解有机污染物很容易被微生物氧化分解，尤其是对硝化细菌有明显抑制的酚类，去除率均能达到 90% 以上。随后一部分未降解的有机物随出水和含有大量硝态氮的回流液混合进入到缺氧池，在缺氧条件下，硝态氮和亚硝态氮作为电子受体，通过有机物提供电子，进行生物降解，最后氮以 N_2 的形式释放到空气当中。由于焦化废水中能被利用的有机碳量较少，如果想要达到更好的脱氮效果，需要向缺氧池中投加碳源。二级好氧池的作用是将 $NH_3 - N$ 通过硝化细菌的硝化作用转化成亚硝态氮和硝态氮。$NH_3 - N$ 在转化成亚硝态的过程中会产生大量的强酸，使 pH 降低，当低于 6.0 时，硝化细菌的硝化作用就会受到抑制，因此需要向二级好氧池中投加一定量的 $NaHCO_3$。

COD 测定采用 $K_2Cr_2O_7$ 快速密闭催化消解法（含光度法）。$NH_3 - N$ 纳氏试剂分光光度法。TN、TOC 采用德国耶拿 multi N/C 2100 的 TOC/TN 测定仪，测定前水样经 0.45 定前玻璃纤维滤膜过滤。MLSS、MLVSS 采用标准称量法测定。含油量采用重量分析法。溶解氧（DO）采用 HACH 公司的 HQ30d 分析。pH 采用 HANNA 公司的便携式 pH 计分析。

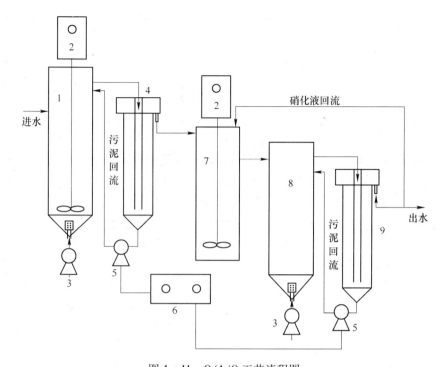

图 4-41　O/A/O 工艺流程图

1——一级好氧池（O1）；2—搅拌器；3—空气泵；4—一级沉淀池；5—蠕动泵；
6—继电器；7—缺氧池（A）；8—二级好氧池（O2）；9—二级沉淀池

空气的加入对于好氧微生物是必不可少的，它不仅是好氧微生物赖以生存的基础，同时也能加强液固两项间的传质能力。对于主要用来降解 COD 的一级好氧池中菌种比较复杂，没有严格的专性好氧菌或专性厌氧菌，根据大量实验总结，将一级好氧池的 DO 控制在 2.0mg/L 左右。

对于专门培养 NH_3-N 降解菌的二级好氧池来说，硝化细菌是专性好氧菌，以氧化足够的 NH_3-N 或 NO_2^- 获得足够的能量用于生长，溶解氧浓度的高低直接影响硝化菌的增殖及活性，溶解氧高时硝化速率随之增加，溶解氧的浓度低于 0.5mg/L 时硝化反应趋于停止。本实验将二级好氧池的 DO 控制在 4mg/L 左右。

对于反硝化细菌来讲，溶解氧过高，氧会同硝酸盐竞争电子受体，并且抑制硝酸盐还原酶的合成及其活性。所以缺氧池中 DO 控制在 0.5mg/L 以下。

pH 值对于微生物系统来说，能够改变微生物的代谢途径，微生物在合适的 pH 值条件下才能生存。同时 pH 值还能够影响焦化废水处理系统中某些重要物质（如游离氨、碱度、HNO_2 等）的存在形式及其浓度分布，影响硝酸盐和亚硝酸盐的比值，及硝化反应及反硝化的速率。硝化细菌对 pH 的变化比较敏感，二级好氧池 pH 控制在 7.5～8.5 之间。由于氨氮在被氧化成亚硝态的时候会产生大量的强酸，因此需要以投加 $NaHCO_3$ 的方式进行控制，同时也能为硝化细菌提供碳源。

在采用生物法处理焦化废水过程中，温度的控制对于微生物的代谢有很大的影响，尤其是对于硝化细菌的生长和硝化的速率。大多数硝化细菌和反硝化细菌适宜的生长温度为25～35℃，低于25℃或高于35℃均会导致小细菌减慢生长。同时在去除有机物和进行硝化反应的系统中，温度低于15℃时即发生硝化速度急剧降级，低温对硝化细菌的抑制作用更为明显。低温下（12~14℃）容易导致亚硝酸盐的积累，5℃硝化反应基本停止。根据以上原因，同时参考焦化厂焦化废水处理车间实际废水的水体温度，本实验将各个反应池的温度控制在30~35℃。

HRT作为一个重要的实验参数，在实际工程中会涉及基建投资和占地面积等因素，因此将直接影响到实际工程的可行与否。本实验将HRT作为一个实验参数进行研究，了解HRT对COD、NH_3-N及TN去除效果的影响，并得出最优的HRT。

硝化细菌作为一种自养微生物，需要无机碳源作为它生长的能量来源，满足生长繁殖。同时硝化作用需要大量的碱，每氧化1g的NH_3-N理论上需要消耗7.14g的碱（按$CaCO_3$计）。本实验过程中通过观察二级好氧池中pH的变化情况，投加$NaHCO_3$。

二级好氧池的硝化液回流至缺氧池中，是能进行硝化脱氮的主要原因。TN去除率的多少则与消化液的回流比有很大的关系。有研究表明，在单级A/O流程中，最大脱氮率R与硝化液回流比r存在着如下关系：$R=r/(1+r)$。在进行反硝化的过程中，如果碳源充足，则通过增大回流比能够提高脱氮率。在回流比较小时，增大回流比脱氮速率迅速提高，但当$r>5$时，再增大回流比，总氮脱除率上升幅度就很小了。同时回流比的增大，动力消耗也随之增加。本实验根据O/A/O工艺处理焦化废水的脱碳、脱氮情况，研究探讨不同的回流比对TN去除效果的影响。

焦化废水的BOD:N一般为3~4，氮含量丰富，但废水中的磷含量较少，表现出富氮缺磷的水质特征。对于污泥中微生物的生长代谢来讲，其需要BOD、N、P的比例控制在（100~200）:5:1。因此在废水泵入一级好氧池之前，需要调节营养物质的比例。废水中的BOD随着处理过程不断变化，氨氮因硝化作用转化成亚硝态氮和硝态氮，通过反硝化作用转化成N_2，因此BOD、N和P的比例随时都在变化。

在一级好氧池中，BOD和N对于微生物的生长是充足的，但是磷源极其匮乏，因此需要将泵入反应器的进水通过添加磷源进行调节，以满足后续反应池中微生物的生长需要。实验添加的磷源量为0.13mg（Na_2HPO_4）/L。由于一级好氧池将很大一部分微生物易于利用的有机物降解，缺氧池中如果欲达到很好的脱氮效果，需要向缺氧池中投加一定的基础碳源（甲醇）。从工程的经济费用考虑，本实验将研究探讨甲醇投加量对TN的去除效果。对于主要培养硝化细菌的二级好氧池来讲，由于硝化细菌需要的是无机碳源，因此二级好氧池添加一定量的$NaHCO_3$。

一级好氧池的作用是去除焦化废水中易降解的有机污染物和一些无机物，降低污染物对后续微生物的抑制和毒害作用，一级好氧池的成功启动，对后续缺氧池的反硝化作用和二级好氧池的硝化作用具有很大的意义。因此本实验最先启动一级好氧池。

为了使微生物尽快恢复活性，启动阶段采用的进水使用自来水进行了适当的稀释，COD浓度控制在400~900mg/L。水力停留时间采用最大的78.5h，进水添加一定量的磷源（Na_2HPO_4），出水自流到一级沉淀池中，污泥定时回流。

如图4-42所示为一级好氧池启动阶段对COD的去除效果。启动前10天进水COD浓度较低，约在450mg/L左右，出水效果良好，浓度在150mg/L左右，去除率达到70%。随后增加进水焦化废水的比例，COD为800mg/L左右，由图可明显地看到，进水COD浓度增加，出水的浓度也随着增加了，并且去除率也降到了50%左右，但最后的10天出水基本稳定，由此认为一级好氧池启动成功。

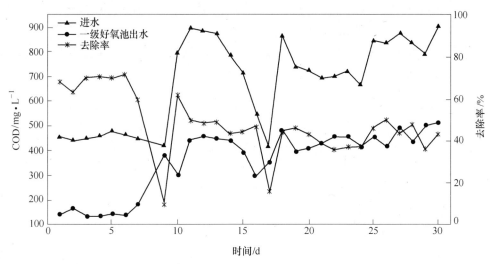

图 4-42　一级好氧池启动阶段 COD 的变化情况

在一级好氧池启动阶段，进水的 pH 一般在 7.62 ~ 9.36 之间，而经测定一级好氧反应器中的 pH 降到了 4.5 左右。考虑到对有机物有降解作用的大部分微生物在偏酸性的环境下活性容易受到抑制，因此认为有必要对一级好氧池适合的 pH 进行对比研究。

图 4-43 ~ 图 4-45 给出了 pH 对一级好氧池 COD 去除效果的影响及对比图。由图 4-43 可看出，一级好氧池在不加碱调节时，出水的 COD 浓度为 400mg/L，进水浓度增加出水浓度也随着增加，而去除率则没有太大的变化趋势，平均维持在 46.97% 。

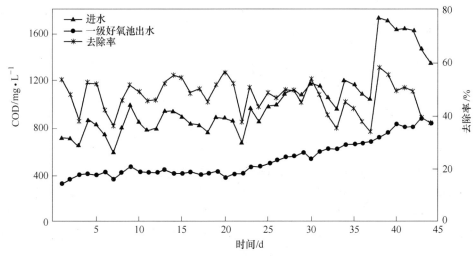

图 4-43　一级好氧池不加碱 pH = 4.0 ~ 5.5 时 COD 的去除效果

图 4-44 给出了进水加碱调节时一级好氧池的 pH > 6.0 的情况下 COD 去除效果。由图可看出，在此条件下，COD 的去除率明显提高，平均为 73.86% 。即便增加进水的浓度，出水浓度也相对稳定，走势平稳，处理效果相对稳定。

由此可以看出，一级好氧池在降低 COD 的同时，反应池内的 pH 也降低，这可能是因为部分物质在降解的过程中产生了大量的强酸。已有研究表明，焦化废水中的 SCN^- 在好氧池会被氧化成 SO_4^{2-}，这可能是导致 pH 值降低的主要原因。而当 pH 值降低到一定程度后（pH <4）就会对系统的微生物活性产生抑制作用，导致 COD 的去除率降低。由此表明，一级好氧池在降低 COD 的过程中，需要在进水中添加一定量的碱，中和一级好氧池中产生的强酸性物质。

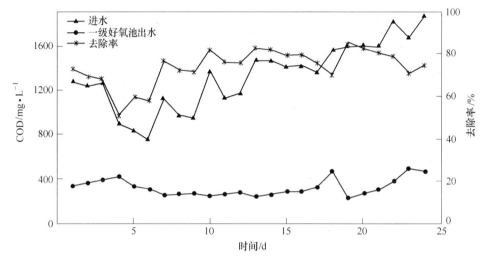

图 4-44　一级好氧池加碱 pH >6.0 时 COD 的去除效果

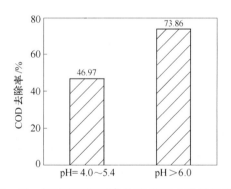

图 4-45　加碱和不加碱条件下 COD 去除效果对比

一级好氧池启动完成后，COD 的去除率在 50% 以上，去除效果稳定。于是开始启动二级好氧池，在一级沉淀池后面放置二级好氧池和沉淀池，二级沉淀池的污泥定时回流到二级好氧池。由于硝化细菌对环境敏感，繁殖代谢缓慢，因此在刚开始启动时 HRT 和污泥龄较长。所以本实验在启动阶段，二级好氧池的 HRT 控制在 118h，二级好氧池污泥不做外排处理。进水 NH_3-N 浓度为 45 ~ 85mg/L。

如图 4-46 所示为二级好氧池启动阶段 NH_3-N 的变化情况。图中给出了进水、一级好氧池出水、二级好氧池出水 NH_3-N 的浓度和去除率。由图可以看出，在整个启动过程中一级好氧池的 NH_3-N 浓度始终高于进水的浓度。这可能是因为一级好氧池的含氮物质被氧化成了 NH_3-N，尤其是焦化废水中的 SCN^-。有研究表明，在 COD 降解良好的好氧池中，焦化废水中的含氮有机物和 SCN^- 会被氧化成 NH_3-N。在启动前期，二级好氧池

的 NH_3-N 浓度甚至高于一级好氧池的出水浓度，去除效果处在负去除率的状态，这说明在此时二级好氧池中可能也存在降解 COD 的作用。而随着启动时间的延长，出水 NH_3-N 浓度逐渐降低，在启动第 14 天后，开始出现 NH_3-N 的正去除率效果，随后去除率的总体趋势一直保持着上升的状态。最后的去除率基本稳定在 80% 左右，由此表明此时的二级好氧池已具备很好的降解 NH_3-N 的能力，启动完成。

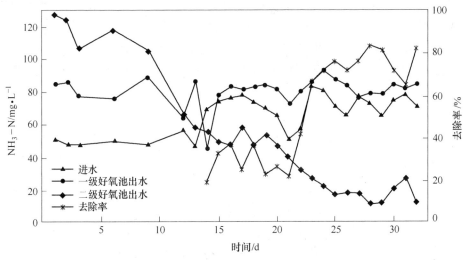

图 4-46　二级好氧池启动阶段 NH_3-N 的去除效果

二级好氧池中，对 NH_3-N 起降解作用的细菌为自养型的硝化细菌，利用的碳源为无机碳源，并且氨氮在转化为亚硝态氮的过程中会产生大量的强酸，导致反应器中的 pH 降低，而当 pH 低于 6.0 时，硝化作用就会受到抑制，NH_3-N 的去除效果变差。因此在二级好氧池降解 NH_3-N 的过程中需要添加足够的碱度。本实验在二级好氧池启动阶段，刚开始的前 10 天未对二级好氧池中进行人为控制，由实验数据可知曝气充足的条件下，主要进行了对有机物的降解，这也是导致二级好氧池出水 NH_3-N 高于一级好氧池 NH_3-N 浓度的原因。从第 10 天开始向二级好氧池投加一定量的碱（$NaHCO_3$），使反应器中的 pH 保持在 8.0 左右，由图 4-46 可见，虽然 NH_3-N 的去除率仍处在负去除的状态，但是出水的 NH_3-N 浓度开始逐渐降低，启动一段时间后，NH_3-N 的去除效果逐渐增高，最后趋于稳定。可见在二级好氧池中，碱度对于硝化细菌的生长繁殖，具有很重要的作用，不仅可以调节反应器中的 pH 值，还能为硝化细菌提供无机碳源。

一级好氧池和二级好氧池均启动完成后，开始启动缺氧池。本实验缺氧池置于一级好氧池和二级好氧池之间，通过二级好氧池硝化液的回流来进行反硝化作用，将硝态氮最终转化成 N_2。一级沉淀池的上清液自流到缺氧池中，缺氧池的泥水混合物自流到二级好氧池中，二级沉淀池的沉淀污泥定时回流到缺氧池中。

缺氧池中的细菌主要是由兼性菌组成的，在活性污泥系统中大概有 80% 的细菌具有反硝化的能力。在有氧的环境下，其利用分子态的氧作为最终的电子受体，氧化分解有机物；在无氧的情况下，则利用硝酸盐和亚硝酸盐为最终电子受体进行反硝化作用。在相同的碳源情况下，以分子态氧作为电子受体所产生的能量只占以硝酸根和亚硝酸根为电子受体所产生能量的 7%。本实验在启动过程中为了启动顺利，同时希望缺氧池能够进一步降解一级好氧池出水中未降解的部分有机物，因此采用的 HRT 较长，为 90.5h，同时未向其中添加基础碳源（甲醇）。

如图 4 - 47 所示给出了缺氧池启动阶段系统对 COD 的去除效果。由图可以看出，O1 出水 COD 比较稳定，出水浓度在 400mg/L 以下。缺氧池刚开始运行时，出水 COD 浓度较高甚至高于 O1 出水的浓度，但运行到第 3 天后出水的浓度就有了明显的降低，此后出水的浓度基本稳定在 200mg/L，低于前一阶段的出水。同时在整个启动阶段 O2 池出水的 COD 浓度与缺氧池的浓度基本保持一致。由此说明，缺氧池的细菌比较容易培养，系统对 COD 去除主要发生在一级好氧池和缺氧池中。不过也有可能焦化废水中易降解的污染物在前两个阶段已经降解完全，出水 COD 浓度在 200mg/L 左右，未能达到国家要求的二级排放标准，可见剩下的有机物已经很难被微生物降解了。

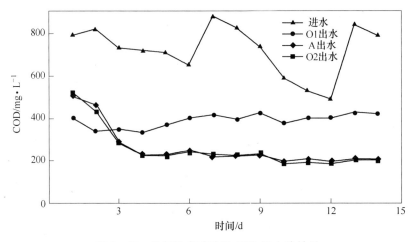

图 4 - 47　缺氧池启动阶段 COD 的去除效果

在二级好氧池启动的过程中，HRT 设置到了最大，为 118h。在启动过程完成后，可以由图 4 - 46 看出，$NH_3 - N$ 的去除效果较好，出水可以低于 15mg/L，满足国家二级排放标准。因此考虑到实际工程的成本问题，本实验将在一级好氧池 HRT = 78.5h，缺氧池 HRT = 90.5h 的条件下，按 118h、75h、37h 和 18.8h 四个阶段逐级降低二级好氧池的水力停留时间，研究 O/A/O 系统处理焦化废水时二级好氧池的 HRT 对 $NH_3 - N$ 去除效果的影响。

图 4 - 48 ~ 图 4 - 51 给出了 O1 池 HRT = 78.5h、A 池 HRT = 90.5h 条件下，O2 池 HRT 分别为 118h、75h、37h 和 18.8h 时系统对 $NH_3 - N$ 的去除效果。图 4 - 52 和图 4 - 53 给出了二级好氧池在不同的水力停留时间时的平均去除率和平均出水浓度的对比情况。

由图 4 - 48 ~ 图 4 - 51 可看出，进水 $NH_3 - N$ 浓度为 71.7 ~ 104mg/L，一级好氧池出水的 $NH_3 - N$ 浓度为 83.6 ~ 146.8mg/L，可见在优化二级好氧池水力停留时间过程中，一级好氧池在降低 COD 的同时，生成了一定量的 $NH_3 - N$。然而，由图也可看出，一级好氧池出水的 $NH_3 - N$ 浓度相对于进水的增量并不是确定的，某一阶段增幅可能比较大，而某一阶段的增幅却很小，甚至低于进水的浓度。出现这种现象的原因可能有 3 种，一是原水中的 SCN^- 和含氮有机物通过微生物的作用转化生成了氨态氮，所以导致出水浓度增高，这与启动阶段的现象是一致的；二是由于焦化废水中污染物成分复杂，系统运行时间较短，微生物的适应能力相对较弱，使得一级好氧池的氨化作用不稳定，所以出水 $NH_3 - N$

浓度的增幅也不稳定；三是在一级好氧池中，在曝气和投加碱度的条件下，微生物的耐受性也不断增强，可能会产生少量的硝化细菌，所以会出现一级好氧池出水的 $NH_3 - N$ 浓度低于进水浓度的现象。

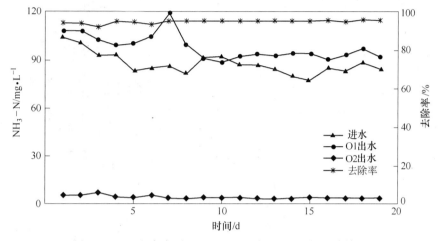

图 4 - 48　二级好氧池 HRT = 118h 时 $NH_3 - N$ 的去除效果

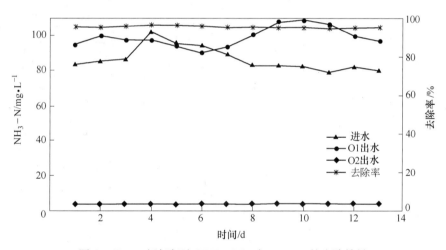

图 4 - 49　二级好氧池 HRT = 75h 时 $NH_3 - N$ 的去除效果

同时由图 4 - 48 ~ 图 4 - 53 也可看出，不论一级好氧池出水 $NH_3 - N$ 浓度增幅多少，在逐级减少二级好氧池的 HRT 条件下，二级好氧池出水仍很稳定，出水平均浓度在 3.8 ~ 4.5mg/L，平均去除率为 94.38% ~ 96.07%。

对于 O/A/O 处理焦化废水系统，在一级好氧池的 HRT 为 78.5h，缺氧池为 90.5h 的条件下，将用于硝化作用的二级好氧池的 HRT 逐级调至 18.8h 时，仍能对 $NH_3 - N$ 具有很好的降解效果，出水浓度为 3.8mg/L，去除率高达 96.07%。并且在整个优化调整过程中，去除效果稳定，未出现异常值。分析原因，可能是因为在二级好氧池 HRT 优化过程中，一级好氧池和缺氧池均处在最大 HRT 条件下，使得焦化废水中对硝化细菌有抑制和毒害作用的物质基本已经被降解完全。而对于硝化细菌在没有抑制和毒害作用的环境下，一旦培养起来，在环境适宜的条件下，在较短的时间内就能将 $NH_3 - N$ 转化成亚硝态氮或者是硝态氮。所以在后续的研究中二级好氧池的 HRT 稳定在 18.8h 条件下。

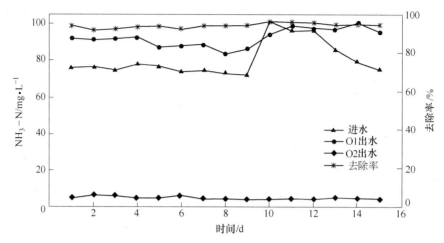

图 4-50 二级好氧池 HRT = 37h 时 NH₃ - N 的去除效果

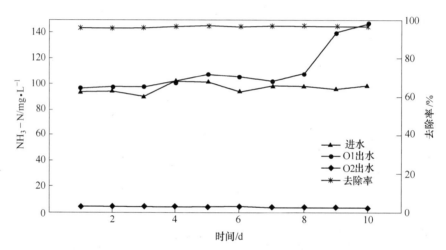

图 4-51 二级好氧池 HRT = 18.8h 时 NH₃ - N 的去除效果

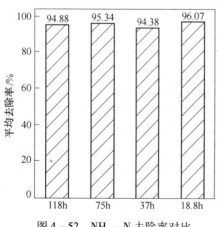

图 4-52 NH₃ - N 去除率对比

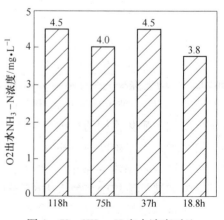

图 4-53 NH₃ - N 出水浓度对比

研究表明，苯酚对于 SCN⁻ 的降解也是存在明显的抑制作用的，苯酚高于某一浓度后，要想使微生物对 SCN⁻ 进行降解，就需要延长系统的 HRT，HRT 越大，SCN⁻ 降解相对完全。而焦化废水中其他各种污染物质也存在着某种不可预知的抑制作用，这些不可预知的因素研究起来复杂甚至有些研究根本无从下手。相对而言，水力停留时间和进水负荷是两个重要因素。

4.6.2.1　HRT 对 O/A/O 工艺 COD 去除效果研究

对 O/A/O 系统采用不同的 HRT，尤其是对有机物起主要降解作用的一级好氧池和缺氧池的 HRT 进行调节，研究在不同的 HRT 条件下系统对 COD 的去除效果。

如图 4-54 所示给出了 O1 池的 HRT = 78.5h，A 池的 HRT = 90.5h，O2 池的 HRT = 18.8h，进水 COD 为 649.5 ~ 998.4mg/L 时，各级出水的 COD 情况和去除效率。由图可以看出，在此条件下一级好氧池出水 COD 浓度为 334.3 ~ 478.85mg/L，废水中的污染物质去除率约为 50%。通过缺氧池后 COD 进一步的降低，出水为 207.3 ~ 248.55mg/L，而二级好氧池出水 COD 为 194.84 ~ 242.71mg/L，对于 COD 的去除基本没有效果。系统对 COD 的去除率为 62.63% ~ 80.06%。可见在此条件下，有机物的去除主要发生在一级好氧池和缺氧池两个阶段，二级好氧池对于 COD 的去除没有贡献。

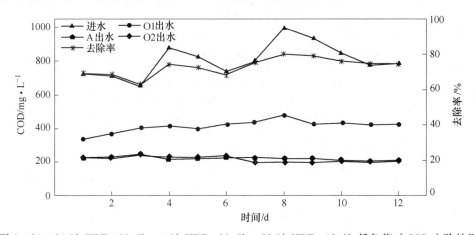

图 4-54　O1 池 HRT = 78.5h，A 池 HRT = 90.5h，O2 池 HRT = 18.8h 低负荷时 COD 去除效果

如图 4-55 所示给出了 O1 池 HRT = 78.5h，A 池 HRT = 90.5h，O2 池 HRT = 18.8h，进水 COD 为 1861.3 ~ 2575.0mg/L 时，各级出水的 COD 情况和去除效率。由图可以看出进水经一级好氧池后，出水 COD 浓度为 316.3 ~ 479.5mg/L，缺氧池出水为 359.8 ~ 549.3mg/L，二级好氧池出水 COD 为 341.85 ~ 434.7mg/L，系统对于 COD 的去除率为 81.57% ~ 86.09%。在此阶段 COD 的降解主要发生在一级好氧池中，缺氧池和二级好氧池对于 COD 的去除基本没有贡献。

由图 4-54 和图 4-55 对比可见，在低 COD 负荷条件下，一级好氧池将进水 COD 降低到 400mg/L 左右，经过缺氧池后出水降低到 200mg/L 左右，二级好氧池对于 COD 的去除基本没有贡献。在高 COD 负荷的条件下，一级好氧池将进水 COD 同样能降低到 400mg/L 左右，但是后续的缺氧池和二级好氧池却无法再对废水中的 COD 进一步的降解。可见不论是高负荷还是低负荷，一级好氧池对于 COD 的去除均起着主要的作用。出现上述现象

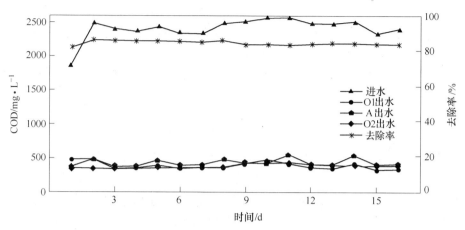

图 4 – 55　O1 池 HRT = 78.5h，A 池 HRT = 90.5h，O2 池 HRT = 18.8h 高负荷时 COD 去除效果

可能是以下原因引起的：一是随着系统运行时间的增加，降解有机物质的微生物已经对焦化废水有足够的耐受性，降解能力增强；二是在低负荷的条件下，对于一级好氧池 HRT = 78.5h 时，水力停留时间过长，废水中的有机物质被微生物降解完以后，无法继续满足微生物的生长需要，使得微生物出现了内源呼吸现象，微生物部分死亡降解，导致出水 COD 较高。而出水进入缺氧池后，由于部分有机物都是微生物的残体，易于降解，所以缺氧池能进一步降低废水中的 COD。

如图 4 – 56 所示给出了 O1 池 HRT = 39.2h，A 池 HRT = 45.3h，O2 池 HRT = 18.8h，进水 COD 为 672.9 ~ 1170.8mg/L 时，各级出水的 COD 情况和去除效率。由图可看出，废水经一级好氧池处理后，出水 COD 浓度为 308.2 ~ 597.0mg/L，缺氧池为 164.8 ~ 213.8mg/L，二级好氧池出水为 161.44 ~ 214.5mg/L，COD 去除率为 75.52% ~ 84.42%。在此研究阶段，O/A/O 系统对 COD 的去除效果与图 4 – 55 的去除效果基本一致，无太大变化，可见，将一级好氧池和缺氧池的 HRT 减少一半时，对于 COD 的去除效果影响不大。

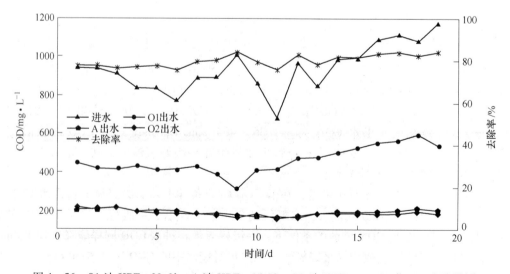

图 4 – 56　O1 池 HRT = 39.2h，A 池 HRT = 45.3h，O2 池 HRT = 18.8h 时 COD 去除效果

如图 4-57 所示给出了 O1 池 HRT = 22.3h，A 池 HRT = 45.3h，O2 池 HRT = 18.8h，进水 COD 为 1979.5～2586.0mg/L 时，各级出水的 COD 情况和去除效率。由图可看出，一级好氧池出水 COD 为 338.3～535.0mg/L，缺氧池为 339.7～524.45mg/L，二级好氧池为 307.9～472.9mg/L，去除率为 77.74%～86.23%。由此研究可以发现，在进水高 COD 负荷条件下，降低一级好氧池的 HRT 时，对出水的 COD 浓度仍没有太大的变化幅度。

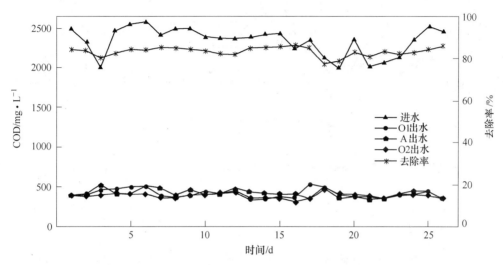

图 4-57　O1 池 HRT = 22.3h，A 池 HRT = 45.3h，O2 池 HRT = 18.8h 时 COD 去除效果

由以上研究发现，采用 O/A/O 工艺处理焦化废水时，系统的 HRT 对于出水 COD 的去除率没有太大的影响，在进水 COD 浓度较低时出水 COD 约为 200mg/L，浓度较高时出水约为 400mg/L，但是 COD 的去除率均在 80% 以上。而较大的 HRT 容易导致系统营养基质减少，微生物在缺乏营养物质的情况下就会利用自身储存的物质进行代谢即内源呼吸而自身溶解，从而增高出水 COD 浓度，且沉淀池出水变浑浊。同时在较大的 HRT 条件下未能达到理想的污染物质逐一降解的目的，尤其是进水 COD 浓度低的情况下，反而增加了出水 COD 浓度。可见采用 O/A/O 工艺处理焦化废水，对降低 COD 有贡献作用的一级好氧池和缺氧池的 HRT 无需太长，本实验 O1 池 HRT = 22.3h，A 池 HRT = 45.3h，O2 池 HRT = 18.8h 条件下相对于较长 HRT 的处理效果相差不多。当进水有机物浓度较高时，处理工艺出水的有机物浓度也较高，这体现了焦化废水的难降解性，废水有机物浓度越高，其中难降解物质越多。有研究认为焦化废水中由 20% 左右的物质是很难被微生物利用降解的，这也符合本实验的进水与出水 COD 的比例关系。

根据以上研究，本实验后续研究阶段采用的水力条件为：O1 池 HRT = 22.3h，A 池 HRT = 45.3h，O2 池 HRT = 18.8h。

4.6.2.2　进水 COD 负荷对 O/A/O 工艺脱碳效果影响研究

焦化废水作为一种典型的工业废水，不仅污染物复杂、可生化性差，而且污染物的浓度高。在很多焦化废水处理站，为了使生化处理效果好，在废水进入生化处理工艺之前对废水进行一定程度的稀释，以减少污染物的抑制和毒害作用。为了研究 O/A/O 工艺耐冲击负荷的能力，本实验将逐段提高进水 COD 浓度，研究不同焦化废水初始浓度条件下，系统对 COD 的去除效果。

如图 4-58 所示给出了进水 COD 浓度为 531.7~991.1mg/L 时，O/A/O 系统对 COD 的去除效果。由图可以看出，一级好氧池出水 COD 浓度为 308.2~524.85mg/L，缺氧池为 164.8~248.6mg/L，二级好氧池为 161.4~242.7mg/L。由图可看出在此阶段去除效果稳定，去除率可达 80% 左右。

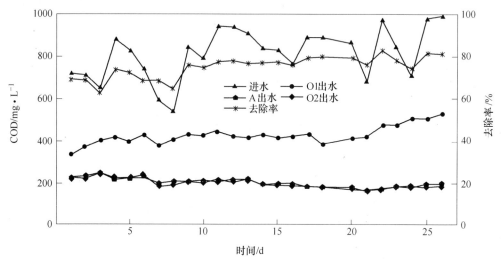

图 4-58　进水 COD 浓度为 531.7~991.1mg/L 时 COD 去除效果

如图 4-59 所示给出了进水 COD 浓度为 957.0~1724.95mg/L 时，O/A/O 系统对 COD 的去除效果。由图可看出一级好氧池出水 COD 浓度为 539.9~937.1mg/L，缺氧池为 190.9~314.9mg/L，二级好氧池为 181.5~306.0mg/L。逐渐增大进水浓度时，一级好氧池出水的 COD 浓度也随之增大，但是系统出水的 COD 浓度是随进水浓度的增加出现上升趋势，不过整体上升趋势平稳，在处理过程中没有异常值出现。

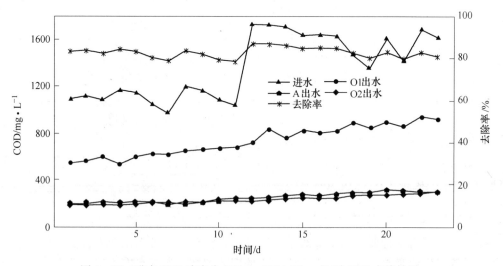

图 4-59　进水 COD 浓度为 957.0~1724.95mg/L 时 COD 去除效果

如图 4-60 所示给出了进水 COD 浓度为 2153.75~2575.0mg/L 时，O/A/O 系统对 COD 的去除效果。由图可看出，在进水浓度较大的情况下，一级好氧池出水 COD 浓度为

316.3~970.8mg/L，在进水的前17天里，一级好氧池的出水 COD 明显较高，这与前两个进水阶段的出水值接近，而后期一级好氧池出水 COD 出现了明显的降低。由此也说明，当 O1 池 HRT = 22.3h，A 池 HRT = 45.3h，O2 池 HRT = 18.8h 时，在一级好氧池中易降解的有机物质可完全降解。缺氧池出水 COD 为 301.1~635.2mg/L，二级好氧池出水为 276.5~434.7mg/L。缺氧池和二级好氧池的出水 COD 具有一定的波动，这可能是因为焦化废水中有毒污染物质浓度增加造成的。

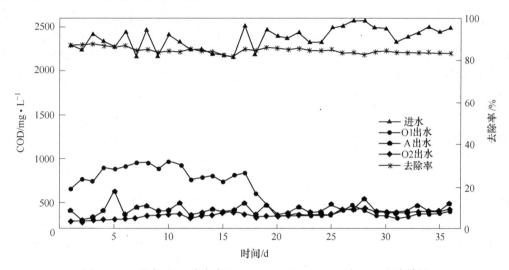

图 4-60　进水 COD 浓度为 2153.75~2575.0mg/L 时 COD 去除效果

4.6.2.3　核桃壳吸附除油对出水 COD 的影响研究

焦化废水中含有一定量的焦油，废水进入生化处理工艺前都会经过隔油、气浮等方法对其进行去除，但是尽管如此，由于去除得不够彻底，调节池中的废水仍含有浓度不等的焦油。本实验采用的焦化厂焦化废水处理站生化进水前调节池中的水样，经测定废水中的油含量在 50~100mg/L 之间。在生物处理过程中，当废水中油质量浓度大于 50mg/L 时，活性污泥菌胶团表面黏附的油会阻碍微生物对氧的摄取，从而使污泥的生物活性和生化处理效果下降；同时污泥表面黏附油后，会使污泥颗粒整体密度减小，影响了活性污泥的沉降性能，易造成污泥流失；油浓度的多少直接影响 COD 去除率。

本实验采用核桃壳过滤器对系统进水水样进行过滤预处理。实验采用的核桃壳是经过了破碎、抛光、蒸洗、药物处理，然后经过两次筛选加工而成的。具有一定的硬度、抗压性、化学性能稳定，截污能力强，抗油浸。对油的去除率可达 90%~95%，粒径 2mm 左右。核桃壳使用前先用清水进行洗涤，去除滤料中的杂质，然后将核桃壳滤料装填在抗压过滤器中（4L），进水流量设置为 200mL/h。

实验表明，焦化废水经核桃壳过滤后，废水的油含量由原来的 59.2mg/L 降至 0.7mg/L。出水 COD 浓度变化不明显，但是出水色度和浊度降低。这可能是因为核桃壳滤料虽然将废水中的油类和部分含有助色团和生色团的有机物质吸附，但是其本身也溶解出一些易降解的有机物质，所以出现出水 COD 变化不明显的现象。

将经过核桃壳过滤的出水泵入 O/A/O 系统进行处理，实验发现，经过滤预处理后的废水，采用 O/A/O 工艺处理后，各级出水 COD 浓度与不经过滤预处理的基本相同，没有太大的变化。但是在这一阶段，观察到一级好氧池中活性污泥的粒度更加均匀，一级好氧池沉淀池中的污泥沉降效果更好，这说明除油对污泥的沉降性能有较好的改善。

4.6.2.4　进水 NH_3-N 负荷对 O/A/O 工艺 NH_3-N 去除效果研究

焦化废水中的 NH_3-N 浓度如果太高不仅对其他污染物的生物降解产生抑制和毒害作用，并且对于自身的硝化作用也具有一定的抑制。本节主要内容就是探讨 NH_3-N 浓度对于 O/A/O 系统的处理 NH_3-N 效果的影响，进水浓度分为三个梯段：NH_3-N 为 73.1~128.5mg/L、113.1~158.0mg/L、186.3~256.3mg/L。NH_3-N 为 186.3~256.3mg/L 即为焦化废水处理时生物进水前的真实浓度，以此考察 O/A/O 系统处理高浓度不经稀释的焦化废水 NH_3-N 的处理效果。

如图 4-61 所示给出了进水 NH_3-N 为 73.1~128.5mg/L 时 O/A/O 系统对于 NH_3-N 去除效果的影响。由图可看出，随着进水 NH_3-N 浓度的增高，一级好氧池出水也随着增高，但是增高幅度是不定的，有时增幅较大，有时增幅较小。这可能是与一级好氧池对有机物的降解程度有关，当一级好氧池的微生物活性高，代谢能力强时，则会通过氨化作用将废水中的含氮有机物转化成 NH_3-N，或是将 SCN^- 转化成 MH_3-N，使一级好氧池中 NH_3-N 浓度升高。也有可能是在一级好氧池中生成具有硝化作用的微生物，尽管氨化作用生成大量的 NH_3-N，但是这部分具有硝化作用的微生物又将其氧化成了亚硝态氮和硝态氮，或是微生物通过同化作用将其转化成自身所需要的物质能量，以上均可能是一级好氧池出水较进水的增幅不定的原因。尽管一级好氧池的出水 NH_3-N 浓度变化较大，但是经二级好氧池处理后，出水 NH_3-N 浓度稳定，基本为 3.2~6.1mg/L 左右，去除率最高可达 97%。

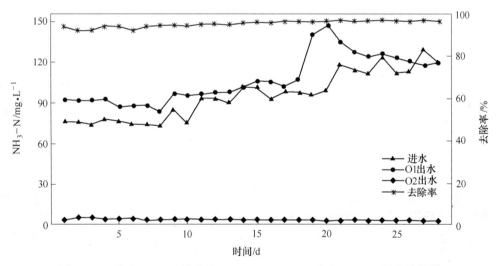

图 4-61　进水 NH_3-N 浓度为 73.1~128.5mg/L 时对 NH_3-N 的去除效果

由此可见，在进水 NH_3-NNH_3-N 为 73.1~128.5mg/L 时，系统对其具有很好的降解能力，出水能符合国家规定的排放标准。

如图 4-62 所示给出了进水 NH_3-N 为 113.1~158.0mg/L 时 O/A/O 系统对于 NH_3-N 的去除效果的影响。由图可看出，初始时期进水 NH_3-N 浓度增加，一级好氧池出水的

$NH_3 - N$ 浓度并没有明显高于进水浓度，但是后期，随着进水浓度的增大，一级好氧池出水的 $NH_3 - N$ 浓度也增加。这可能是因为随着进水 $NH_3 - N$ 浓度的增大，并且进水浓度不稳定，使得一级好氧池的微生物不适应这种环境，导致对于含氮有机物的氨化作用能力降低，甚至丧失。与低进水浓度相比，进水 $NH_3 - N$ 浓度的增加对微生物的活性会造成一定的影响。但是二级好氧池的硝化作用所受到的影响较小，仅在实验后期 $NH_3 - N$ 浓度有所增加，但增幅不大，系统出水基本在 $3.7 \sim 9.00 mg/L$ 范围内，仍满足国家规定的 $NH_3 - N$ 排放标准。

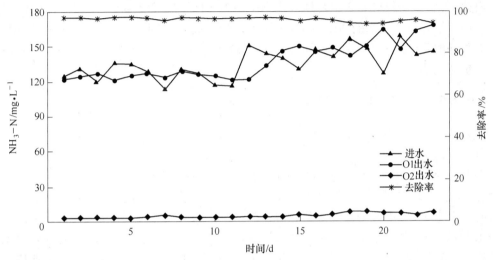

图 4-62　进水 $NH_3 - N$ 浓度为 $113.1 \sim 158.0 mg/L$ 时对 $NH_3 - N$ 的去除效果

如图 4-63 所示给出了进水 $NH_3 - N$ 为 $186.3 \sim 256.3 mg/L$ 时 O/A/O 系统对于 $NH_3 - N$ 去除效果的影响。此进水浓度为焦化废水的实际浓度，从此考察 O/A/O 系统对于焦化废水原水的处理效果。由图可看出，在进水浓度较高的前一阶段，与上一实验时的情况一致，即一级好氧池的出水 $MH_3 - N$ 浓度与进水基本一致，出水浓度未出现较大的增幅。然

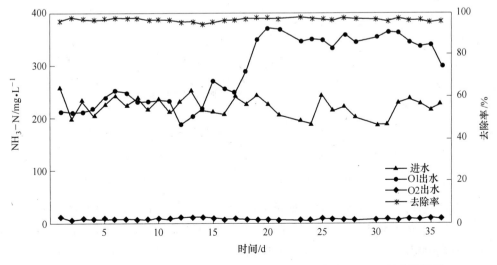

图 4-63　进水 $NH_3 - N$ 浓度为 $186.3 \sim 256.3 mg/L$ 时对 $NH_3 - N$ 的去除效果

而随着实验的进行，后期一级好氧池的 NH_3-N 浓度明显高于进水浓度，增幅较大。可见随着进水 NH_3-N 浓度的增加，刚开始对微生物具有一定的抑制毒害作用，随着时间的延长，一级好氧池的微生物的耐受性逐渐增强，最后则能够适应于这种高浓度的 NH_3-N 环境，同时在此条件下进行微生物的代谢及氨化作用。但在整个过程中，二级好氧池出水的 NH_3-N 浓度仍处于一种平稳的状态，当一级好氧池出水的 NH_3-N 浓度升高至 350mg/L 以上时，对系统出水仍没有太大的影响，出水稳定在 4.7～11.6mg/L，去除率最高可达 97%。

由此可见，采用 O/A/O 工艺处理高 NH_3-N（186.3～256.3mg/L）浓度的焦化废水时，即使一级好氧池出水的 NH_3-N 浓度增大至 350mg/L 以上，二级好氧池对于 NH_3-N 仍具有很好的降解能力，由此说明该系统在降解 NH_3-N 方面处理效果稳定，具有较好的抗冲击负荷的能力。

4.6.2.5 O/A/O 工艺对 TN 去除效果研究

研究过程发现，硝化液回流比 $r=1$ 时，当缺氧池未补充基础碳源的情况下，O/A/O 工艺对 TN 去除效果较差。

如图 4-64 所示给出了在硝化液回流比 $r=1$ 时，甲醇投加量由 0.55g/L 增加至 1.65g/L 时，系统对 TN 的去除效果。由图可以看出，刚开始向反硝化池中投加 0.55g/L 甲醇时，出水 TN 浓度有明显的下降趋势，当下降趋势相对平缓后，继续增大甲醇的投加量至 1.1g/L 时，TN 的去除率仍然是呈上升趋势，但是趋势没有第一阶段时的效果明显。继续增加甲醇投加量至 1.65g/L 时，TN 的去除率增加的趋势越来越小，当达到稳定后，出水 TN 为 90mg/L 左右，去除率可达 80%。

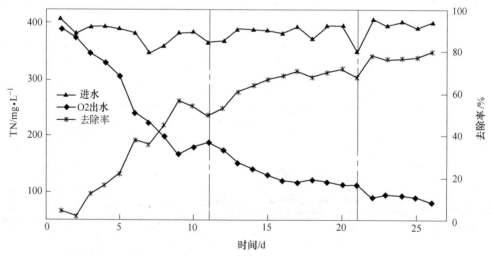

图 4-64　回流比 $r=1$，甲醇投加量为 0.55～1.65g/L 时对 TN 的去除效果

可见在回流比 $r=1$，甲醇投加量增至 1.65g/L 时，系统对于 TN 的去除相对于投加量为 1.1g/L 投加时的变化不大。考虑到 TN 的去除是由甲醇投加量和回流比两个因素促成的，所以后续将甲醇投加量定位 1.65g/L 投加，逐级增加硝化液的回流比，观察 TN 的去除效果。

如图 4-65 所示给出了甲醇投加量为 1.65g/L，硝化液回流比 $r = 1 \sim 3$ 逐级增加过程中系统对 TN 的去除效果。由图可看出，在逐级增加硝化液的回流比过程中，出水的 TN 浓度也在逐级降低，但是整体的变化幅度不大，去除率也没有出现很大的提高，当最终硝化液回流比控制在 $r = 3$ 时，出水 TN 浓度为 50mg/L 左右。

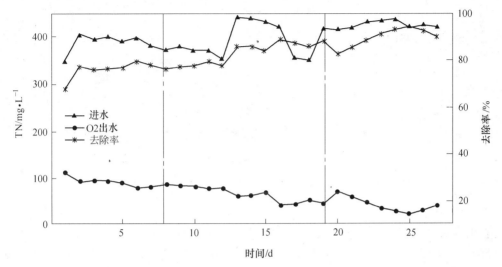

图 4-65　甲醇投加量为 1.65g/L，回流比 $r = 1 \sim 3$ 时对 TN 的去除效果

可见，在甲醇投加量为 1.65g/L 加量时，逐级增加硝化液的回流比对于 TN 的去除影响不大。

在以上逐级增加硝化液回流比的过程中，由于回流比增大，废水在缺氧池和二级好氧池的停留时间缩短，这一过程中，并未对出水 $NH_3 - N$ 浓度造成影响，但是二级沉淀池中随着回流比的增加，二级沉淀池的上清液出现浑浊，污泥沉降效果不佳。这可能是因为二级沉淀池的污泥回流至缺氧池中，污泥在缺氧环境下沉降效果差，而进入二级好氧池后，由于曝气时间不够充足，污泥的沉降性能不能完全恢复，所以造成沉淀池的出水浑浊，水中的悬浮物质较多。

如图 4-66 所示给出了硝化液回流比 $r = 4$，甲醇投加量逐级增加过程中 TN 的去除效果。当逐级增加甲醇投加量后，观察到系统出水 TN 浓度仍是呈下降的趋势，当甲醇投加量由 1.65g/L 增加至 3.30g/L 时，出水很快就达到一个稳定的状态，出水 TN 浓度为 15mg/L 左右。可见当硝化液回流比 $r = 4$，甲醇投加量为 3.30g/L 时，O/A/O 系统对 TN 的去除效果较好。由于焦化废水中含有较多的含氮杂环化合物，这些物质属于难降解有机物，不仅在一级好氧池中难以去除，在后续缺氧池和二级好氧池也很难去除，同时这也是造成 COD 出水很难达标的主要原因。同样这些含氮杂环化合物也会在出水 TN 中占有一定的比例，很难去除。

在考察甲醇投加量和硝化液回流比对 O/A/O 系统处理 TN 去除效果影响时，尽管逐级增加甲醇的投加量及硝化液的回流比能够对 TN 达到很好的去除效果，但是处理的成本也相对的增加，而且 TN 的去除效果并非与甲醇投加量和硝化液回流比的增加量成正比的关系，而是处理成本大幅升高、去除效率小幅增加的现象。

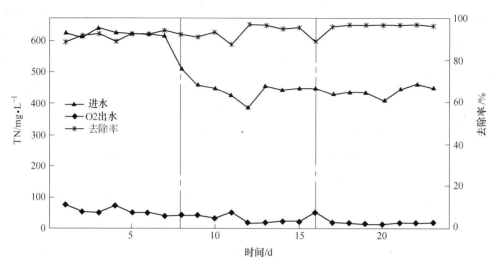

图 4-66　回流比 $r=4$，甲醇投加量为 1.65~3.30g/L 时对 TN 的去除效果

如图 4-67 所示给出了回流比 $r=2$，甲醇投加量为 1.1g/L 时系统 TN 的去除效果。由图可看出在进水浓度为 400mg/L 左右时，出水的 TN 浓度在 65mg/L 左右。当进水浓度增大（550~600mg/L），出水的 TN 也随之增加，出水 TN 为 120mg/L 左右，去除率为 80% 以上。

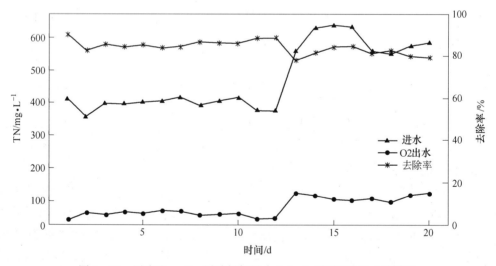

图 4-67　回流比 $r=2$，甲醇投加量为 1.1g/L 时对 TN 的去除效果

可见，在同一回流比的条件下，进水 TN 浓度的不同对于出水的浓度具有很大的影响，出现这种现象的主要原因可能是缺氧池中甲醇的投加量不足，使得硝态氮和亚硝态氮不能完全被还原成 N_2 造成的。因此如果出现进水 TN 浓度突然增大时，可以向缺氧池中增加甲醇投加量，从而保持 TN 较好的去除效果。

表 4-12 给出了采用不同甲醇投加量和硝化液回流比时，O/A/O 系统出水的 COD、NH_3-N 及 TN 的平均浓度。由表可看出，随着硝化液回流比和甲醇投加量逐渐增加，TN 的去除效果是越来越好的。而在系统对 TN 去除效果研究的整个过程中，甲醇投加量和硝

化液回流比对于 NH_3-N 的去除没有影响，出水的平均浓度基本稳定在 5mg/L 左右，效果较好。对于系统的出水平均 COD 浓度，出现了缺氧池出水随着甲醇投加量的增加平均出水浓度增加的现象，甲醇的投加量越大，缺氧池出水的平均 COD 浓度越高，当甲醇投加量为 3.3g/L 时，缺氧池出水 COD 已经高达 900mg/L。随着甲醇投加量的增加虽然 TN 的去除效果是上升趋势，但是后期的去除效果并不是非常的明显。由此可见，在研究甲醇投加量对 TN 去除效果时，甲醇的投加量越大对 TN 的去除效果越好是毋庸置疑的，但是缺氧池出水 COD 值的升高，说明当 TN 的去除率达到一定程度后，增大甲醇投加量，尽管能达到好的 TN 去除效果，但是甲醇的利用率明显的降低，部分甲醇不能被微生物利用，而是随着缺氧池出水进入到了二级好氧池中。由表可看出，二级好氧池出水的 COD 浓度变化不大，基本维持在 370mg/L 左右，说明二级好氧池此时不仅起到降解 NH_3-N 的作用，同样也能够降解缺氧池中没有利用的甲醇。所以尽管由于甲醇投加量的增加使得缺氧池出水 COD 增加，但是二级好氧池也能够起到降解这部分易降解有机物的能力。

表 4-12   不同甲醇投加量和回流比对系统出水平均浓度的影响

回流比 r	甲醇投加量 /g·(L·d)$^{-1}$	缺氧池出水 COD/mg·L^{-1}	二级好氧池出水/mg·L^{-1}		出水 TN/mg·L^{-1}
			COD	NH_3-N	
1	0.55	390.2	389.1	4.9	181.9
	1.10	480.5	374.7	5.5	117.3
	1.65	585.8	347.8	4.4	89.9
2	1.65	681.7	373.6	5.4	56.3
3		576.9	378.9	5.1	38.6
4	2.20	651.4	381.3	4.6	48.9
	2.75	800.1	359.5	5.2	23.8
	3.30	923.4	379.1	5.6	14.9

4.6.2.6 O/A/O 工艺与 O/O/A 工艺脱氮效果对比研究

采用 O/A/O 工艺处理焦化废水，一级好氧池基本可以将焦化废水中易降解的有机物质全部降解，后置的缺氧池和二级好氧池很难起到进一步去除 COD 的作用。缺氧池中去除硝态氮和亚硝态氮所需的有机物主要依靠外部补充的基础碳源，而且还需要使硝化液回流至缺氧池中，增加动力消耗。因此为了消除硝化液回流的动力消耗，本实验将二级好氧池与缺氧池位置进行互换，研究焦化废水中易降解的有机物和 NH_3-N 基本去除的条件下，甲醇投加量对系统 TN 去除效果的影响，及出水 COD 和 NH_3-N 的变化情况。

采用 O/O/A 工艺处理焦化废水实验中，一级好氧池和二级好氧池的 HRT 保持不变，分别是 22.3h 和 18.9h，缺氧池的 HRT 设定为 30h。

如图 4-68 所示给出了采用 O/O/A 工艺处理焦化废水对 TN 去除效果的影响。实验分为两个阶段，第一阶段为将 O/A/O 工艺转化成 O/O/A 工艺初期，未向缺氧池中添加甲醇时出水 TN 变化情况。第二阶段为开始向缺氧池中投加 1.1g/L 二阶的甲醇时，系统出水 TN 的变化情况。由图可看出，在未添加甲醇这一阶段，系统出水的 TN 浓度出现逐渐上升的趋势，这是因为 O/A/O 系统缺氧池中残留的甲醇慢慢地被微生物耗尽。第 11 天后开始向缺氧池中投加 1.1g/L 氧池的甲醇，可以看出，出水 TN 浓度明显下降，运行 8 天后，出水的 TN 浓度基本稳定，平均为 22mg/L，去除率高达 90% 以上。

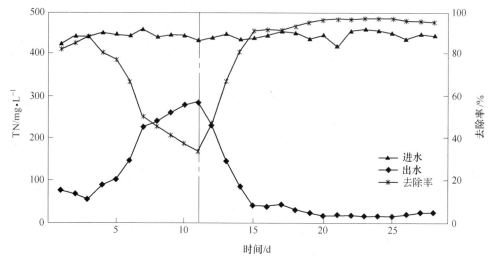

图 4-68　O/O/A 工艺对 TN 的去除效果

与 O/A/O 工艺对比，采用 O/O/A 工艺处理焦化废水，缺氧池甲醇投加量为 1.1g/L 废水时，TN 的去除效果与 O/A/O 系统甲醇投加量为 3.3g/L，硝化液回流比 $r=4$ 时的相同。可见采用 O/O/A 工艺处理焦化废水，TN 的去除效果明显优于 O/A/O 系统。这是因为将缺氧池设置在最后一段时，首先二级好氧池的硝化液 100% 流入缺氧池中，无需在进行硝化液的回流；其次，可能是因为焦化废水中的部分有机物和 NH_3-N 对反硝化细菌存在一定程度的抑制和毒害作用，当将缺氧池置于最后一段时，有机物和 NH_3-N 在前两段大部分被去除，从而对反硝化细菌的抑制和毒害作用降低，所以使得反硝化作用能够顺利进行。

如图 4-69 和图 4-70 所示给出了 O/O/A 工艺，即缺氧池置于最后一段用于脱氮时，系统对于出水 COD 和 NH_3-N 出水浓度的影响。由图 4-69 可看出在研究 O/O/A 工艺脱氮效果这一过程中，补充甲醇后缺氧池出水 COD 浓度高于一级和二级好氧池的出水浓度，由此说明在甲醇投加量为 1.1g/L 时，虽然出水 TN 浓度很低，平均为 22mg/L，但是所投加的甲醇仍不能完全被利用。

由图 4-70 可看出，O/O/A 系统中，NH_3-N 的降解主要发生在二级好氧池中，在研究的整个过程，出水 NH_3-N 有一定的波动性，这有可能是硝化细菌刚开始不适应一级好氧池出水水质，随后硝化细菌的适应能力增强，最后出水的 NH_3-N 也稳定在 5mg/L 左右，与 O/A/O 系统对 NH_3-N 的去除效果相同。

与 O/A/O 工艺处理焦化废水相比较，用于脱氮的缺氧池置于最后的 O/O/A 工艺，系统对于 NH_3-N 的去除效果与 O/A/O 工艺基本一致，均具有较好的去除 NH_3-N 的效果。O/A/O 系统的二级好氧池能够降解没有利用的碳源，O/O/A 系统中没有利用的碳源则只能随出水外排，接受后续的深度处理。在 TN 的去除方面，TN 去除效果相同的情况下，O/O/A 的动力消耗和药剂消耗明显的优于 O/A/O 系统，但是二级好氧池的碱度投加量由

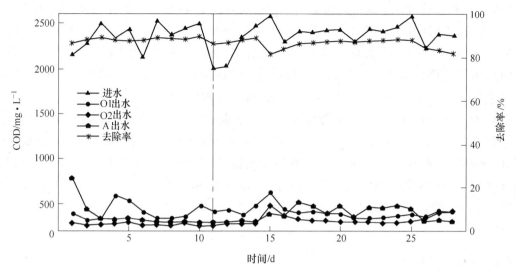

图 4 - 69 O/O/A 工艺对 COD 的去除效果

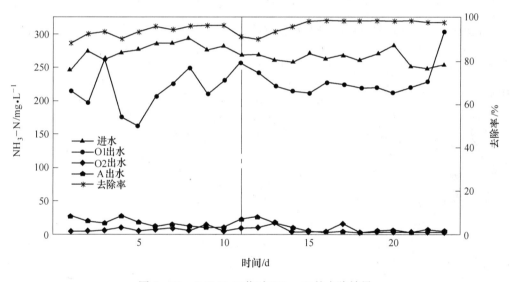

图 4 - 70 O/O/A 工艺对 $NH_3 - N$ 的去除效果

于没有缺氧池的补充，O/O/A 需要在二级好氧池中添加更多的 $NaHCO_3$。由于缺氧池置于最后段，所以二沉池污泥的沉降性能差，出水浑浊。

4.7 煤化工废水 A/A/O 处理工艺

4.7.1 工艺概述

A/A/O 水解酸化/缺氧/好氧工艺，也称 A^2/O （Anaerobic - Anoxic - Oxic）工艺，即厌氧/缺氧/好氧法。本法是在 20 世纪 70 年代，由美国的一些专家在缺氧/好氧（An/O）法脱氮工艺的基础上开发的，首段厌氧反应器，流入原污水及同步进入的从二沉池回流的活性污泥，污水经过第一个厌氧反应器以后进入缺氧反应器中。硝态氮通过混合液内循环由好氧反应器传输过来，通常内回流量为原污水量的 2 ~ 4 倍。反硝化菌利用污水中的有机物作碳源，将回流混合液中带入大量 $NO_3 - N$ 和 $NO_2 - N$ 还原为 N_2 释放至空气，因此 BOD_5 浓度下降，$NO_3 - N$ 浓度大幅度下降。混合液由缺氧反应区进入好氧反应区，混合液中的 COD 浓度已基本接近排放标准，在好氧反应区中有机物被微生物进一步生化降解，而继续下降；有机氮被氨化继而被硝化，使 $NH_3 - N$ 浓度显著下降。

A^2/O 工艺处理莱钢焦化厂焦化废水实验结果表明，出水中 $NH_3 - N$ 和 COD 的质量浓度分别为 4.09mg/L 和 190mg/L，处理后焦化废水中的氨氮浓度远远低于国家一级排放标准（15mg/L）。A^2/O 工艺处理山西焦化股份有限公司焦化二厂焦化废水实验结果表明，出水中 $NH_3 - N$ 和 COD 的质量浓度分别为 5 ~ 25mg/L 和 120 ~ 180mg/L，处理后焦化废水中的氨氮浓度低于国家二级排放标准（COD ≤ 150mg/L，氨氮不大于 25mg/L），对 COD 去除效果较好。

4.7.2　主要处理构筑物及设计

4.7.2.1　厌氧池（区）有效容积

厌氧池（区）的有效容积可按下列公式计算：

$$V_p = \frac{t_p Q}{24} \tag{4-8}$$

式中　V_p——厌氧池（区）容积，m^3；

　　　t_p——厌氧池（区）水力停留时间，h；

　　　Q——污水设计流量，m^3/d。

4.7.2.2　缺氧池（A 池）有效容积

缺氧区的有效容积可按下式进行计算：

$$V_n = \frac{0.001Q(N_k - N_{te}) - 0.12\Delta X_v}{K_{de(T)}X} \tag{4-9}$$

$$K_{de(T)} = K_{de(20)}1.08^{(T-20)} \tag{4-10}$$

$$\Delta X_v = yY_t \frac{Q(S_0 - S_e)}{1000} \tag{4-11}$$

式中　V_n——缺氧池容积，m^3；

　　　Q——污水设计流量，m^3/d；

　　　N_k——生物反应池进水凯氏氮浓度，mg/L；

　　　N_{te}——生物反应池进水总氮浓度，mg/L；

　　　ΔX_v——排出生物反应池系统的微生物量，kgMLVSS/d；

　　$K_{de(T)}$——T℃时的脱氮速率，$kgNO_3 - N/(kgMLSS \cdot d)$，宜根据实验资料确定；

　　　X——生物反应池内混合液悬浮固体（MLSS）平均浓度，gMLSS/L；

　　$K_{de(20)}$——20℃时的脱氮速率，$kgNO_3 - N/(kgMLSS \cdot d)$，宜取 0.03 ~ 0.06（$kgNO_3 - N$）$/(kgMLSS \cdot d)$。

4.7.2.3 好氧池（O 池）容积

好氧池（区）容积可按下列公式计算：

$$V_O = \frac{Q(S_o - S_e)\theta_{co}Y_t}{1000 L_s X} \tag{4-12}$$

$$\theta_{co} = F\frac{1}{\mu} \tag{4-13}$$

$$\mu = 0.47\frac{N_a}{K_N + N_a}e^{0.098(T-15)} \tag{4-14}$$

式中　V_O——好氧池容积，m^3；

Q——污水设计流量，m^3/d；

S_o——生物反应池进水五日生化需氧量，mg/L；

S_e——生物反应池出水五日生化需氧量，mg/L；

θ_{co}——好氧池设计污泥泥龄值，d；

Y_t——污泥总产率系数，$kgMLSS/kgBOD_5$，宜根据实验资料确定，无实验资料时，系统有初沉池时取 $0.3 \sim 0.5$，无初沉池时取 $0.6 \sim 1.0$；

X——生物反应池内混合液悬浮固体（MLSS）平均浓度，$gMLSS/L$；

F——安全系数，取 $1.5 \sim 3.0$；

μ——硝化菌生长速率，d^{-1}；

N_a——生物反应池中氨氮浓度，mg/L；

K_N——硝化作用中氮的半速率常数，mg/L，一般取 1.0；

T——设计水温，$℃$。

4.7.2.4 混合液回流量

混合液回流量可按下列公式计算：

$$Q_{Rt} = \frac{1000 V_n K_{de(T)} X}{N_t - N_{ke}} - Q_R \tag{4-15}$$

式中　Q_{Rt}——混合液回流量；

V_n——缺氧池容积，m^3；

$K_{de(T)}$——$T℃$ 时的脱氮速率，$kgNO_3 - N/(kgMLSS \cdot d)$，宜根据实验资料确定；

X——生物反应池内混合液悬浮固体（MLSS）平均浓度，$gMLSS/L$；

N_t——生物反应池进水总氮浓度，mg/L；

N_{ke}——生物反应池出水总凯氏氮浓度，mg/L；

Q_R——回流污泥量，m^3/d。

4.7.2.5 工艺参数

A/A/O 处理工艺参数见表 4-13。

表 4 – 13　工艺参数

名　　称		符　号	单　位	参 数 值
反应池五日生化需氧量污泥负荷		L_s	kgBOD$_5$/(kgMLVSS·d)	0.07 ~ 0.21
			kgBOD$_5$/(kgMLSS·d)	0.05 ~ 0.15
反应池混合液悬浮固体平均浓度		X	kgMLSS/L	2.0 ~ 4.5
反应池混合液挥发性悬浮固体平均浓度		X_v	kgMLVSS/L	14 ~ 3.2
MLVSS 在 MLSS 中所占的比例	设初沉池	y	gMLVSS/gMLSS	0.65 ~ 0.75
	不设初沉池		gMLVSS/gMLSS	0.5 ~ 0.65
设计污泥泥龄		θ_c	d	10 ~ 25
污泥产率系数	设初沉池	Y	kgVSS/kgBOD$_5$	0.3 ~ 0.6
	不设初沉池		kgVSS/kgBOD$_5$	0.5 ~ 0.8
厌氧水力停留时间		t_p	h	1 ~ 2
缺氧水力停留时间		t_n	h	2 ~ 4
好氧水力停留时间		t_0	h	8 ~ 12
总水力停留时间		HRT	h	11 ~ 18
污泥回流比		R	%	40 ~ 100
混合液回流比		R_i	%	100 ~ 400
需氧量		O_2	kgO$_2$/kgBOD$_5$	1.1 ~ 1.8
BOD$_5$ 总去除率		η	%	85 ~ 95
NH$_3$ – N 去除率		η	%	80 ~ 90
TN 去除率		η	%	55 ~ 80
TP 去除率		η	%	60 ~ 80

4.8　煤化工废水 A^2/O^2 工艺处理技术

A^2/O^2 主体工艺由厌氧池（A1）、缺氧池（A2）、好氧池（O1）、好氧池（O2）组成，如图 4 – 71 所示。下面对组成 A^2/O^2 工艺的各个工段的作用分别说明。

（1）厌氧池 A1 的作用。厌氧反应通过三个阶段来完成：水解酸化阶段、产氢产乙酸阶段和产甲烷阶段。通过厌氧反应能够将大分子有机物转化为小分子有机物，将结构复杂的有机物转化为结构简单的有机物，为参加下一阶段降解过程的微生物提供适宜的基质。

煤化工废水中含有杂环化合物和稠环芳烃，这些物质结构复杂，难于好氧降解。A^2/O^2 工艺中厌氧池 A1 的主要作用是通过严格的厌氧过程破坏这些难降解有机物的结构，生成能降解和易降解产物，以利于被后续处理中的细菌所利用，即提高了废水的可生化性。

（2）缺氧池 A2 的作用。缺氧池 A2 的作用在于培养并富集能够在缺氧状态下将由好氧池 O1 回流的 NO$_2^-$ 直接还原为 N$_2$ 的亚硝酸盐反硝化细菌。亚硝化细菌和硝化细菌均为好氧自养微生物，因此硝化过程中不会消耗有机碳源，但反硝化细菌是兼性异养菌，反硝化过程中需要有机碳源（也可以说是 COD 或者 BOD）。缺氧池 A2 置于好氧池 O1 之前，可以有效利用经过厌氧池 A1 改善了可生化性的进水中的有机物作为碳源。根据生物化学和微生物学的研究，亚硝酸氮反硝化过程中对有机碳源的需要量低于硝酸氮，二者的比值

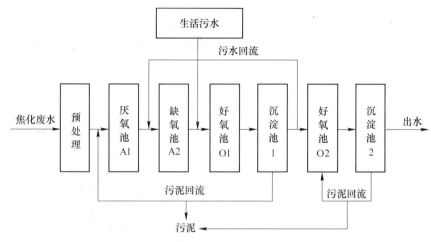

图 4 - 71 A^2/O^2 煤化工废水处理流程图

约为 0.60。可以减少或者无需外加碳源。

煤化工废水的 COD/NH$_3$ - N 值相对较低，如果脱氮过程经历亚硝酸盐反硝化、硝酸盐反硝化的过程，很可能出现碳源不足而需要外加碳源，从而额外增加运行费用。因此，A^2/O^2 工艺中将好氧池 O1 控制在亚硝化阶段不仅可以减少供氧量，而且可以保证缺氧池 A2 的反硝化过程仅利用进水碳源而不需要外加有机碳源。

（3）好氧池 O1 的作用。好氧池 O1 的作用是将进水中的 NH$_3$ - N 在有氧状态下亚硝化为 NO$_2^-$，同时降解有机物。生成的 NO$_2^-$ 回流到缺氧池 A2，进行反硝化脱氮。

整个好氧池都控制在亚硝化阶段可以减少对氧的需求量，降低能耗及运行成本，宜于富集微生物，提高负荷。

（4）好氧池 O2 的作用。煤化工废水经过厌氧池 A1、缺氧池 A2、好氧池 O1 处理后进入好氧池 O2，进入好氧池 O2 的废水中还含有未硝化的 NH$_3$ - N、未完全反硝化的 NO$_2^-$ - N 及未降解的 COD，好氧池 O2 的作用就是：将未硝化的 NH$_3$ - N 进一步硝化，保证出水 NH$_3$ - N 达标；将反硝化不完全的亚硝酸氮氧化为硝酸氮，以防止其进入周围环境造成危害；进一步降解 COD，保证其达标排放。好氧池 O2 使得 A^2/O^2 工艺的运行稳定性大大提高。

A^2/O^2 工艺具有的优点如下：A^2/O^2 工艺能够获得较高的 COD 和 NH$_3$ - N 去除率，适于处理含高浓度 COD 和 NH$_3$ - N 的废水；A^2/O^2 工艺中的厌氧段不仅能够去除部分 COD，而且能够有效地改善废水中难降解有机物的可生化性，为后续处理过程提供有效的基质；A^2/O^2 工艺系统操作稳定，抗冲击负荷能力强；相比于传统工艺，A^2/O^2 工艺能够节省能耗和可能的外加碳源，运行费用得以大大降低。

虽然 A^2/O^2 工艺在处理煤化工废水时，不仅有效解决了 A/O 法和 A^2/O 法的氨氮去除效率低，需大量污水回流造成污水处理设施投资大、占地多的问题，还解决了好氧池出水氨氮外流造成排水氨氮超标的问题。但该工艺仍存在着一些问题：（1）由于该工艺产生的污泥为有机污泥，絮体小，亲水性好，用带式压滤机和板框压滤机脱水效果不好，需开发相应的设施处理剩余污泥。（2）当原水 COD$_{Cr}$、NH$_3$ - N 的质量浓度波动较大时，系统的处理能力受到影响，且有延后时效性。原水 COD$_{Cr}$、NH$_3$ - N 的质量浓度分别高于

3700mg/L、350mg/L 时，出水将不能稳定达标，需采取增大回流比，延长水力停留时间或深度处理等措施。（3） A^2/O^2 工艺对煤化工废水色度处理效果不理想，出水色度在 100 倍左右，远高于污水排放标准，不能直接排放，需加后续工艺做深度处理或采取投加脱色剂等措施。

4.9   生物强化技术处理煤化工废水

目前国内煤化工废水处理的工艺包括缺氧/好氧工艺（A/O 工艺，也称前置反硝化生物脱氮处理工艺）、厌氧/缺氧/好氧工艺（A/A/O 或 A^2/O 工艺）、好氧/缺氧/好氧工艺（O/A/O 工艺）、缺氧/好氧/好氧工艺（A/O/O 工艺）、厌氧/缺氧/好氧/好氧工艺（A/A/O/O 工艺）。厌氧、缺氧和好氧工序中可以采用活性污泥法（悬浮生物生长系统）。

鉴于煤化工废水中有毒有害难降解污染物浓度较高，为了强化生化处理效果，除了优化反应条件外，不少研究和实际工程采用生物膜法强化处理效果，即在厌氧、缺盐和好氧工序中采用生物膜法（附着生物生长系统）。由于煤化工废水水量均较大，单纯采用生物膜法会导致处理构筑物面积过大，增加投资费用，因此广泛采用的是悬浮生物生长系统和附着生物生长系统相结合的方式，也就是流动床生物膜工艺。由此产生的典型工艺是生物流化床法和 MBBR 处理工艺。

4.9.1   生物流化床法

流化床反应器是利用流态化的概念进行传质或传热操作的一类反应器。他与传统的固定床反应器不同，床体固体微粒始终悬浮于液（气）体中并剧烈运动，从而大大强化了物质的扩散过程，提高了反应速度，对于催化剂寿命较短或频繁再生的场合更具优越性，这使得流态化得以在工业上广泛应用。生物流化床是环境生物技术应用发展的产物，它符合环境生物技术发展的总体思想，即尽可能地提高单位反应器体积内的生物浓度，最大限度地增加反应体系中生物类群，最高水平发挥微生物的活性，同时便于管理和降低运行费用。

应用生物流化床法处理废水日益得到国内外研究者的高度重视，这是由于与其他生物反应器相比，生物流化床法有如下优点：带出体系的微生物较少；基质负荷较高时，污泥的循环再生的生物量最小；不会因为生物量的累积而引起体系阻塞；生物量的浓度较高并可以调节，同时液固接触面积较大；BOD 容积负荷高，处理效果好；占地面积少，投资省。

用于处理废水的生物流化床，按其生物膜特性等因素可分为好氧生物流化床和厌氧生物流化床。

4.9.1.1   好氧生物流化床

好氧生物流化床是以微粒状填料如砂、焦炭、活性炭、玻璃珠、多孔球等作为微生物载体，通过脉冲进水方式将水通入反应器中，并以一定流速将空气或纯氧通入床内，使载体处于流化状态，通过载体表面上不断生长的生物膜吸附、氧化并分解废水中的有机物，从而达到对废水中污染物的去除。

由于载体颗粒小，表面积大（$1m^3$ 载体表面积可达约 2000 ~ 3000m^2），生物量大。另外，由于载体处于流化状态，污水不断和载体上的生物膜接触，从而强化了传质过程，并且载体不停地流动能够有效防止发生生物膜堵塞的问题。

好氧生物流化床法按床内气、液、固三相的混合程度不同，以及供氧方式及床体结构、脱膜方式等的差别可分为两相生物流化床和三相生物流化床。

两相生物流化床的特点是充氧过程与流化过程分开并完全依靠水流使载体流化。在流化床外设充氧设备和脱膜设备，在流化床内只有液、固两相。原废水先经充氧设备，可利用空气或纯氧为氧源使废水中溶解氧达饱和状态。一般以空气为氧源时废水中溶解氧可达到 $8 \sim 9mg/L$，采用纯氧为氧源时废水中溶解氧可达 $30 \sim 40mg/L$，有时可采用出水回流以补充溶解氧，并节约能耗。

三相生物流化床反应器内由气、液、固三相共存的生物流化床，即原污水从底部或顶部进入床体与从底部进入的空气相混合，污水充氧和载体流化同时进行，在床内气、液、固三相进行强烈的搅动接触，废水中的有机物在载体上生物膜的作用下进行生物降解，由于空气的搅动，载体之间产生强烈的摩擦使生物膜及时脱落，故不需另设脱膜装置。

在三相流化床中，由于空气的搅动，有小部分载体可能从流化床中带出，故需回流载体。三相生物流化床的技术关键之一，是防止气泡在床内合并成大气泡而影响充氧效率，为此可采用减压释放或射流曝气方式进行充氧或充气。

三相生物流化床具有以下优点：（1）内流循环，促进基质在液体和生物质之间快速传递；（2）大量黏附的生物膜提供了亚硝化菌生长的细胞停留时间，因此基质得以全部生物降解。

近期，国内环保设备企业开发较多的是内循环式生物流化床，该流化床由反应区、脱气区和沉淀区组成，反应区由内筒和外筒两个同心圆柱组成，曝气装置在内筒底部，反应区内填充生物载体。混合液在内筒向上流、外筒向下流构成循环。

4.9.1.2　厌氧生物流化床

用厌氧法处理高浓度有机废水是近年来研究运用较多并行之有效的工艺。厌氧生物流化床与好氧生物流化床相比，不仅在降解高浓度有机物方面显出独特优点，而且具有良好的脱氮效果。

厌氧生物流化床的特点可归纳如下：（1）流化态能最大程度使厌氧污泥与被处理的废水接触；（2）由于颗粒与流体相对运动速度高，液膜扩散阻力较小，且由于形成的生物膜较薄，传质作用强，因此生物化学过程进行较快，允许废水在反应器内有较短的水力停留时间；（3）克服了厌氧滤器的堵塞和沟流；（4）高的反应器容积负荷可减少反应器体积，同时由于其高度与其直径的比例大于其他厌氧反应器，所以可以减少占地面积。

厌氧生物流化床可视为特殊的气体进口速度为零的三相流化床。这是因为厌氧反应过程分为水解酸化、产酸和产甲烷三个阶段，床内虽无需通氧或空气，但产甲烷菌产生的气体与床内液、固两相混合即成三相流化状态。

厌氧生物流化床使用与好氧流化床同样的高表面积的惰性载体，在厌氧条件下，对接种活性污泥进行培养驯化，使厌氧微生物在载体表面上顺利成长。挂膜的载体在流化状态下，对废水中的基质进行吸附和厌氧发酵，从而达到去除有机物的目的。另外，为维持较高的上流速度，流化床反应器高度与直径的比例大，与好氧流化床相比，需采用较大的回流比。厌氧生物流化床反应器内的微粒在一定液速的作用下形成流态化，使微生物种群的分布趋于均一化，这与其他厌氧滤器厌氧生物多在底部有很大不同，在厌氧流化床中央区域生物膜的产酸活性和产甲烷活性都很高，从而使厌氧流化床的有效负荷大大提高。

4.9.2　MBBR 处理技术

MBBR（流动床生物膜）工艺通过向反应器中投加一定数量的悬浮载体（密度接近于水），提高反应器中的生物量及生物种类，从而提高反应器处理效率。该工艺中，每个载体内部都附着生物膜，生物膜外部为好氧菌，内部为厌氧或兼氧菌，通过同步硝化反硝化能够高效地去除氨氮和总氮。另外，MBBR 反应器内污泥质量浓度较高，可达 $15 \sim 25 g/L$，菌种富集度较高，使得该工艺能够有效地降解煤气化废水中的特征污染物，在提高有机物处理效率的同时，耐冲击负荷能力也得到增强。MBBR 工艺的最大缺点是使用的填料主材质为聚丙烯，原料成本较高，今后的研究重点应放在开发低成本的悬浮填料上。

4.9.3　投加优势菌法

通过向反应器中投加固定化的优势菌也能强化煤化工废水生化处理的效果，即通常所说的采用固定化微生物技术强化生化处理效果。固定化微生物技术是从 20 世纪 60 年代开始迅速发展起来的一项新技术，它是通过化学或物理的手段将游离细胞或酶定位于限定的空间区域内，使其保持活性并可反复利用。固定化生物技术具有微生物密度高、反应迅速、微生物流失少、产物易分离、反应过程易控制的优点，是一种高效低耗、运转管理容易和十分有前途的废水处理技术。20 世纪 80 年代初，国内外开始应用固定化生物技术来处理工业废水和分解难生物降解的有机污染物，并取得了阶段性进展。近年来，固定化生物技术一直是水处理领域的研究热点。

活性污泥法可以看成是包埋固定化生物技术的雏形。在活性污泥中，所有微生物几乎是全部被包裹（或包埋）在微生物絮体内，自然形成的微生物絮体（活性污泥）可认为是一种最原始的包埋固定化微生物。生物固定床、生物流化床、生物接触氧化法等工艺依靠微生物的自然附着力在某些固形物的表面形成固着型生物膜，也是一种固定化微生物技术，这种生物膜固定化强度虽比上述的生物絮体高，但仍没有摆脱自然的力量。20 世纪 70 年代末 80 年代初，人工强化的固定化微生物引起了人们的注意，它是人为地将特定的微生物封闭在高分子网络载体内，菌体脱落少，又能利用那些具有高活性的，但不易形成沉降性能良好的絮体或生物膜的微生物，载体中微生物密度高。固定化生物技术由于能将微生物或酶的理论停留时间提高到趋近无穷大，很高的稀释率也不会引起微生物的冲出现象，即容积负荷可以通过进水量任意调节和控制，这样可以大大提高生产效率。

国内外不同的研究工作者采用不同的分类方法，目前较合理的固定方法大致有吸附法、共价结合法、交联法和包埋法四大类。

（1）吸附法。吸附法是依据带电的微生物细胞和载体之间的静电作用，使微生物细胞固定的方法，可分为物理吸附法和离子吸附法两种。前者使用具有高度吸附能力的硅胶、活性炭、多孔玻璃、石英砂和纤维素等吸附剂将细胞吸附到表面上使之固定化。这是一种最古老的方法，操作简单，反应条件温和，载体可以反复利用，但结合不牢固，细胞易脱落。后者根据细胞在解离状态下可因静电引力（即离子键合作用）而固着于带有相异电荷的离子交换剂上。

（2）共价结合法。共价结合法是细胞或酶表面上功能团（如 α-，ε-氨基，α-，β-或 γ-羧基、巯基或羟基、咪唑基、酚基等）和固相支持物表面的反应基团之间形成化学共价键连接，从而成为固定化细胞或酶。该法细胞或酶与载体之间的连接键很牢固，使用过程中不会发生脱落，稳定性良好，但反应剧烈、操作复杂、控制条件苛刻。

（3）交联固定法。它是利用双功能或多功能试剂，直接与细胞或酶表面的反应基团（如氨基酸、羟基、巯基、咪唑基）发生反应，使其彼此交联形成网状结构的固定化细胞或酶。常用的交联剂有戊二醛、甲苯二异氰酸酯等。由于交联固定法化学反应比较激烈，固定化微生物的活力在多数情况下较脆弱。另外，这种方法所用的交联剂价格较贵，这就限制了该方法的广泛应用。

（4）包埋固定法。包埋固定法是将微生物细胞用物理的方法包埋在各种载体之中。这种方法既操作简单，又不会明显影响生物活性，是比较理想的方法，目前应用最多。但这种方法的包埋材料（即载体）往往会一定程度地阻碍底物和氧的扩散，影响水处理效果。对于包埋法，理想的固定化载体应对微生物无毒性、传质性能好、性质稳定、不易被生物分解，强度高、寿命长、价格低廉等。通常选用海藻酸钙、角叉藻聚糖、聚丙烯酰胺凝胶（ACAM）、光硬化性树脂、聚乙烯醇（PVA）等。目前聚乙烯醇固定法在日本应用得较广泛，也是固定化微生物处理废水或分解有毒物研究最多的方法。

固定化微生物处理技术的典型应用是 PACT 工艺，又称为 AS-PAC 工艺，是向活性污泥系统中投加粉末活性炭，将活性炭吸附和生物氧化结合起来的一种活性污泥工艺。粉末活性炭投加曝气池后能强化活性污泥法的净化功能，提高有机物的去除效率，改善出水水质。该法一经产生就因其在经济和处理效率方面的优势广泛地应用于工业废水的处理，如炼油、石油化工、印染废水、煤化工废水、有机化工废水的处理。

如图 4-72 所示为一般 PACT 的工艺流程图，PAC 可以连续或间歇地按比例加入曝气池也可以与初沉池出水混合后再一同进入生化处理系统，在曝气池中吸附与生物降解同时进行。所以可以达到较高的处理效率，PAC 污泥在二沉池固液分离后再回流入生化系统。从工艺流程图中可以看出，该法取活性炭吸附与生化作用两者结合之长，去两者各自之短，实质上是活性污泥形式的活性炭吸附生物氧化法，单独用活性炭价格昂贵而单独用生物法虽经济但去除有机污染物效率有限。

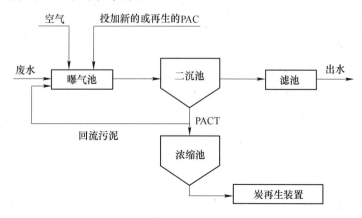

图 4-72 PACT 工艺流程

目前报道的 PACT 法处理煤化工废水，尤其是焦化废水，其处理效果均优于单独的活性污泥法，不少研究还采用投加高效菌和粉末活性炭处理未稀释的高浓度煤化工废水，实验结果表明生化系统启动快，降解效率高，COD_{Cr} 去除率达 95%，氨氮去除率达 98%。高效微生物对煤化工废水中有毒有害物质具有很高的耐受能力，并可降解一些常规微生物难以降解的有机物。最终出水的 NH_3-N 浓度远优于一级排放标准，但出水 COD 浓度仍不能达到排放标准，需利用物化等方法对出水进一步处理。

PACT 法优于单独的活性污泥法，这可以从以下几个方面来解释：

（1）微生物氧化依赖于有机物的浓度，吸附增大了固定在炭粒表面的有机物浓度，并使反应进行得比较彻底。

（2）PAC 和活性污泥一起停留在曝气池中，相当于污泥龄的时间，难降解有机物有更多的机会被降解。

（3）由于炭吸附难降解有机物的同时吸附了微生物，从而延长了生物与有机物的接触时间，而且 PAC 对细胞外酶的吸附也有利于微生物对有机物的降解。

投入 PAC 的 AS 系统有如下特点：

（1）改善了污泥沉淀性能，降低了 SVI，提高了二沉池固液分离能力。

（2）提高了不可降解 COD 或 TOC 的去除率，特别是能有效地去除纺织、造纸制浆和染料废水的色度和臭味，减少曝气池的发泡现象，这主要得益于粉末活性炭的吸附作用。

（3）改善污泥絮体的形成，这是由于活性炭与絮体结合后，絮体密度增大，再加上活性炭的多孔性，絮体与之结合更充分。

（4）增加了无机物的去除率，增加了对重金属冲击负荷的适应性，炭吸附与金属相络合的有机物，在含硫量较高时在碳表面形成硫化沉淀析出，重金属随生物絮体共沉析。

（5）降低了生物处理出水的毒性，减轻了出水对鱼类的毒害。

（6）减少了对异养微生物或硝化微生物的抑制，有脱氮作用。

（7）降低了 VOCS 向气相的转移，在活性污泥系统中考虑 VOC 控制，PACT 工艺会有一定的效果。

（8）提高系统总的去除效率，大大改善出水水质，许多报道表明 PACT 法优于活性污泥法。

（9）便于污水厂的统一管理，以较低的投资提高污水厂的处理能力。

应用 PACT 工艺应注意的问题有：

（1）PACT 将粉末活性炭投加于活性污泥曝气池，其排出的剩余污泥为 PAC 和生物污泥，具有磨损性，对泵体、池体、二沉池刮泥机械以及污泥处置设备都有较高的耐磨要求，选择材料时要加以考虑。

（2）由于该工艺产生的污泥密度较高，所以二沉池刮泥机械以及污泥处置设备设计时要采用较高的扭力矩极限值。

（3）当投炭量较大时，出水中含有较高的 PAC 颗粒，为改善这种情况，建议最好采用 SBR 系统或者加一个三级滤池，也可以用一个膜分离单元代替二沉池。

（4）PACT 系统中 PAC 的吸附容量与通过间歇等温吸附实验所预测的数值有所不同，应进行连续流处理实验获得相关数据用于设计。

（5）因为 PAC 的吸附能力很强，如直接暴露于空气中则极易吸附周围环境中的物质，使吸附位被占，PAC 失效，所以在生产或实验中一定要注意密闭保存。

4.9.4 MBR 工艺

膜生物反应器工艺（membrane bioreactor，MBR）也是一种固定化微生物处理技术，目前国内也有不少单位开展 MBR 工艺处理煤化工废水研究。这些单位中，清华大学对 MBR 工艺处理煤化工废水开展了大量的研究。

根据膜组件和生物反应器的组合位置不同可笼统地将膜生物反应器分为一体式、分置式和复合式三大类。

一体式 MBR 反应器是将膜组件直接安置在生物反应器内部，有时又称为淹没式 MBR（SMBR），它依靠重力或水泵抽吸产生的负压作为出水动力，一体式 MBR 工艺流程如图 4-73 所示。

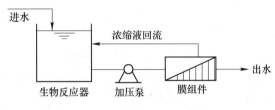

图 4-73　一体式 MBR 工艺流程

一体式膜生物反应器利用曝气产生的气液向上剪切力实现膜面的错流效应，也有在膜组件附近进行叶轮搅拌或通过膜组件自身旋转来实现错流效应。一体式膜生物反应器的主要特点如下：

（1）膜组件置于生物反应器之中，减少了处理系统的占地面积。

（2）用抽吸泵或真空泵抽吸出水，动力消耗费用远远低于分置式 MBR，资料表明，一体式 MBR 每吨出水的动力消耗为 $0.2 \sim 0.4 \mathrm{kW \cdot h}$，约是分置式 MBR 的 1/10。如果采用重力出水，则可完全节省这部分费用。

（3）一体式 MBR 不使用加压泵，因此，可避免微生物菌体受到剪切而失活。

（4）膜组件浸没在生物反应器的混合液中，污染较快，而且清洗起来较为麻烦，需要将膜组件从反应器中取出。

（5）一体式 MBR 的膜通量低于分置式。

为了有效防止一体式 MBR 的膜污染问题，人们研究了许多方法：在膜组件下方进行高强度的曝气，靠空气和水流的搅动来延缓膜污染；有时在反应器内设置中空轴，通过它的旋转带动轴上的膜随之转动，在膜表面形成错流，防止其污染。

分置式 MBR 反应器的膜组件和生物反应器分开设置，通过泵与管路将两者连接在一起，如图 4-74 所示。反应器中的混合液由泵加压后进入膜组件，在压力的作用下过滤液成为系统的处理水，活性污泥、大分子等物质被膜截留，回流至生物反应器。分置式 MBR 有时也称为错流式 MBR，还有的资料称为横向流 MBR。分置式膜生物反应器具有如下特点：

（1）膜组件和生物反应器各自分开，独立运行，因而相互干扰较小，易于调节控制。

（2）膜组件置于生物反应器之外，更易于清洗更换。

（3）膜组件在有压条件下工作，膜通量较大，且加压泵产生的工作压力在膜组件承受压力范围内可以进行调节，从而可根据需要增加膜的透水率。

（4）分置式膜生物反应器的动力消耗较大，加压泵提供较高的压力，造成膜表面高速错流，延缓膜污染，这是其动力费用大的原因。

（5）生物反应器中的活性污泥始终都在加压泵的作用下进行循环，由于叶轮的高速旋转而产生的剪切力会使某些微生物菌体产生失活现象。

（6）分置式膜生物反应器和另外两种膜生物反应器相比，结构较复杂，占地面积也较大。

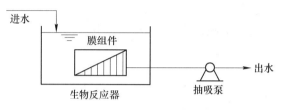

图4-74 分置式MBR工艺流程

目前，已经规模应用的膜生物反应器大多采用分置式，但其动力费用过高，每吨出水的能耗为2.1kW·h，约是传统活性污泥法能耗的10~20倍，因此，能耗较低的一体式膜生物反应器的研究逐渐得到人们的重视。

复合式MBR在形式上仍属于一体式MBR，也是将膜组件置于生物反应器之中，通过重力或负压出水，所不同的是复合式MBR是在生物反应器中安装填料，形成复合式处理系统，其工艺流程如图4-75所示。

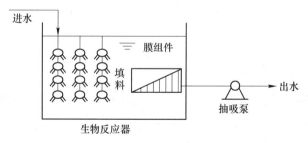

图4-75 复合式MBR工艺流程

在复合式MBR中安装填料的目的有两个：一是提高处理系统的抗冲击负荷，保证系统的处理效果；二是降低反应器中悬浮性活性污泥浓度，减小膜污染的程度，保证较高的膜通量。

MBR反应器作为一种新兴的高效废水生物处理技术，特别是在废水资源化及回用方面有着诱人的潜力，受到了世界各国环保工程师和材料科学家们的普遍关注。MBR工艺与其他生物处理工艺相比具有无法比拟的明显优势，主要有以下几点：

（1）能够高效地进行固液分离，分离效果远好于各种沉淀池；出水水质好，出水中的悬浮物和浊度几乎为零，可以直接回用；将二级处理与深度处理合并为一个工艺；实现了污水的资源化。

（2）由于膜的高效截留作用，可以将微生物完全截留在反应器内；将反应器的水力停留时间（HRT）和污泥龄（STR）完全分开，使运行控制更加灵活。

（3）反应器内微生物浓度高，耐冲击负荷。

（4）反应器在高容积负荷、低污泥负荷、长污泥龄的条件下运行，可以实现基本无剩余污泥排放。

（5）由于采用膜法进行固液分离，使污水中的大分子难降解成分在体积有限的生物反应器中有足够的停留时间，极大地提高了难降解有机物的降解效率。同时不必担心产生污泥膨胀的问题。

（6）由于污泥龄长，有利于增殖缓慢的硝化菌的截留、生长和繁殖，系统硝化作用得以加强。通过运行方式的适当调整也可具有脱氮和除磷的功能。

（7）系统采用 PLC 控制，可实现全程自动化控制。

（8）MBR 工艺设备集中，占地面积小。

MBR 工艺具有许多其他污水处理方法所没有的优点，但也存在着膜污染、膜清洗、膜更换和能耗高的问题，有待进一步研究解决。

5　煤化工废水深度处理技术及回用

5.1　煤化工废水深度处理与回用概述

煤化工废水属于典型的高浓度有毒有害难降解工业有机废水，它的处理仍然是国际上公认的难题。就焦化废水的处理而言，我国目前有1300多家焦化企业，其焦化废水主流处理工艺为不同形式的 A/O 法，泥水回流比为 2～5，生物系统的 HRT 普遍大于 60h，COD、氨氮、色度 3 个指标的稳定达标排放存在一定的困难。煤化工废水也存在同样的问题。一些研究表明，通过合理的控制和强化硝化/反硝化过程，可以实现氨氮的排放达标。然而经过生物处理之后的煤化工废水中含有可用 COD 值表达的惰性有机物的浓度普遍在 200～300mg/L。因而，单纯从达标排放的角度出发，需要对煤化工废水进行深度处理。

我国大部分煤化工项目主要建设在新疆、内蒙古、山西、陕西等西部煤炭产地。这些地区大多水资源匮乏，煤化工用水量大，要求实现废水回用，尽可能减少新鲜水消耗；同时，由于西部生态环境脆弱，需要实现废水零排放，因而需要实现废水回用。由于煤化工废水二级生化处理工艺出水的 COD 仍然维持在 200mg/L 以上，如果要进行回用，首先需要对其进行深度处理，削减出水 COD。

煤化工项目中焦化项目在我国的分布相对而言较分散一些，南方也有不少焦化厂，主要是依托炼钢项目建设的。工信部于 2008 年 12 月 19 日下发的 15 号文《焦化行业准入条件（2008 年修订）》中明确规定：酚氰废水处理合格后要循环使用，不得外排。由于煤化工行业高浓度有机废水基本都属于酚氰废水，因此严格来说，对煤化工废水不再是单纯追求达标排放，还要考虑处理后如何回用的问题。

随着国家节能减排政策的提出，国内对煤化工废水的回用进行了很多探索和尝试，尤其是对焦化废水的回用进行了长期的实践，主要回用方式包括湿熄焦、高炉冲渣、煤场抑尘用水、烧结混料用水，也有厂家用反渗透技术将焦化废水处理后回用作为工业给水。表 5-1 是国内焦化废水回用的一些基本情况。

表 5-1　焦化废水回用现状

回用方式	对水质的要求	二次污染	存在的问题	工程应用情况
湿熄焦	生化处理后出水	较大	操作环境较差，设备腐蚀严重	应用较广，但逐步将被淘汰
高炉冲渣	生化处理后出水	较大	操作环境较差，设备及管道腐蚀，用水量有限，污染物富集	部分钢厂应用
煤厂抑尘	生化处理后出水	小	用水量有限	应用较广

回用方式	对水质的要求	二次污染	存在的问题	工程应用情况
烧结混料	生化处理后出水	小	操作环境差，设备腐蚀，喷头堵塞	部分钢厂应用
工业给水	钢厂循环冷却水的水质要求	无	处理成本较高，浓水去向	部分钢厂正在建设及调试，但未见实际运行报道

采用湿法熄焦的焦化厂将生化处理后的废水用于熄焦处理，由于国内焦化厂生化处理后出水的 COD、氨氮含量仍然较高，回用于湿熄焦、高炉冲渣时必然会使废水中的氨氮及部分有机物散发到空气中，感官刺激强烈，形成较大的二次污染；一些钢厂对焦化废水引入烧结混料工段也做了一些尝试，污染物在之后的高温加工工段可以得到部分炭化分解，减少了二次污染。运行中反馈的主要问题是焦化废水的气味使得工作环境变差，同时废水的含油量不稳定对添加水喷头有影响。将传统 A/O 系统改造强化后使出水达到一级排放标准，部分废水回用于高炉冲渣，可显著减少刺激气味。因此，降低废水 COD 及氨氮浓度会大大改善回用中对操作环境的不良影响。正常情况下，焦化厂的二级生化处理通常可将氨氮浓度控制在 10~20mg/L，但 COD 通常在 200~400mg/L，通过投加聚合硫酸铁、Fenton 试剂可将 COD 控制在 100mg/L 以下，投加药剂的主要缺点是使废水中的无机物增多，对腐蚀控制不利。建议将投药与吸附法联合使用，以降低水质的二次污染。

焦化废水具有较强的腐蚀性。从调研实测的相关资料中可以看出，废水中的氯离子、氟化物、氨氮以及硫酸根离子浓度较高，对金属腐蚀性较强，见表 5-2 和表 5-3。因此，焦化废水的腐蚀问题必须得到妥善解决。

表 5-2 焦化废水中的阴阳离子分析

水质项目	数值/mg·L^{-1}	水质项目	数值/mg·L^{-1}
总溶固	2300~4500	氨氮	13~220
氯离子（Cl$^-$）	500~1200	总铁	0.2~5
硫酸根离子（SO$_4^{2-}$）	890~2730	钡离子（Ba^{2+}）	0.01~0.5
氟化物	10~50	钙离子（Ca^{2+}）	50~100

表 5-3 某焦化厂废水腐蚀试验

水样	氨氮/mg·L^{-1}	COD/mg·L^{-1}	腐蚀率/mm·a^{-1}
自来水	0.01	6.47	0.31
焦化废水	69.5	490.2	1.91

由于湿法熄焦相对于干法熄焦存在较多的问题，目前普遍鼓励采用干法熄焦，因此今后大量的深度处理出水不太可能用于干法熄焦。尽管钢铁企业通常有杂用水，部分深度处理出水可回用作为杂用水，但是杂用水消耗量有限。因此，无论是从产业政策、排放标准还是从缓解焦化企业用水紧张出发，焦化废水深度处理后作为工业回用水是最常见的做法。

现场调研表明，目前国内煤化工废水深度处理手段用得最多的是"絮凝沉淀"或

"絮凝沉淀 + 过滤"，这一选择基本得到了业内的共认。是否需要过滤，一般取决于所用絮凝剂的性能，采用性能优良的絮凝剂，废水经过絮凝沉淀处理后就能达到非常理想的脱除COD、悬浮物和颜色的效果，不需要过滤。活性炭过滤在宝钢一期由日本引进的焦化废水普通生化处理的后处理工艺中使用过，脱除悬浮物和颜色的效果良好，但因活性炭再生成本昂贵，且再生操作较难操控，最后被迫停止使用。现场试验和运行都表明，生化处理后废水采用性能优良的絮凝剂，经过絮凝沉淀处理后，出水 COD 基本在 60 ~ 100mg/L 之间，出水悬浮物 SS 都小于 70mg/L，而且脱色效果良好。

　　经过混凝沉淀深度处理之后的出水，一些企业直接采用膜分离系统进行进一步的处理后回用做工业用水，一些企业先采用化学氧化或者是生物膜处理技术进一步削减水中的有机物，然后采用膜分离系统处理后回用作工业用水。也有少数企业采用化学氧化 – 生物膜或是生物膜 – 化学氧化联用工艺削减水中有机物，最后采用膜分离系统处理后回用作工业用水。这些工艺无一不是在处理工艺前期投资费用和运行费用之间寻找平衡点。调研中发现，多数焦化厂的反渗透系统不能正常运转，究其原因在于预处理系统不可靠，膜系统运行不稳定，基本都处于停顿状态。可见采用有效的有机物浓度削减技术降低进入膜系统有机物浓度是一种保险的做法。从理论的角度出发，如果煤化工废水主体 A/O 工艺优化到最佳后，深度处理中单纯采用生物膜工艺削减进入膜分离系统的有机物浓度是难以取得好的效果的。当然，如果主体 A/O 工艺运行效果不佳（很多时候 A/O 工艺难以取得满意的抗冲击负荷效果），采用生物膜工艺削减进入膜分离系统的有机物浓度是可行的。出于这种考虑，采用化学氧化技术削减进入膜分离系统的有机物浓度是必需的。至于化学氧化技术之后是否要采用生物膜工艺，则要看化学氧化工艺对水中有机物的削减量。近年来，从事科学研究的从业者，越来越多倾向于在化学氧化工艺后面进一步采用生物膜工艺，他们认为化学氧化 – 生物膜联合工艺的优化可以降低深度处理运行费用。更重要的是，不少科学研究的从业者认为化学氧化在分解二级生化出水中有机物（可能是难降解有机物、生物抑制物、持久性有毒物中的一种或几种）时，可能生成浓度更低、毒性更高的有机物，增加生物膜工艺的效率，有利于降低出水的风险性。

　　由于煤气化和煤液化的生产用水水质要求相对较高，所以煤气化和煤液化废水更要进行深度处理后采取回用，目前煤气化和煤液化高浓度有机废水的深度处理基本都是将二级生化处理出水采用混凝沉淀 + 过滤 + 化学氧化 + 超滤 + 反渗透工艺处理，出水回用，反渗透浓水采用蒸发结晶工艺处理。

　　基于以上的一般性思考，本书后面章节将对煤化工废水的深度处理技术进行介绍。

5.2　煤化工废水混凝沉淀深度处理技术

5.2.1　废水混凝沉淀深度处理技术概述

　　混凝沉淀是废水深度处理的一个重要方法，混凝沉淀处理流程包括投药、混合、反应及沉淀分离几个部分。混合阶段的作用主要是将药剂迅速、均匀地分配到废水中的各个部分，以压缩废水中胶体颗粒的双电层，降低或消除胶粒的稳定性，使这些微粒能互相聚集成较大的微粒 – 绒粒。混合阶段需要剧烈短促的搅拌，作用时间要短，以获得瞬时混合效果为最好。反应阶段的作用是促使失去稳定的胶体粒子碰撞结大，成为可见的矾花绒粒，所以反应阶段需要较长的时间，而且只需缓慢地搅拌。在反应阶段，由聚集作用所生成的微粒与废水中原有的悬浮微粒之间或各自之间，由于碰撞、吸附、黏着、架桥作用生成较大的绒体，然后送入沉淀池进行沉淀分离。

5.2.2 煤化工有机废水混凝沉淀深度处理

煤化工废水采用混凝沉淀作为深度处理，主要用以去除二级生化出水中悬浮物以及胶体污染物质，同时还有除油和脱色功能。混凝沉淀工艺处理效果涉及很多因素，包括混凝剂的性质、混凝条件、水温、水中 pH 值和碱度以及水中杂质的成分和浓度等，其机理至今仍未完全弄清楚。混凝沉淀工艺深度处理煤化工废水可以先采用实验室六联搅拌器开展预试验，优化其基本参数（如混凝剂种类、投加量等），在试验基础上根据相应的规范开展设计。在实际应用中的选择应依据实验所获得的效果来决定，实验的基本絮凝剂有无机高分子絮凝剂聚合氯化铝（PAC）和有机高分子絮凝剂聚丙烯酰胺（PAM）。通过絮凝剂组合的比例以及浓度的改变，来确定本设计中废水的絮凝剂，其使用的量，搅拌时间以及 pH。

实验用水取自焦化厂焦化废水二级生物处理出水，COD 为 322 ~ 382mg/L，浊度为 6.6 ~ 10.2NUT，色度为 332 ~ 375 度，pH 值为 7.2 ~ 7.8。混凝沉淀试验装置采用智能混凝试验搅拌仪。试验中所选混凝剂包括：（1）无机低分子絮凝剂，硫酸铝和三氯化铁；（2）无机高分子絮凝剂，聚合硫酸铁、聚合氯化铝和聚合硫酸铝铁；（3）有机高分子絮凝剂，聚丙烯酰胺阴离子和阳离子。其他试剂均为分析纯。

取 400mL 焦化厂二级生物出水于 500mL 烧杯中，调节其 pH 值，置于六联搅拌器上，加入定量配制好的混凝剂溶液，先快速后慢速搅拌反应一段时间后，静止 30min，测其上清液 COD、浊度和色度。

在实验过程中，研究混凝剂种类及投加量、助凝剂投加量，初始 pH 值等实验条件对 COD、浊度和色度去除效果的影响。

COD 的测定采用标准重铬酸钾法；浊度采用浊度仪进行测定（GB11914—1989）；pH 值采用便携式 pH 计法测定；色度采用铂钴比色法进行测定（GB11903—1989）。

5.2.2.1 混凝剂种类及其投加量对处理效果的影响

混凝剂投加量对焦化废水中 COD 去除效果以及出水浊度值和色度值的影响如图 5-1 ~ 图 5-6 所示。由图 5-1 ~ 图 5-6 可知，总体来说，混凝沉淀对焦化废水二级生物处理出水浊度和色度的去除效果较好，特别是对浊度的去除效果最好，但是对废水 COD 的去除效果较差。主要是因为混凝沉淀工艺主要的去除对象是悬浮物，该工艺对颗粒物的去除效果要远高于依靠吸附去除溶解性有机物的效果。

如图 5-1 和图 5-4 所示，随着混凝剂投加量的增加，混凝沉淀对焦化废水二级生物处理出水 COD 的去除率基本上都是缓慢升高后降低。在无机混凝剂中效果最好的是聚合硫酸铝铁，随着其投加量的增加，COD 的去除率迅速升高达到最高点为 12.87%，此时聚合硫酸铝铁的投加量为 400mg/L，出水 COD 值为 332.9mg/L。有机混凝剂中效果较好的是聚丙烯酰胺阳离子，COD 去除率最高达到 12.12%，此时其投加量为 8mg/L，出水 COD 值为 329.14mg/L。而聚丙烯酰胺阴离子对废水中 COD 的去除效果较差，出水的 COD 值基本

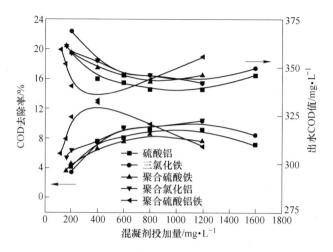

图 5 - 1 无机混凝剂投加量对 COD 去除效果的影响

（快速搅拌 2min，转速 150r/min；慢速搅拌 10min，转速 50r/min）

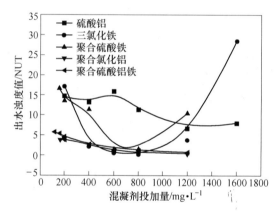

图 5 - 2 无机混凝剂对出水浊度值的影响

（快速搅拌 2min，转速 150r/min；慢速搅拌 10min，转速 50r/min）

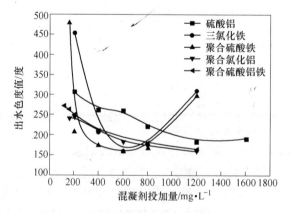

图 5 - 3 无机混凝剂对出水色度值的影响

（快速搅拌 2min，转速 150r/min；慢速搅拌 10min，转速 50r/min）

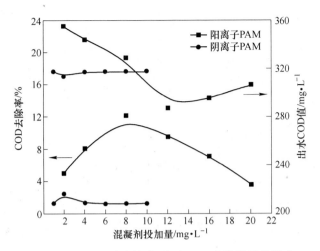

图 5-4 有机混凝剂投加量对 COD 去除效果的影响

(快速搅拌 2min，转速 150r/min；慢速搅拌 10min，转速 50r/min)

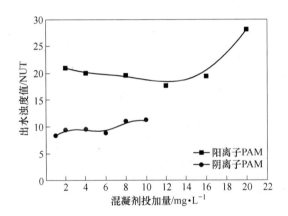

图 5-5 有机混凝剂对出水浊度值的影响

(快速搅拌 2min，转速 150r/min；慢速搅拌 10min，转速 50r/min)

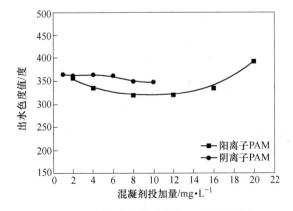

图 5-6 有机混凝剂对出水色度值的影响

(快速搅拌 2min，转速 150r/min；慢速搅拌 10min，转速 50r/min)

没有变化。一般情况下，混凝剂主要通过三方面的因素影响胶体的稳定性，一是提供反离子而达到压缩双电子层厚度并降低电位 ζ 的作用；二是溶解产生的各种离子与微粒表面发生专属化学作用而达到电荷中和作用；三是由水解金属盐类生成的沉淀物发挥卷扫和网捕作用使微粒转入沉淀。当混凝剂的投加量较低时，形成絮体颗粒小，吸附架桥和网捕能力弱，此时电中和作用占主导地位；随着混凝剂投加量的增加，絮体增大，沉降速度加快，处理效果升高；而增加到一定程度后，体系中电荷数的变化导致胶体颗粒之间的排斥力增加而无法凝聚，进而使颗粒物复稳，难以沉降下来，去除率降低。由于焦化废水中的有机物一般都带负电荷，因此阴离子的聚丙烯酰胺电荷与焦化废水中絮体的电荷相同，水化膜及电荷间排斥作用使胶体比较稳定而难以沉降下来，所以无法起到作用。

如图 5-2 和图 5-5 所示，使用无机混凝剂时，出水的浊度值较低，去除效果较好，而选用有机混凝剂时，出水的浊度值较高，甚至超出原水浊度值。当选用聚合氯化铝和聚合硫酸铝铁作为混凝剂时，混凝沉淀后出水浊度值逐渐变小，当两者投加量增加到 1200mg/L 时，出水浊度值最低，分别为 0.4NUT 和 0.7NUT，此时去除率分别为 93.94% 和 89.39%。当选用三氯化铁和聚合硫酸铁作为混凝剂时，混凝沉淀后出水浊度值先降低后升高，当两者投加量增加到 800mg/L 时，出水浊度值最低，分别为 0.1NUT 和 1.4NUT，此时去除率分别为 98.5% 和 79.71%。而使用硫酸铝和聚丙烯酰胺阴阳离子作为混凝剂时，出水中的浊度值较高，处理效果较差。主要原因可能是投加的聚丙烯酰胺阴阳离子的分子量过大，在溶解过程中局部产生凝胶无法流动致使溶液浊度值增加。

如图 5-3 和图 5-6 所示，不同混凝剂对废水中色度的去除规律和浊度的去除规律相似。使用无机混凝剂时，出水的色度值较低，去除效果较好，而选用有机混凝剂时，出水的色度值较高，甚至超出原水色度值。当选用聚合氯化铝和聚合硫酸铝铁作为混凝剂时，混凝沉淀后出水色度值逐渐变小，当两者投加量增加到 1200mg/L 时，出水色度值最低，分别为 159.6 度和 165.2 度，此时去除率分别为 51.87% 和 50.17%。当选用三氯化铁和聚合硫酸铁作为混凝剂时，混凝沉淀后出水色度值先降低后升高，当两者投加量增加到 600mg/L 时，出水色度值最低，分别为 160.7 度和 157.6 度，此时去除率分别为 53.96% 和 52.34%。而使用硫酸铝和聚丙烯酰胺阴阳离子作为混凝剂时，出水中的色度值较高，处理效果较差。主要原因可能也是投加的聚丙烯酰胺阴阳离子的分子量过大，在溶解过程中局部产生凝胶无法流动致使溶液色度值增加。

由以上分析可以得出，对 COD 去除效果最好的是聚合硫酸铝铁，投加量为 400mg/L；对浊度和色度去除效果最好的是三氯化铁，投加量分别为 800mg/L、600mg/L；综合考虑三项指标，选用聚合硫酸铝铁为混凝剂，投加量为 400mg/L，此时 COD、浊度和色度的去除率分别为 12.87%、62.12% 和 37.07%，COD、浊度和色度值分别为 332.9mg/L、2.5NUT 和 208.6 度。由于聚丙烯酰胺阳离子去除 COD 的效果较好，而作为有机高分子絮凝剂其架桥和网捕作用较好，因此将其作为助凝剂进行下面的实验。

5.2.2.2 助凝剂投加量对处理效果的影响

混凝沉淀反应中为了研究助凝剂对焦化废水处理效果的影响，采用聚合硫酸铝铁作为絮凝剂，投加量为 400mg/L；采用聚丙烯酰胺阳离子为助凝剂，助凝剂投加量对焦化废水中 COD 去除效果以及出水浊度值和色度值的影响如图 5-7 所示。

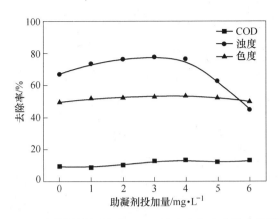

图 5-7 助凝剂投加量对 COD、浊度和色度去除率的影响

（快速搅拌 2min，转速 150r/min；慢速搅拌 10min，转速 50r/min）

由图 5-7 可以看出，投加助凝剂对混凝沉淀处理焦化废水二级生物处理出水中浊度去除率的影响较大，随着助凝剂投加量的增加浊度去除率先缓慢上升后快速下降；而对混凝沉淀处理焦化废水二级生物处理出水中 COD 和色度去除率的影响不大，有一定的助凝作用，但效果不明显。COD 去除效果最好时达到 13.07%，此时助凝剂的投加量为 4mg/L，出水 COD 值为 289.42mg/L；浊度去除效果最好时达到 77.61%，此时助凝剂的投加量为 3mg/L，出水浊度值为 1.5NUT；色度去除效果最好时达到 53.59%，此时助凝剂的投加量为 4mg/L，出水色度值为 174.79 度。

由此可见，混凝剂和絮凝剂配合投加适合去除浊度值较高的焦化废水，也就是悬浮性有机物含量较多的焦化废水，对于溶解性有机物较多的焦化废水去除效果较差，作用不大。有机高分子絮凝剂（如 PAM）的主要作用表现在颗粒间连成桥链，其表面有大量的疏水性基团，因此比较容易吸附带有疏水性基团的悬浮性有机物，使之吸附在其表面，通过联结架桥作用，形成大而密实的矾花，并得以沉淀除去。然而这种"吸附架桥"的作用对溶解性有机物的去除作用十分有限。

助凝剂投加量为 4mg/L 时，COD 和色度去除率均为最高，而此时浊度的去除率也较好，达到 76.12%，出水浊度值为 1.6NUT，因此，助凝剂投加量选为 4mg/L。

5.2.2.3 pH 值对处理效果的影响

不同 pH 值对焦化废水中 COD 去除效果以及出水浊度值和色度值的影响如图 5-8 所示。

由图 5-8 可以看出，随着初始 pH 值的增加，焦化废水出水 COD 值保持不变，说明 pH 值对混凝沉淀处理焦化废水二级生物处理出水的 COD 去除效果没有影响；而浊度去除率随着初始 pH 值的升高表现为先升高再降低，而后再升高的趋势；色度去除率随着初始 pH 值的升高先升高后降低。聚合硫酸铝铁作为混凝剂处理焦化废水二级生物处理出水的最佳 pH 值范围为 5~7，去除率最好在 pH 值为 6 时，此时 COD、浊度和色度去除率分别为 11.18%、83.56% 和 54.14%，出水 COD 值、浊度和色度值分别为 300.77mg/L、

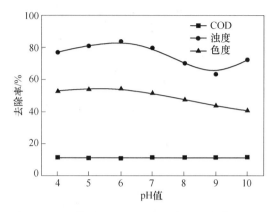

图 5 – 8   pH 值对 COD、浊度和色度去除率的影响

（快速搅拌 2min，转速 150r/min；慢速搅拌 10min，转速 50r/min）

1.2NUT 和 174.79 度。

溶液 pH 值与离子强度会影响聚合物链长的延伸性、粒子间的排斥力、聚合物分子在粒子间的吸附度、吸附聚合物分子的相互作用等。从除浊方面考虑，小幅度提高原水的 pH 值时有利于混凝沉淀去除焦化废水中的浊度，但 pH 值过高时混凝剂又会溶解生成带负电荷的络合离子而不能很好地发挥混凝作用。而出现波动的情况可能是铝盐类混凝剂去除水中浊度时最佳 pH 值在中性偏酸范围，而铁盐类混凝剂去除水中浊度时最佳 pH 值为中性偏碱范围。初始 pH 值较低时起作用的是混凝剂中的聚铝，pH 值较高时起作用的是混凝剂中的聚铁。而从色度方面考虑，可能是由于 pH 值较高时，铁盐与水中杂质形成溶解性络合物，其中的铁离子本身的颜色表现出一部分的色度值的原因。

在实际运行中，调节 pH 值需根据原水的酸碱度而定，较大幅度的提高原水的 pH 值需要消耗大量的药剂，反应后如果出水 pH 呈强碱性，需要将出水 pH 进行回调，同样需要消耗大量的药剂，从经济性考虑，采用调节 pH 值的方法提高去除效率并不是非常合理。

混凝沉淀方法对焦化废水二级生物处理出水 COD 去除效果较差，COD 去除率平均为 10% 左右；而对废水中浊度和色度的去除率较高，且受混凝剂、助凝剂种类和投加量以及 pH 值的影响较大，其中，浊度和色度去除率分别可达到 80% 和 50% 左右。

从七种不同混凝剂中筛选出的最优的混凝剂为聚合硫酸铝铁，投加量为 400mg/L；其中有机高分子混凝剂聚丙烯酰胺阳离子的处理效果较好，将其作为助凝剂进行实验，最佳投加量为 4mg/L，pH 值最佳范围为 5 ~ 7 之间，最优 pH 值为 6，在此条件下，焦化废水 COD、浊度和色度去除率分别为 11.18%、83.56% 和 54.14%，出水 COD 值、浊度和色度值分别为 300.77mg/L、1.2NUT 和 174.79 度。

5.3   煤化工废水过滤深度处理技术

5.3.1   过滤技术的概述

过滤是利用流体、气体、液体穿过可渗透性介质的通路时，将粒子从流体中分离出来的过程。从流体中分离出悬浮固体，通常是通过惯性碰撞、扩散拦截和直接拦截机理来实现的。

根据过滤材料不同，过滤可分为颗粒材料过滤和多孔材料过滤两大类。滤池是典型的颗粒材料过滤，慢滤池是最早出现的滤池，普通快滤池是最常用的滤池。滤池的形式很多，按滤速大小，可分为慢滤池、快滤池和高速滤池；按水流过滤层的方向，可分为上向流、下向流、双向流等；按滤料种类，可分为砂滤池、煤滤池、煤－砂滤池等；按滤料层数，可分为单层滤池、双层滤池和多层滤池；按水流性质，可分为压力滤池和重力滤池；按进出水及反冲洗水的供给和排出方式。可分为普通快滤池、虹吸滤池、无阀滤池等。

滤料可采用石英砂、无烟煤、陶粒、大理石、白云石、石榴石、磁铁矿石等颗粒材料及近年来开发的纤维球，聚氯乙烯或聚丙烯球等。由于煤化工废水二级生化处理工艺出水的水质复杂，悬浮物浓度高、黏度大、易堵塞，选择滤料时应注意：（1）滤料粒径应大些，采用石英砂为滤料时，砂粒直径可取为 $0.5 \sim 2.0mm$，相应的滤池冲洗强度也大，可达到 $18 \sim 20L/(m^2 \cdot s)$。（2）滤料耐腐蚀性应强些。滤料耐腐蚀的尺度，可用浓度为 1% 的 Na_2SO_4 水溶液，将恒重后的滤料浸泡 28d，重量减少值以不大于 1% 为宜。（3）滤料的机械强度好，成本低。

滤池的种类虽然很多，但其基本构造是相似的，在废水深度处理中使用的各种滤池都是在普通快滤池的基础上加以改进而来的。普通快速滤池外部由滤池池体、进水管、出水管、冲洗水管、冲洗水排出管等管道及其附件组成；滤池内部由冲洗水排出槽、进水渠、滤料层、垫料层（承托层）、排水系统（配水系统）组成。

滤料层是滤池的核心部分。单层滤料滤池多以石英砂、无烟煤、陶粒和高炉渣为滤料。滤料粒径、滤层高度和滤速是滤池的主要参数，表 5-4 列举了用于物理处理（沉淀）和生物处理后的单层滤料滤池的运行与设计参数。滤池的反冲洗可以用滤后水，也可以用原废水。冲洗强度为 $16 \sim 18L/(m^2 \cdot s)$，延时 $6 \sim 8min$。双层滤料滤池的工作效果较好，一般底层用粒径为 $0.5 \sim 1.2mm$ 的石英砂，层高 500mm，上层则用陶粒或无烟煤，粒径为 $0.8 \sim 1.8mm$，层高 $300 \sim 500mm$。滤速 $8 \sim 10m/h$；反冲洗强度为 $15 \sim 16L/(m^2 \cdot s)$，延时 $8 \sim 10min$。多层滤料多用无烟煤、石英砂、石榴石，国外还有用钛矿砂的，它们的密度分别是 $1.5g/cm^3$、$2.6g/cm^3$、$4.2g/cm^3$ 和 $4.8g/cm^3$。

表 5-4 单层滤料滤池设计、运行参数

滤池类型		滤料粒径/mm	滤料层高度/m	滤速/$m \cdot h^{-1}$
物理处理后	粗滤料滤池	2 ~ 3	2	10
	大滤料滤池	1 ~ 2	1.5 ~ 2.0	7 ~ 10
	中滤料滤池	0.8 ~ 1.6	1.0 ~ 1.2	5 ~ 7
	细滤料滤池	0.4 ~ 1.2	1.0	5
生物处理后大滤料滤池		1 ~ 2	1.0 ~ 1.5	5 ~ 7

滤池中滤料的粒径、级配和质量直接影响滤池的正常运行。表 5-4 中，滤料粒径位于上限时，适用于废水中悬浮固体浓度较高的情况，位于下限时，适用于悬浮固体浓度较低的情况。如果滤料粒径过大，会降低滤池出水水质；如果粒径过小，则滤料层容易堵塞，同时也增大滤池的水头损失，缩短滤池的工作周期。滤料的级配是指滤料中粒径不同的颗粒所占的比例，常用 K_{80} 表示。

$$K_{80} = \frac{d_{80}}{d_{10}}$$

式中　K_{80}——不均匀系数；

　　　　d_{80}——筛分曲线中通过80%质量的滤料的筛孔孔径，mm；

　　　　d_{10}——筛分曲线中通过10%质量的滤料的筛孔孔径，mm。

K_{80}表示滤料颗粒大小的不均匀程度。K_{80}越大，则表示滤料粗细之间差别越大，滤层孔隙率越小，不利于过滤。目前，对于低悬浮物的废水使用的石英砂滤料，一般$d_{10} = 0.1 \sim 0.6\text{mm}$，$K_{80} = 2.0 \sim 2.2$。

垫料层的作用主要是承托滤料（故也称承托层），防止滤料经配水系统上的孔眼随水流走，同时保证反冲洗水更均匀地分布于整个滤池面积上。垫料层要求不被反冲洗水冲动，形成的孔隙均匀，布水均匀，化学稳定性好，不溶于水。一般采用卵石或砾石，按颗粒大小分层铺设。垫料层的粒径一般不小于2mm，与同滤料的粒径相配合。在穿孔管式排水系统中，垫料层的颗粒粒径与厚度见表5-5。

表5-5　垫料层的颗粒粒径与厚度

层次（自上而下）	粒径/mm	厚度/mm	层次（自上而下）	粒径/mm	厚度/mm
1	2~4	100	3	8~16	100
2	4~8	100	4	16~32	150

排水系统的作用是均匀收集滤后水，更重要的是均匀分配反冲洗水，故也称配水系统。排水系统分为两类，即大阻力排水系统和小阻力排水系统。普通快滤池大多采用穿孔管式大阻力排水系统。穿孔管式大阻力排水系统是由一条干管和若干支管所组成。支管上开有向下成45°角的配水孔，相邻的两孔方位相错。快滤池的运行是"过滤-反冲洗"两个过程交替进行的。滤池工作时，废水自进水管经进水渠、排水槽分配入滤池，废水在池内自上而下穿过滤料层、垫料层，由排水系统收集，并经出水管排出。工作期间，滤池处于全浸没状态。经过一段时间过滤后，滤料层被悬浮物质阻塞，水头损失增大到一个极限值，或者是由于水流，冲刷悬浮物质从滤池中大量带出，出水水质不符合要求时，滤池应停止运行，进行反冲洗。反冲洗时，关闭进水管及出水管，开启排水阀及反冲洗进水管，反冲洗水自下而上通过排水系统、垫料层、滤料层，并由排水槽收集，经进水渠内的排水管排走。反冲洗时，由于反冲洗水的作用，使滤料出现流化，滤料颗粒之间相互摩擦、碰撞，滤料表面附着的悬浮物质被冲刷下来，由反冲洗水带走。滤池经反冲洗后，恢复过滤及截污能力，滤池即可重新投入工作。两次反冲洗的时间间隔称为过滤周期，从反冲洗开始到反冲洗结束的时间间隔称为反洗历时。

在煤化工废水深度处理中，除了常使用普通快滤池外，还常采用压力式过滤器。压力式过滤器也称为机械过滤器。压力式过滤器是水净化系统的重要组成部分。材质有钢制衬胶或不锈钢，根据过滤介质的不同分为天然石英砂过滤器、多介质过滤器、活性炭过滤器、锰砂过滤器等，根据进水方式可分为单流式过滤器、双流式过滤器，根据实际情况可联合使用也可以单独使用。

压力过滤器是一个承压的密闭的过滤装置，内部构造与普通过滤池相似，其主要特点是承受压力，可利用过滤后的余压将出水送到用水地点或远距离输送。压力过滤器过滤能力强、容积小、设备定型、使用的机动性大。但是，单个过滤器的过滤面积较小，只适用于废水量小的车间（或企业），或对某些废水进行局部处理。

通常采用的压力过滤器是立式的，直径不大于3m。滤层以下为厚度100mm的卵石垫层（$d = 1.0 \sim 2.0mm$），排水系统为过滤头。在一些废水处理系统中，排水系统处还安装有压缩空气管，用以辅助反冲洗。反冲洗废水通过顶部的漏斗或设有挡板的进水管收集并排除。压力过滤器外部还安装有压力表、取样管，及时监督过滤器的压力损失和水质变化。过滤器顶部设有排气阀，排除过滤器内和水中析出的气体。

5.3.2 煤化工废水过滤深度处理设计要点

煤化工过滤深度处理的目的主要是去除生化过程和化学沉淀中未能去除的颗粒、胶体物质、悬浮固体、浊度、重金属、细菌、病毒等，以进一步降低BOD_5、COD等指标，使水质达到预期的处理目标。如果煤化工废水深度处理后采用膜工艺进行回用，过滤可以防止堵塞、保证后续工序的正常运转。

在三级处理中过滤的运行条件与给水处理的过滤存在一些明显区别。因过滤工艺所截除的将主要是含有大量细菌、微生物等有机污染质的絮凝体和大量胶体物质，滤床截污后黏度较大，且极易发生腐败。故在三级处理系统中对滤池的反冲洗要求较高。在三级处理中，滤池进出水质受二级处理系统的运行工况的影响较大。特别当三级处理系统的规模比例过大时，在实际生产中原水的水质、水量都很不稳定，这将使滤池的运行工况变得极为复杂，对滤池的稳定性带来极为不利的影响。

针对三级处理的这些特点来合理地选择适宜的池型和工艺条件是十分必要的。首先由于滤池的反冲洗要求较高，故将气、水反冲洗与表面冲洗结合起来的联合反冲洗方式具有较强的清洗能力，非常适用于三级处理流程。在池型选择上应避免选用虹吸滤池这类反冲洗能力较差的池型，而应优先考虑选用移动罩滤池、V型滤池、T型滤池等表面冲洗能力较强的池型。其次，对滤池运行的稳定性、可靠性、可控性也应给予足够的重视，因而双阀滤池、四阀滤池等运行稳定、操作可靠、技术成熟的池型也常采用。

在小规模的三级处理工程中，使用较为广泛的是压力滤罐。与给水工程的经验参数相比，在三级处理中不论是使用单层滤料，还是双层滤料及三层滤料的深层滤池，滤层厚度和滤料粒径都较大；但滤速则略小。除滤层厚度、粒径及滤速与给水处理不同外，其他设计参数及设计计算方法均可直接参见《给水排水设计手册》第3册"城镇给水"中的有关内容。

滤层厚度的设计参数如下：（1）单层滤料：用石英砂，其有效粒径为$1.2 \sim 2.4mm$，厚度为$1200 \sim 1600mm$，不均匀系数为$1.2 \sim 1.8$。（2）双层滤料用石英砂时，其有效粒径为$0.6 \sim 1.2mm$，厚度为$600 \sim 800mm$，不均匀系数小于1.4。（3）用无烟煤时，其有效粒径为$1.2 \sim 2.4mm$，厚度为$600 \sim 800mm$，不均匀系数小于1.8。滤速应该比给水处理中要低，一般为$6 \sim 10m^3/(m^2 \cdot h)$。反冲洗的设计参数如下：（1）气水同时：气为$13 \sim 17L/(m^2 \cdot s)$，水为$6 \sim 8L/(m^2 \cdot s)$，历时$4 \sim 8min$。（2）水冲洗：水为$6 \sim 8L/(m^2 \cdot s)$，历时$3 \sim 5min$。（3）水表面冲洗：$0.5 \sim 2.0L/(m^2 \cdot s)$，历时$4 \sim 6min$。工作周期一般小于12h。

5.4　煤化工废水 Fenton 试剂氧化深度处理技术

5.4.1　Fenton 试剂氧化技术概述

Fenton 试剂由亚铁盐和过氧化氢组成，当 pH 值足够低时，在 Fe^{2+} 的催化作用下，过氧化氢就会分解出·OH，从而引发一系列的链反应。其中·OH 的产生为链的开始：

$$Fe^{2+} + H_2O_2 \longrightarrow Fe^{3+} + \cdot OH + OH^-$$

以下反应则构成了链的传递节点：

$$\cdot OH + Fe^{2+} \longrightarrow Fe^{3+} + OH^-$$

$$\cdot OH + H_2O_2 \longrightarrow HO_2 \cdot + H_2O$$

$$Fe^{3+} + H_2O_2 \longrightarrow Fe^{2+} + HO_2 \cdot + H^+$$

$$HO_2 \cdot + Fe^{3+} \longrightarrow Fe^{2+} + O_2 + H^+$$

各种自由基之间或自由基与其他物质的相互作用使自由基被消耗，反应链终止。

Fenton 试剂之所以具有非常强的氧化能力，是因为过氧化氢在催化剂铁离子存在下生成氧化能力很强的羟基自由基（其氧化电位高达 +2.8V），另外羟基自由基具有很高的电负性或亲电子性，其电子亲和能力为 569.3kJ，具有很强的加成反应特征。因而 Fenton 试剂可无选择地氧化水中大多数有机物，特别适用于生物难降解或一般化学氧化难以奏效的有机废水的氧化处理。因此，Fenton 试剂在废水处理中的应用具有特殊意义，在国内外受到普遍重视。

Fenton 试剂氧化法具有过氧化氢分解速度快、氧化速率高、操作简单、容易实现等优点。但由于体系内有大量 Fe^{2+} 的存在，H_2O_2 的利用率不高，使有机污染物降解不完全，且反应必须在酸性条件下进行，否则因析出 $Fe(OH)_3$ 沉淀而使加入的 Fe^{2+} 或 Fe^{3+} 失效，并且溶液的中和还需消耗大量的酸碱。另外处理成本高也制约这一方法的广泛应用。鉴于此，随着近年来环境科学技术的发展，Fenton 试剂派生出许多分支，如 UV/Fenton 法、UV/H_2O_2 和电 Fenton 法等。另外，人们还尝试以三价铁离子代替传统的 Fenton 体系中的二价铁离子（$Fe^{3+} + H_2O_2$ 体系），发现 Fe^{3+} 也可以催化分解过氧化氢。因此，从广义上讲可以把除 Fenton 法外其余的通过 H_2O_2 产生羟基自由基处理有机物的技术称为类 Fenton 试剂法。具体有以下几种。

5.4.1.1　$UV + H_2O_2$ 系统

过氧化氢作为一种强的氧化剂，可以将水中有机的或无机的毒性污染物氧化成无毒或较易被微生物分解的化合物。但一般来说，无机物与过氧化氢的反应较快，且因传质的限制，水中极微量的有机物难以被过氧化氢氧化，对于高浓度难降解的有机污染物，仅使用过氧化氢氧化效果也不十分理想，而紫外光的引入大大提高了过氧化氢的处理效果，紫外光分解过氧化氢的机理如下：

$$H_2O_2 + h\nu \longrightarrow \cdot OH$$

$$HO \cdot + H_2O_2 \longrightarrow \cdot OOH + H_2O$$

$$\cdot OOH + H_2O_2 \longrightarrow \cdot OH + H_2O + O_2$$

该系统相对于 Fenton 试剂，其特点为：由于无 Fe^{2+} 对过氧化氢的消耗，因此氧化剂的利用率高，并且该系统的氧化效果基本不受 pH 值的影响。但是该系统反应速率较慢，由于需要紫外光源，反应装置可能复杂一些。

5.4.1.2 $UV + H_2O_2 + Fe^{2+}$（UV/Fenton）系统

UV/Fenton 法实际上是 Fe^{2+}/H_2O_2 与 UV/H_2O_2 两种系统的结合，该系统具有的明显优点是：可降低 Fe^{2+} 的用量，保持 H_2O_2 较高的利用率；紫外光和亚铁离子对 H_2O_2 催化分解存在协同效应，即 H_2O_2 的分解速率远大于 Fe^{2+} 或紫外光催化 H_2O_2 分解速率的简单加和；此系统可使有机物矿化程度更充分，是因为 Fe^{3+} 与有机物降解过程中产生的中间产物形成的络合物是光活性物质，可在紫外线照射下继续降解；有机物在紫外线作用下可部分降解。与非均相 UV/TiO_2 光催化体系相比，均相 UV/Fenton 体系反应效率更高，有数据表明，UV/Fenton 对有机物的降解速率可达到 UV/TiO_2 光催化的 3~5 倍，因而在处理难降解有毒有害废水方面表现出比其他方法如 UV/H_2O_2 等更多的优势，因而受到研究者的广泛重视。

UV/Fenton 法具有很强的氧化能力，能有效地分解有机物，且矿化程度较好，但其利用太阳能的能力不强，处理设备费用也较高，能耗大。另外，UV/Fenton 法只适宜于处理中低浓度的有机废水。这是由于有机物浓度高时，被 Fe(Ⅲ) 络合物所吸收的光量子数很少，并需较长的辐射时间，而且 H_2O_2 的投入量也会增加，同时 ·OH 易被高浓度 H_2O_2 所清除。因此有必要在 UV/Fenton 体系中引入光化学活性较高的物质。水中含 Fe(Ⅲ) 的草酸盐和柠檬酸盐络合物具有很高的光化学活性，把草酸盐和柠檬酸盐引入 UV/Fenton 体系可有效提高对紫外线和可见光的利用效果。一般说来，pH 值在 3~4.9 时，草酸铁络合物效果好；pH 值在 4.0~8.0 时，Fe(Ⅲ) 柠檬酸盐络合物的效果好。但 UV–vis/草酸铁络合物/H_2O_2 法更具发展前途，因为草酸铁络合物具有 Fe(Ⅲ) 的其他络合物所不具备的光谱特性，有极强的吸收紫外线的能力，不仅对波长大于 200nm 的紫外光有较大的吸收系数，甚至在可见光照射的情况下就可产生 Fe(Ⅱ)、$C_2O_4^-$ 和 CO_2，在 250~450nm 范围内实测 Fe(Ⅱ) 的量子产率为 1.0~1.2，$C_2O_4^-$ 和 CO_2 在溶解氧作用下进一步转化成 H_2O_2，这就为 Fenton 试剂提供了来源。

5.4.1.3 $H_2O_2 + Fe^{2+} + O_2$、$H_2O_2 + UV + O_2$ 及 $H_2O_2 + Fe^{2+} + UV + O_2$ 系统

研究结果表明，氧气的引入对于有机物的氧化是有效的，可以节约过氧化氢的用量，降低处理成本。因为在这三种体系中，氧气都参与到了氧化有机物的反应链中，从而起到了促进 Fenton 反应的作用。而对于有紫外光参与的后两种体系而言，除了上述作用之外，氧气吸收紫外光后可生成臭氧等次生氧化剂氧化有机物，提高反应速率。

5.4.1.4 电 Fenton 法

电 Fenton 法的实质就是把用电化学法产生的 Fe^{2+} 和 H_2O_2 作为 Fenton 试剂的持续来源。电 Fenton 法较光 Fenton 法自动产生 H_2O_2 的机制较完善、H_2O_2 利用率高、有机物降解因素较多（除羟基自由基 ·OH 的氧化作用外，还有阳极氧化、电吸附）等优点。

自 20 世纪 80 年代中期后，国内外广泛开展了用电 Fenton 技术处理难降解有机废水的

研究，电 Fenton 法研究成果可基本分为以下四类：

（1）EF - H$_2$O$_2$ 法，又称阴极电 Fenton 法。即把氧气喷到电解池的阴极上，使还原为 H$_2$O$_2$，H$_2$O$_2$ 与加入的 Fe^{2+} 发生 Fenton 反应。该法不用加 H$_2$O$_2$，有机物降解很彻底，不易产生中间毒害物。但由于目前所用的阴极材料多是石墨、玻璃炭棒和活性炭纤维，这些材料电流效率低，H$_2$O$_2$ 产量不高。

（2）EF - Feox 法，又称牺牲阳极法。电解情况下与阳极并联的铁将被氧化成 Fe^{2+}，Fe^{2+} 与加入的 H$_2$O$_2$ 发生 Fenton 反应。在 EF - Feox 体系中导致有机物降解的因素除 ·OH 外，还有 Fe(OH)$_2$、Fe(OH)$_3$ 的絮凝作用，即阳极溶解出的活性 Fe^{2+}、Fe^{3+}，可水解成对有机物有强络合吸附作用的 Fe(OH)$_2$、Fe(OH)$_3$。该法对有机物的去除效果高于 EF - H$_2$O$_2$ 法，但需加 H$_2$O$_2$，且耗电能，故成本比普通 Fenton 法高。

（3）FSR 法，又称 Fe^{3+} 循环法。FSR 系统包括一个 Fenton 反应器和一个将 Fe(OH)$_3$ 还原为 Fe^{2+} 的电解装置。Fenton 反应进行过程中必然有 Fe^{3+} 生成，Fe^{3+} 与 H$_2$O$_2$ 反应生成活性不强的 HO$_2$·，从而降低 H$_2$O$_2$ 的有效利用率和 ·OH 的产率。FSR 系统可加速 Fe^{3+} 向 Fe^{2+} 的转化，提高了 ·OH 的产率。该法的缺点是 pH 操作范围窄，必须小于 1。

（4）EF - Fere 法。该法与 FSR 法的原理基本相同，不同之处在于 EF - Fere 系统不包括 Fenton 反应器，Fenton 反应直接在电解装置中进行。该法 pH 操作范围大于 FSR 法，要求 pH 必须小于 2.5；电流效率高于 FSR 法。

5.4.2　Fenton 氧化深度处理煤化工废水研究

Fenton 试剂氧化处理有机物的实质就是羟基自由基与有机物发生反应。Fenton 法在处理难降解有机废水时，具有一般化学氧化法无法比拟的优点，至今已成功运用于多种工业废水的处理。

Fenton 氧化深度处理煤化工废水的研究结果表明：Fenton 氧化反应迅速，可迅速降低煤化工废水生化出水的 COD；H$_2$O$_2$ 和 Fe^{2+} 的投加量对 Fenton 氧化具有明显的影响；一般在酸性条件下（例如 pH = 3 时）反应体系具有最佳的 COD 去除效果。不少文献报道，采用 Fenton 试剂氧化工艺深度处理煤化工废水，COD 去除率一般在 30% ~ 50% 左右，浊度去除率达到 90% 以上；出水的 COD 达到工业废水排放标准（GB 8978—1996）一级标准，浊度达到工业废水排放标准（GB 8978—1996）二级标准。

尽管 Fenton 试剂氧化处理煤化工废水能够取得很好的效果，但是目前还没有具体设计和计算方法，大部分结果都是依靠试验研究获得。研究设备可采用智能混凝试验搅拌仪。试验可考察 H$_2$O$_2$ 投加量、H$_2$O$_2$ 和 Fe^{2+} 摩尔比、初始 pH 值等对 COD 和色度去除效果的影响，筛选出最佳反应条件，为 Fenton 氧化实际工程应用提供数据支持。

以原水 COD 值减去反应后过滤过的出水 COD 值表示氧化 + 絮凝沉淀作用的去除效果；以原水 COD 值减去反应后调节 pH 值为 7 后静止 2h 后出水 COD 值表示 Fenton 试剂 + 混凝沉淀的去除效果。

传统 Fenton 氧化法实验用水取自焦化厂焦化废水二级生物处理出水，水质指标为：COD 为 234.56 ~ 317.79mg/L，色度为 341.13 ~ 409.92 度，pH 值为 7.2 ~ 7.8。传统 Fenton 氧化实验采用烧杯实验，取 300mL 焦化厂二级生物出水于 500mL 烧杯中，调节其 pH

值，置于六联搅拌器上，先加入定量固体 $FeSO_4 \cdot 7H_2O$，快速搅拌溶解，后加入定量配制好的 H_2O_2 溶液，在 80r/min 下搅拌 2h，反应结束后调节其 pH 值为 7 静止 2h，测定其静止前后溶液中的 H_2O_2 含量、Fe^{2+} 含量、COD 和色度值。

在实验过程中，先进行正交试验。选用了 H_2O_2 投加量、H_2O_2 和 Fe^{2+} 摩尔比、初始 pH 值三个因素三种水平来进行实验，筛选出三种因素对实验结果影响大小的优先顺序以及其最优组合。而后在此基础上进行单因素影响实验，研究 H_2O_2 投加量、H_2O_2 和 Fe^{2+} 摩尔比、初始 pH 值、搅拌速度和反应时间对 COD 和色度去除效果的影响。

pH 值采用便携式 pH 计法测定；色度采用铂钴比色法进行测定（GB 11903—1989）；Fe^{2+} 的测定采用邻菲罗啉分光光度法（水和废水监测分析方法）；H_2O_2 测定采用钛盐法测定。

COD 的测定采用标准重铬酸钾法。由于 Fenton 氧化实验当中加入了 H_2O_2 和 Fe^{2+} 两种物质，反应后溶液中仍含有一定量过剩的 H_2O_2 和未被氧化的 Fe^{2+}，这两种物质在 COD 测试过程中表现出还原性质，使测出的 COD 值比实际值大一些，因此为了准确测量出反应后的 COD 值，必须消除两种物质的干扰。消除干扰的方法一般为两种形式：一种是直接法将干扰物质从体系中赶出以达到消除影响，另一种是间接法测定反应后体系中干扰物质的量，将其折合成 COD 值，从出水 COD 中减去达到消除影响的目的。经查阅文献，目前 Fenton 氧化处理焦化废水过程中，常用的消除过氧化氢的影响方法一是在碱性条件下，加热溶液使其分解；另外是利用钛盐法测定其含量折合为 COD 值。消除 Fe^{2+} 影响的方法一类是向溶液中通入空气，将体系中的二价铁转化为三价铁离子消除干扰，或者调节溶液的 pH 值为碱性，使溶液中的铁离子生成沉淀从体系中除去；另一类是测定溶液中 Fe^{2+} 含量折合为 COD 值，Fe^{2+} 一般用邻菲罗啉分光光度法和火焰原子吸收法测定。

焦化废水中还原性物质对 COD 测试的影响可以采用以下几种方法：

（1）水浴加热法消除 H_2O_2 对 COD 测定的干扰。取一定量的去离子水和焦化废水加入定量的 H_2O_2，调节其 pH 值为 8，分别在 50℃和 100℃下水浴 3h，测定反应后的 H_2O_2 的含量。

（2）调节溶液 pH 值为碱性消除 Fe^{2+} 对 COD 测定的干扰。取一定量的焦化废水加入定量的 Fe^{2+} 离子，调节其 pH 值为 7 或 9，分别测定反应前后 COD 值和 Fe^{2+} 离子含量。

（3）间接法消除 H_2O_2 的影响。取一定量焦化废水于烧杯中，加入定量的 H_2O_2，分别测定前后的 COD 值，以及溶液中 H_2O_2 的含量，折合成 COD 值。

（4）间接法消除 Fe^{2+} 的影响。取一定量的去离子水和焦化废水，加入定量的 Fe^{2+}，测定前后的 COD 值和其中的 Fe^{2+} 含量折合为 COD 值，从出水中减去。

表 5-6 为消除 H_2O_2 对 COD 测定干扰的影响实验结果。由表 5-6 可知，反应后溶液中 H_2O_2 含量随温度升高而减小，说明水浴加热的方法可以去除一定量的 H_2O_2，且温度越高去除的量越大，但水浴温度为 100℃时焦化废水中仍含有一定量的 H_2O_2，由此可推断出在溶液中 H_2O_2 含量较大时，此方法并不能完全去除废水中多余的 H_2O_2，因此此方法不可行。所以采用间接法测定反应后 H_2O_2 含量折合为 COD 值，从出水 COD 中减去来消除影响。表 5-7 为消除 Fe^{2+} 对 COD 测定干扰的影响实验结果。由表 5-7 可看出，未作任何操作，反应后二价铁离子含量也比原始投加量要小一些，说明二价铁离子很容易被氧化；

调 pH 值为中性到碱性后，溶液中二价铁离子含量降低很快，尤其是 pH 为 9 时，溶液中二价铁离子含量很低，说明该方法比较有效，但仍未能将其影响完全消除，因此仍需要测定出水中 Fe^{2+} 含量折合为 COD 值，从中减去。另外，调 pH 值后反应后 COD 值也比原水低，说明产生的沉淀对焦化废水具有一定的混凝沉淀作用，可以进一步降低出水 COD 值；而且 Fenton 反应后溶液因含有三价铁离子色度较大，不能直接排放，观察溶液可知调 pH 值后溶液的色度降低很多，因此也可以用来除色。

表 5 - 6 消除 H_2O_2 对 COD 测定影响的实验结果

实验用水	H_2O_2 投加量/mg·L⁻¹	反应条件	反应后 H_2O_2 含量/mg·L⁻¹
去离子水	2664	—	2658
去离子水	2664	50℃水浴3h	2309
去离子水	2664	100℃水浴3h	1887
焦化废水	2664	—	1821
焦化废水	2664	50℃水浴3h	1065
焦化废水	2664	100℃水浴3h	329

表 5 - 7 消除 Fe^{2+} 对 COD 测定影响的实验结果

实验用水	Fe^{2+} 投加量/mg·L⁻¹	反应条件	反应后 COD 值/mg·L⁻¹	原废水 COD 值/mg·L⁻¹
焦化废水	2070	—	305.73	121.17
焦化废水	2070	pH 值为7静止2h	156.59	121.17
焦化废水	2070	pH 值为9静止2h	80.78	121.17

表 5 - 8 和表 5 - 9 分别为消除 H_2O_2 和 Fe^{2+} 对 COD 测定干扰影响的误差实验结果，可以看出误差不超过 5%，因此该方法可行，下面所有实验结果中 COD 值都是经过修正后的。实际实验过程中，可通过调节 pH 值至碱性，再加热促进双氧水分解来进一步减小误差。

表 5 - 8 消除 H_2O_2 对 COD 测定影响的误差实验结果

实验用水	H_2O_2 投加量/mg·L⁻¹	实测 COD 值/mg·L⁻¹	实测 H_2O_2 含量/mg·L⁻¹	折合 COD 值/mg·L⁻¹	误差/%
焦化废水	666	149.44	326.10	145.34	-2.74
焦化废水	1332	404.81	890.26	395.02	-1.98

表 5 - 9 消除 Fe^{2+} 对 COD 测定影响的误差实验结果

实验用水	Fe^{2+} 投加量/mg·L⁻¹	实测 COD 值/mg·L⁻¹	实测 Fe^{2+} 含量/mg·L⁻¹	折合 COD 值/mg·L⁻¹	误差/%
去离子水	803.45	100.26	705	101.08	-0.84
去离子水	1606.91	209.97	1445	207.21	1.31
焦化废水	803.45	94.58	670	96.08	-1.58
焦化废水	1606.91	196.73	1360	195.02	0.87

Fenton 氧化实验的影响因素较多，为了探讨各种因素对处理效果的影响，可以采用 Fenton 氧化的正交实验，根据实验结果来分析。传统 Fenton 氧化实验的影响因素包括

H_2O_2 投加量、H_2O_2 和 Fe^{2+} 摩尔比、初始 pH 值、搅拌速度和反应时间等，一般采用 H_2O_2 投加量、H_2O_2 和 Fe^{2+} 摩尔比、初始 pH 值三个因素三水平来进行正交实验。Fenton 氧化正交实验表及其结果如表 5-10 所示。

表 5-10　Fenton 氧化正交实验及其结果

序号	A H_2O_2 投加量/mL	B Fe^{2+} 与 H_2O_2 摩尔比	C 初始 pH 值	静止前 COD 去除率	静止后 COD 去除率	色度去除率
1	1.555	1:5	3	0.6061	0.7234	0.9807
2	1.555	1:10	5	0.2834	0.7214	0.9752
3	1.555	1:20	7	0.3685	0.5598	0.7840
4	3.11	1:5	5	0.6906	0.8203	0.9890
5	3.11	1:10	7	0.3734	0.7180	0.9890
6	3.11	1:20	3	0.1532	0.7283	0.9849
7	4.665	1:5	7	0.8504	0.9504	0.9890
8	4.665	1:10	3	0.7419	0.7940	0.9890
9	4.665	1:20	5	0.3338	0.6135	0.9917

　　通过极差分析法分析正交实验的实验结果，得到 Fenton 氧化深度处理焦化废水静止前后 COD 去除率以及色度去除率的分析表，见表 5-11~表 5-13。

表 5-11　Fenton 氧化正交实验结果分析（一）

序号	A H_2O_2 投加量/mL	B Fe^{2+} 与 H_2O_2 摩尔比	C 初始 pH 值	静止前 COD 去除率
1	1.555	1:5	3	0.6061
2	1.555	1:10	5	0.2834
3	1.555	1:20	7	0.3685
4	3.11	1:5	5	0.6906
5	3.11	1:10	7	0.3734
6	3.11	1:20	3	0.1532
7	4.665	1:5	7	0.8504
8	4.665	1:10	3	0.7419
9	4.665	1:20	5	0.3338
K_1	1.2580	2.1471	1.5013	
K_2	1.2172	1.3988	1.3077	
K_3	1.9261	0.8555	1.5923	
k_1	0.4193	0.7157	0.5004	
k_2	0.4057	0.4663	0.4359	
k_3	0.6420	0.2852	0.5308	
极差 R	0.2363	0.4305	0.0949	
优先水平	3	1	3	
优先顺序	B	A	C	

　　注：K_1、K_2、K_3 为不同的影响因子在不同水平下静止前 COD 去除率之和；k_1、k_2、k_3 为不同的影响因子在不同水平下静止前 COD 去除率和的平均值；R 为极值，表明各因子对结果的影响程度。

表 5-12 Fenton 氧化正交实验结果分析 (二)

序号	A H₂O₂ 投加量/mL	B Fe²⁺ 与 H₂O₂ 摩尔比	C 初始 pH 值	静止后 COD 去除率
1	1.555	1:5	3	0.7234
2	1.555	1:10	5	0.7214
3	1.555	1:20	7	0.5598
4	3.11	1:5	5	0.8203
5	3.11	1:10	7	0.7180
6	3.11	1:20	3	0.7283
7	4.665	1:5	7	0.9504
8	4.665	1:10	3	0.7940
9	4.665	1:20	5	0.6135
K_1	2.0046	2.4941	2.2457	
K_2	2.2665	2.2334	2.1552	
K_3	2.3579	1.9015	2.2282	
k_1	0.6682	0.8314	0.7486	
k_2	0.7555	0.7445	0.7184	
k_3	0.7860	0.6338	0.7427	
极差 R	0.1178	0.1975	0.0302	
优先水平	3	1	1	
优先顺序	B	A	C	

注：K_1、K_2、K_3 为不同的影响因子在不同水平下静止后 COD 去除率之和；k_1、k_2、k_3 为不同的影响因子在不同水平下静止后 COD 去除率和的平均值；R 为极值，表明各因子对结果的影响程度。

表 5-13 Fenton 氧化正交实验结果分析 (三)

序号	A H₂O₂ 投加量/mL	B Fe²⁺ 与 H₂O₂ 摩尔比	C 初始 pH 值	色度去除率
1	1.555	1:5	3	0.9807
2	1.555	1:10	5	0.9752
3	1.555	1:20	7	0.7840
4	3.11	1:5	5	0.9890
5	3.11	1:10	7	0.9890
6	3.11	1:20	3	0.9849
7	4.665	1:5	7	0.9890
8	4.665	1:10	3	0.9890
9	4.665	1:20	5	0.9917
K_1	2.7400	2.9587	2.9546	
K_2	2.9629	2.9532	2.9560	
K_3	2.9697	2.7607	2.7620	
k_1	0.9133	0.9862	0.9849	
k_2	0.9876	0.9844	0.9853	

序号	A H$_2$O$_2$ 投加量/mL	B Fe^{2+} 与 H$_2$O$_2$ 摩尔比	C 初始 pH 值	色度去除率
k_3	0.9899	0.9202	0.9207	
极差 R	0.0766	0.0660	0.0646	
优先水平	3	1	2	
优先顺序	A	B	C	

注：K_1、K_2、K_3 为不同的影响因子在不同水平下色度去除率之和；k_1、k_2、k_3 为不同的影响因子在不同水平下色度去除率和的平均值；R 为极值，表明各因子对结果的影响程度。

由表 5-11 可以看出，在调节 pH 值静止前对 COD 去除率的影响实验中，$R_B > R_A > R_C$，即三个因素的优先顺序为 Fe^{2+} 与 H$_2$O$_2$ 摩尔比 > H$_2$O$_2$ 投加量 > 初始 pH 值。设计实验的去除效果最好组合为 B$_1$A$_3$C$_3$，即 Fe^{2+} 与 H$_2$O$_2$ 摩尔比为 1:5，H$_2$O$_2$ 投加量为 4.665mL，初始 pH 值为 7 为最佳条件。由表 5-12 可以看出，在调节 pH 值静止后对 COD 去除率的影响实验中，$R_B > R_A > R_C$，即三个因素的优先顺序为 Fe^{2+} 与 H$_2$O$_2$ 摩尔比 > H$_2$O$_2$ 投加量 > 初始 pH 值。设计实验的去除效果最好组合为 B$_1$A$_3$C$_1$，即 Fe^{2+} 与 H$_2$O$_2$ 摩尔比为 1:5，H$_2$O$_2$ 投加量为 4.665mL，初始 pH 值为 3 为最佳条件。由表 5-13 可以看出，在调节 pH 值静止后对色度去除率的影响实验中，$R_A > R_B > R_C$，即三个因素的优先顺序为 H$_2$O$_2$ 投加量 > Fe^{2+} 与 H$_2$O$_2$ 摩尔比 > 初始 pH 值。设计实验的去除效果最好组合为 B$_1$A$_3$C$_2$，即 Fe^{2+} 与 H$_2$O$_2$ 摩尔比为 1:5，H$_2$O$_2$ 投加量为 4.665mL，初始 pH 值为 5。

因此综合考虑 COD 和色度的去除效率，选择单因素实验的顺序为 H$_2$O$_2$ 与 Fe^{2+} 摩尔比，H$_2$O$_2$ 投加量，pH 值，搅拌速度和反应时间。

Fe^{2+} 与 H$_2$O$_2$ 摩尔比对 COD 去除效果的影响如图 5-9 所示。未过滤测得的 COD 去除率可以看成是只考虑 Fenton 氧化实验中氧化作用的去除效果，过滤后为 Fenton 氧化实验中氧化加吸附作用的去除效果，而调节 pH 为 7 静止 2h 过滤则可看成 Fenton 氧化加混凝的去除效果。由图 5-9 可以看出，三种方法检测出的数值符合规律，趋势大致相同，随着 Fe^{2+} 与 H$_2$O$_2$ 摩尔比的升高，三种方法测得的 COD 去除率缓慢升高，当 Fe^{2+} 与 H$_2$O$_2$ 增加到 1:10 时，COD 去除率快速增大。当 Fe^{2+} 与 H$_2$O$_2$ 摩尔比增加到 1:2.5 时，去除率最高，三种方法测得的 COD 去除率分别为 83.77%、85.15% 和 86.21%。单独考虑 Fenton 氧化实验中氧化作用的去除效果时，可以看到 COD 去除率随 Fe^{2+} 与 H$_2$O$_2$ 摩尔比也就是 Fe^{2+} 投加量的增加迅速变大，主要是因为 Fe^{2+} 与 H$_2$O$_2$ 反应生成大量的·OH，而·OH 的强氧化性可以氧化去除焦化废水二级生物处理出水中难降解的有机污染物，达到降低出水中的 COD 值的效果。而从 Fenton 氧化实验中氧化加吸附作用的去除效果来考虑，可以看出，Fenton 氧化实验过程中产生的 Fe(OH)$_2$ 和 Fe(OH)$_3$ 絮体对焦化废水的吸附作用占 Fenton 氧化总体实验的比重不小，总体来看，吸附作用对 COD 的去除率最高达到了 17.93%。而从 Fenton 氧化实验中氧化加吸附作用的去除效果和 Fenton 氧化加混凝的去除效果来考虑可以看出，最后混凝沉淀对 COD 的去除效果在整个反应中所占的比例不大，最高达到 6.77%，当 Fe^{2+} 与 H$_2$O$_2$ 摩尔比为 1:10 时，往后混凝沉淀效果对 COD 的去除效果基本稳定。

综合以上分析结果，选择 Fe^{2+} 与 H$_2$O$_2$ 摩尔比为 1:7.5 为最佳，此时 COD 去除率分

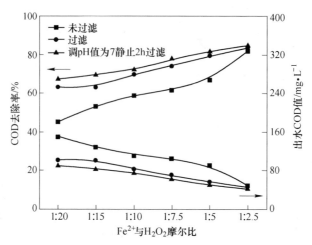

图 5-9　Fe^{2+} 与 H_2O_2 摩尔比对 COD 去除率的影响

别为 61.92%、74.33%、77.93%，出水 COD 值分别为 104.45mg/L、70.4mg/L 和 60.53mg/L。

实验中发现 Fenton 氧化对废水中色度的去除率非常好，试验后调节完 pH 值，废水呈无色澄清状态，色度去除率基本可以达到 95% 以上，因此在后续的实验中不再检测其对焦化废水色度的处理效果。

H_2O_2 投加量对 COD 去除效果的影响如图 5-10 所示。由图可以看出，单从 Fenton 氧化实验中氧化作用的去除效果考虑，随着 H_2O_2 投加量的增加，COD 去除率迅速升高，在投加量达到 5.7mL/300mL 时，速度放缓。由此可知，随 H_2O_2 投加量的增加，体系中迅速产生大量的·OH，将焦化废水中难以生物降解的大分子有机物质氧化为小分子有机物，再进一步氧化为 CO_2 和水，而从中去除；而当 H_2O_2 投加量上升到一定程度后，其产生·OH 的速率变慢，而且生成的一部分·OH 来不及氧化有机物就和 H_2O_2 反应而消耗掉了。

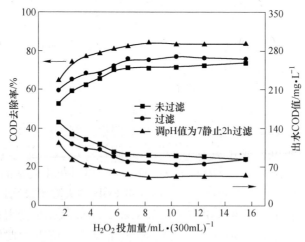

图 5-10　H_2O_2 投加量对 COD 去除率的影响

从 Fenton 氧化实验中氧化加吸附作用的去除效果考虑，我们可以发现随着 H_2O_2 投加量的增加，其 COD 去除率迅速升高后速度放缓，达到最大值后，缓慢下降。由表 5-14

中数据可以看出，H_2O_2 投加量越大，反应后溶液 pH 值越小。主要是因为反应过程中，体系当中 H_2O_2 投加量较大，Fe^{2+} 被迅速氧化为 Fe^{3+} 和 · OH，两者均可与 H_2O_2 反应生成 H^+，使溶液的 pH 值降低，体系当中生成 $Fe(OH)_2$ 和 $Fe(OH)_3$ 絮体的量相应的减少，其吸附作用对 COD 去除能力变弱。

表 5 – 14　反应后溶液 pH 值

序　号	1	2	3	4	5	6	7	8	9	10
H_2O_2 投加量/mL	1.555	2.59	3.625	4.665	5.7	6.735	8.29	10.365	12.44	15.55
反应后 pH 值	2.62	2.52	2.45	2.39	2.34	2.31	2.29	2.25	2.22	2.21

从 Fenton 氧化加混凝的去除效果可以看出，混凝沉淀的作用对 COD 的去除效果较好，随着 H_2O_2 投加量的增加而有所提高；其总体 COD 去除规律与 Fenton 氧化实验中氧化加吸附作用的规律相似。因为实验时，所采用的 Fe^{2+} 与 H_2O_2 摩尔比一定，随着 H_2O_2 投加量的增加，Fe^{2+} 投加量也增大，溶液中铁离子的含量较大，因此反应后调节 pH 值后生成大量的 $Fe(OH)_2$ 和 $Fe(OH)_3$ 絮体，其混凝沉淀作用对 COD 去除能力升高。在 H_2O_2 投加量达到 8.29mL/300mL 时，COD 去除率最高为 84.55%，此时出水 COD 值为 49.1mg/L。

pH 值对 COD 去除效果的影响如图 5 – 11 所示。由图 5 – 11 可以看出，单从 Fenton 氧化实验中氧化作用的去除效果考虑，随着初始 pH 值的升高，COD 去除率降低。初始 pH 值越低，氧化作用对 COD 的去除效果越好。这是因为，pH 值越高，H_2O_2 越容易分解，无法与 Fe^{2+} 反应生成 · OH，使其产量减少，氧化焦化废水中难降解有机物的能力也减弱。

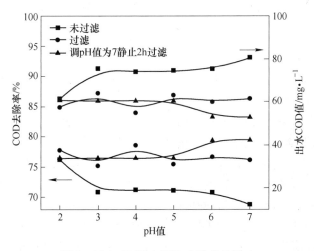

图 5 – 11　pH 值对 COD 去除率的影响

从 Fenton 氧化实验中氧化加吸附作用的去除效果考虑，我们可以发现随着初始 pH 值的升高，整体 COD 去除率的变化不大，但吸附作用对 COD 的去除能力变大。主要是因为初始 pH 值较高时，加入的 Fe^{2+} 和与 H_2O_2 反应生成的 Fe^{3+}，很快的生成 $Fe(OH)_2$ 和 $Fe(OH)_3$ 絮体沉淀下来，可以吸附一部分焦化废水中的有机物。

从 Fenton 氧化加混凝的去除效果可以看出，随着初始 pH 值的升高，COD 去除率缓慢升高。这个可能是因为调节 pH 值搅拌的过程当中生成的絮体大小合适，或者是因为体系中生成的 Fe(OH)$_3$ 絮体较多，所以混凝效果较好。

综合考虑三种作用效果，虽然 pH 值最小时，氧化作用效果最好，体系当中被完全分解为 CO$_2$ 和水的有机物含量较多，但此时反应前后均要调节 pH 值，消耗大量的酸和碱，成本较高。而从图 5-11 中可以看出，pH 值为 4 时，COD 去除率较高为 78.67%，此时出水 COD 值为 54.87mg/L。因此选择最佳 pH 值 4。

搅拌速度对 COD 去除效果的影响如图 5-12 所示。由图 5-12 可以看出，随着搅拌速度的加快，Fenton 氧化实验中氧化作用对焦化废水中 COD 的去除能力变差，COD 去除率越来越低。主要是因为搅拌太剧烈时，产生的自由基来不及与焦化废水中难降解的有机物反应，就在产生的自由基之间产生碰撞而破灭，致使 Fenton 氧化的能力减弱，COD 去除率变小。

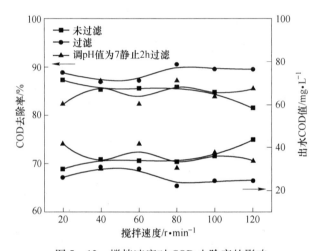

图 5-12 搅拌速度对 COD 去除率的影响

从过滤后的 Fenton 氧化实验氧化加吸附作用的去除效果考虑，COD 去除率出现波动，但仍可以看出，随着搅拌速度的加快，过滤前后 COD 去除率差值较大，说明反应过程中产生的絮体对焦化废水中有机物的吸附作用变大。当搅拌速度为 80r/min 时，此时氧化作用和反应中絮体的吸附作用两者达到最优组合，此时过滤前后 COD 去除率分别为 85.73%、90.57%，出水 COD 值为 33.46mg/L、22.11mg/L。

反应时间对 COD 去除效果的影响如图 5-13 所示。由图 5-13 可以看出 COD 去除率随着反应时间的增加而增加，并且在 60min 的时候 Fenton 氧化反应已完成大部分了，此时 COD 去除率达到 76.04%，出水中 COD 的值为 61.63mg/L。反应增加到 120min 后，COD 去除率的增加不是很明显。由此可以看出 Fenton 反应的速度较快，在很短的时间内就能完成，主要是因为实验最初起催化作用的是 Fe^{2+}，反应速度较快，反应一段时间后，溶液中的 Fe^{2+} 消耗掉大部分，后期起催化作用的是 Fe^{3+}，这种类 Fenton 反应的速度较慢，因此在本实验中确定最佳反应时间为 60min。此时静止后 COD 去除率为 82.35%，出水 COD 值为 45.4mg/L。

从上面的研究可以看出：

(1) 采用将溶液调为碱度情况下加热的方法并不能消除过氧化氢对 COD 测量的影响，

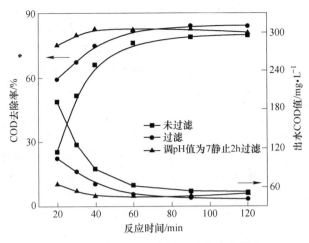

图 5 - 13 反应时间对 COD 去除率的影响

采用调节 pH 值的方法也不能完全消除二价铁对 COD 测量的影响。因此，本实验采用了间接消除影响的方法，测定出水中过氧化氢和二价铁的含量，将其转化为 COD 值，从测得的 COD 值中减去来评价体系当中的 COD 值。

（2）采用正交试验筛选出传统 Fenton 氧化处理焦化废水影响因素的优先顺序为 Fe^{2+} 与 H_2O_2 摩尔比 > H_2O_2 投加量 > pH 值。进行单因素实验研究传统 Fenton 氧化处理焦化废水最佳反应条件，研究结果表明：Fe^{2+} 与 H_2O_2 摩尔比为 1:7.5，H_2O_2 投加量为 8.29mL/300mL，pH 值为 4，搅拌速度为 80r/min，反应时间为 1h 时，去除效果最佳，此时 COD 去除率为 82.35%，出水 COD 值为 45.4mg/L。由此可见，Fenton 氧化对焦化废水中 COD 有较好的去除率。另外实验中发现 Fenton 氧化对废水中色度的去除率非常好，试验后调节完 pH 值，废水呈无色澄清状态，色度去除率基本可以达到 95% 以上。

5.5 异相催化 Fenton 氧化深度处理煤化工废水研究

5.5.1 异相 Fenton 试剂氧化技术概述

传统 Fenton 试剂氧化工艺中采用的是 Fe^{2+} 的均相催化剂，不易与废水分离，反应后产生大量的铁泥，增加后续成本；同时传统 Fenton 试剂氧化工艺取得较好处理效果的条件为酸性环境，而工艺出水一般要求在中性环境，而调节 pH 值会极大地增加处理费用。这些都制约着传统 Fenton 试剂氧化工艺的广泛应用。

异相催化 Fenton 试剂氧化工艺的研发主要出发点是克服 Fenton 试剂氧化工艺的这些缺点，即通过开发高效的固相催化剂，用于 Fenton 试剂氧化工艺中，使 Fenton 反应在较高的初始 pH 值下也能具有较好的处理效果，同时达到减少铁泥产生量的目的。

异相催化 Fenton 试剂氧化过程是一个涉及液、固相多相体系的复杂的传质、反应问题，但目前这方面尚缺乏系统的理论研究。一些异相催化氧化机理研究主要以 Langmuir - Hinshelwood 理论及近代表面科学理论（催化反应微观动力学模型）为理论基础开展，分析废水中的污染物和氧化剂分子扩散到催化剂表面的活性中心被吸附，污染物和氧化剂分子在催化剂表面上发生催化氧化反应，产物解离脱附返回液相主体的过程，其反应过程可归纳如下：

吸附过程：$\qquad$ A（氧化剂分子）$+\sigma$（活性中心）$\Longrightarrow$ Aσ

$\qquad\qquad\qquad$ B（污染物分子）$+\sigma \Longrightarrow$ Bσ

催化反应：$\qquad$ Aσ + B$\sigma \Longrightarrow$ Pσ（表面上产物）$+\sigma$

脱附解离：$\qquad$ P$\sigma \Longrightarrow$ P（液相主体产物）$+\sigma$

反应速率由上述最慢的一步控制。

含变价金属如 Fe（Ⅲ）、Mn（Ⅱ）、Mn（Ⅳ）等矿物及其他变价金属氧化物氢氧化物是许多有机化合物潜在的氧化剂，其金属氧化物粒子和粉末能被水中的有机物还原溶解，提高变价金属的流动性和生物可利用性。当被日光照射时，可显著提高有机物的降解速率。另一方面，若它们与氧化剂组合，本身又可作为催化剂，它们降解废水中的有机物过程是：有机物和氧化剂首先向固体变价金属氧化物氢氧化物粒子表面扩散，发生络合吸附、电子迁移及催化氧化反应，产物从固相界面脱附、扩散等。

5.5.2 异相 Fenton 试剂氧化深度处理煤化工废水研究

异相催化 Fenton 试剂氧化工艺尚处于研究的初期阶段，国内外有关异相催化 Fenton 试剂氧化工艺处理煤化工废水的报道较少。目前还没有具体的设计和计算方法，大部分结果都是依靠试验研究获得。

异相催化 Fenton 试剂氧化工艺的催化剂可以在流化床反应器中制备。在底部直径 8cm，高 100cm，上部直径 24cm，高 60cm 的圆柱形流化床反应器中，铺上三层粒径不同的石英砂颗粒，其直径从下往上分别为 4~8mm、2~4mm 和 1~2mm。将 H_2O_2 和 Fe^{2+} 溶液以 1:2 的摩尔比连续投入到流化床反应器的底部。反应器开始运行后在石英砂颗粒表面会负载到或者在溶液中会生成 FeOOH 晶体。反应器中溶液的 pH 值应维持在 3.5 左右，以防止析出氢氧化铁沉淀。本实验以两到三天的连续动态反应为制备 FeOOH 前期悬浊液的周期。一个周期后将制备出的悬浊液用去离子水反复冲洗，直至上清液 pH 值不再变化为止，倒去上清液将剩下的悬浊液用溶剂过滤器过滤后，放置于烘箱中，在 70℃ 下烘干 16h。将所得的固体研磨成较小的粒径，用标准实验筛筛滤，取 60 目以下和 200 目以上的颗粒，即粒径为 0.075~0.3mm 的颗粒，可制得异相催化 Fenton 试剂氧化工艺的催化剂。

异相催化 Fenton 试剂氧化静态实验采用混凝杯罐实验，试验装置可采用智能混凝试验搅拌仪，取 300mL 废水（COD 为 200~300mg/L）于 500mL 烧杯中，调节其 pH 值，置于六联搅拌器上，先加入定量固体 FeOOH 催化剂，后加入定量配制好的 H_2O_2 溶液，在 100r/min 下搅拌 2h，反应结束后调节其 pH 值为 7，静置 2h，测定反应后溶液中的 H_2O_2 含量、Fe^{2+} 含量和 COD 值。

动态试验采用流化床反应器，反应器为底部直径 4cm，高 200cm，溢流堰直径 12cm，高 15cm 的圆柱形流化床反应器。在反应器的底部铺上三层不同粒径的石英砂颗粒，然后再铺上一层异相催化剂，废水（COD 为 200~300mg/L）、H_2O_2 溶液和 Fe^{2+} 溶液分别以不同的流速同时进入反应器，水力停留时间为 1h，进行一定量的回流，最后测定其出水中的 H_2O_2 含量、Fe^{2+} 含量、COD 等指标。

在实验过程中，研究 H_2O_2 投加量、FeOOH 投加量、初始 pH 值和反应时间对 COD 去除效果的影响。COD 的测定采用标准重铬酸钾法；pH 值采用便携式 pH 计测定法；Fe^{2+}

的测定采用邻菲罗啉分光光度法，H_2O_2 测定采用钛盐法测定。

异相催化 Fenton 氧化静态实验中，H_2O_2 投加量对 COD 去除效果的影响如图 5 - 14 所示。由图 5 - 14 可以看出，COD 去除率随 H_2O_2 投加量的增加先升高后降低，这与传统的 Fenton 氧化反应规律一样。在异相催化 Fenton 氧化反应过程中，FeOOH 催化 H_2O_2 使其分解产生·OH，随着 H_2O_2 投加量的增加，将提供更多的羟基化表面积和反应活性点，加快反应初期溶液中·OH 的产生，·OH 强氧化物的快速增长将提高其与有机物的碰撞几率，提高溶液 COD 的去除率。而当溶液中 H_2O_2 投加量增加到过高时，H_2O_2 迅速分解产生大量的·OH 未能及时与有机物反应，就与自身、H_2O_2 和其他自由基反应而破灭，致使氧化有机物的·OH 的量减少，体系的氧化能力下降，COD 去除率降低。Andreozzi 等用 α - FeOOH 光催化体系分解氨基苯酚的实验中也发现类似的规律。·OH 破灭的三个反应式为：

$$2HO· + 2HO· \longrightarrow 2H_2O + O_2 \tag{5-1}$$

$$HO· + H_2O_2 \longrightarrow H_2O + HO_2· \tag{5-2}$$

$$HO_2· + HO· \longrightarrow H_2O + O_2 \tag{5-3}$$

当 H_2O_2 投加量为 2.0mg/L 时，此时 COD 去除率最高为 63.15%，出水 COD 值为 98.6mg/l。因此 H_2O_2 投加量最佳投加量为 2.0mg/L。

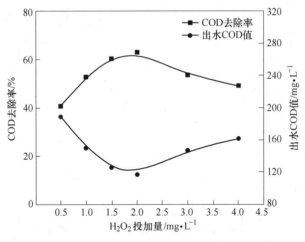

图 5 - 14　H_2O_2 投加量对 COD 去除效果的影响

异相催化 Fenton 氧化静态实验中，FeOOH 投加量对 COD 去除效果的影响如图 5 - 15 所示。由图 5 - 15 可以看出，COD 去除率随 FeOOH 投加量的增加而增加，刚开始 COD 去除率增加幅度较大，当 FeOOH 投加量增加为 3g/L 后，COD 去除率增长幅度变小，基本没有什么变化。考虑到经济因素，选择 FeOOH 投加量为 3g/L 为最佳工艺条件，此时 COD 去除率为 75.87%，出水 COD 值为 66.18mg/L。在实验过程中进行了单独的催化剂处理煤化工废水的研究，结果表明 FeOOH 催化剂本身的吸附作用对煤化工废水也有一定的去除作用。因此异相催化反应存在 FeOOH 催化 H_2O_2 产生羟基自由基氧化处理煤化工废水和 FeOOH 催化剂吸附处理煤化工废水两种过程。

异相催化 Fenton 氧化静态实验中，初始 pH 值对 COD 去除效果的影响如图 5 - 16 所示。由图 5 - 16 可以看出，COD 去除率随初始 pH 值的升高而升高，在 pH 值达到 4 后，

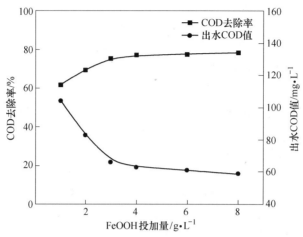

图 5-15 FeOOH 投加量对 COD 去除效果的影响

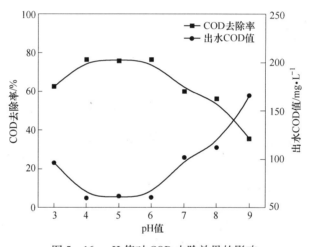

图 5-16 pH 值对 COD 去除效果的影响

COD 去除率稳定下来，变化不大出现小范围浮动，当初始 pH 值达到 7 时开始迅速降低。FeOOH 表面的铁离子与传统 Fenton 氧化中的铁离子不同，处于配位不饱和状态，因此能通过化学吸附溶液中的水来形成界面羟基，与水分子解离出的 OH^- 或 H^+ 结合使其表面化学力达到平衡，因此水溶液的 pH 值是确定氧化物与水界面表面羟基带电特性的重要因素。有研究报道通过 zeta 电位法测定出 FeOOH 的表面零电荷 pH 值约为 4.6~5.5，当溶液 pH 值大于催化剂表面零电荷时，FeOOH 表现为去质子化带负电，当溶液 pH 值小于催化剂表面零电荷时，FeOOH 表现为质子化带正电。而当催化剂表面电荷基本为零时，催化剂表面的吸附与分解是不受静电力影响的，所以更容易富集目标物质与氧化剂，同时使其表面羟基保持稳定活性，促进溶液中有机物的去除。而在强酸性条件下，FeOOH 催化剂会出现一定程度的铁溶出现象，在溶液中形成离子态的铁，致使非均相催化氧化作用受限制，但溶液中存在的 Fe^{2+} 仍可与 H_2O_2 发生均相 Fenton 反应，继续产生·OH，降解溶液中的难降解有机物。在中性偏碱性环境下，FeOOH 表面带负电不利于催化 H_2O_2 分解产生·OH，故体系对 COD 的去除效果大大降低，但此时体系内存在较多的铁的氢氧化物，通过络合作用和 FeOOH 的表面吸附作用仍可去除有机物。

由此可知，异相催化 Fenton 氧化体系拓宽了传统 Fenton 氧化最优 pH 范围，使其在弱酸性条件下就可以达到较高的去除率。在反应前后不需要使用大量的酸碱来调节 pH 值，降低了成本。因此本实验最优 pH 值范围在 4 ~ 6 之间，此时溶液 COD 去除率为 76.82%，出水 COD 值为 62.03mg/L。

异相催化 Fenton 氧化静态实验中，反应时间对 COD 去除效果的影响如图 5 – 17 所示。由图 5 – 17 可以看出，COD 去除率随反应时间的增加而升高，当反应时间为 40min 时，COD 去除率已达到 78.55%，此时出水 COD 值为 57.4mg/L。反应时间增加到 120min 后 COD 去除率达到 80.17%，去除率增加不到 2%，效果不明显，考虑到实际工程运行中进水水质的多变性，因此最佳反应时间确定为 1h，此时 COD 去除率为 79.55%，出水 COD 值为 54.7mg/L。

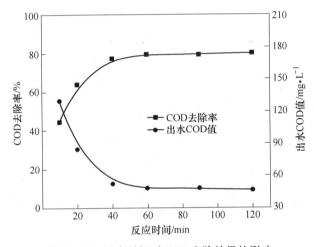

图 5 – 17 反应时间对 COD 去除效果的影响

与传统 Fenton 氧化反应 1h 完成反应的大部分相比，异相催化 Fenton 氧化 40min 就已经基本完成了体系的所有反应，加速了反应的进行，在实际工程应用当中可减少水力停留时间，进而减少成本。

产生这种现象的原因可能是异相催化 Fenton 氧化中的铁离子处于配位不饱和状态，其羟基化表面积和反应活性点使其在反应开始后很快与 H_2O_2 反应使其分解产生·OH，与煤化工废水中的有机物反应。

异相催化 Fenton 氧化动态实验 H_2O_2 投加量对 COD 去除效果的影响如图 5 – 18 所示，由图 5 – 18 可以看出，异相催化 Fenton 氧化动态实验整体运行比较稳定，连续运行 6h 后仍可以保持较高的去除率，说明本实验反应器的设计以及水利条件的控制都比较良好。COD 去除率随 H_2O_2 投加量的增加而快速增加，当 H_2O_2 以 0.6mmol/min 投加量运行反应器时，COD 去除率基本达到 80% 以上，在 H_2O_2 投加量为 2.4mmol/min 时 COD 去除率达到最大，为 85% 以上，而后 H_2O_2 投加量为 3.6mmol/min 时，COD 去除率又有所下降，在 83% 左右浮动。这与之前传统化 Fenton 氧化实验和异相催化 Fenton 氧化静态实验的研究结果所得出的规律一致。

因此在异相催化 Fenton 氧化动态实验中 H_2O_2 最佳投加量确定为 2.4mmol/min，此时

COD 去除率均为 85% 以上，最高可达到 86.86%，出水 COD 值为 37.75mg/L。

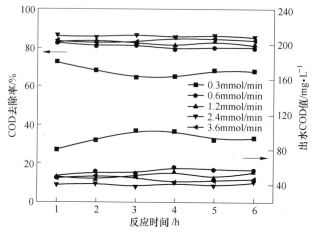

图 5-18 H$_2$O$_2$ 投加量对 COD 去除效果的影响

异相催化 Fenton 氧化动态实验中，FeOOH 投加量对 COD 去除效果的影响如图 5-19 所示，由图 5-19 可以看出，异相催化 Fenton 氧化动态实验整体运行也比较稳定，但在催化剂投加量较小时，反应后期的 COD 去除率有所下降，这有可能是 FeOOH 催化剂的溶出问题造成 FeOOH 催化 H$_2$O$_2$ 产生·OH 的能力不足，以及反应一段时间后体系中的 FeOOH 催化剂吸附有机物的能力趋于饱和所产生的。FeOOH 催化剂吸附作用去除 COD 的能力占异相催化 Fenton 氧化体系去除 COD 能力的一大部分。在 FeOOH 晶体表面存在着吸附和氧化平衡界面，当反应一段时间后体系中 FeOOH 晶体量的减少打破了这个平衡，造成 COD 去除能力降低。

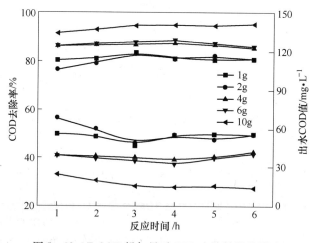

图 5-19 FeOOH 投加量对 COD 去除效果的影响

由图 5-19 可以明显看出，FeOOH 投加量为 10g/L 时，COD 去除率最好，可达到 90% 以上。而 FeOOH 投加量为 4g/L 时 COD 去除率也比较高，基本可以达到 86% 以上，最高时可达到 87.47%，此时出水 COD 值为 36.04mg/L。因此，考虑到经济因素，FeOOH 投加量为 4g/L。

从以上的研究中可以看出：

（1）异相催化 Fenton 氧化静态实验利用实验室制备的 FeOOH 催化剂进行条件实验，研究结果表明：H_2O_2 投加量为 2mL/300mL，FeOOH 投加量为 3g/L，初始 pH 值为 4~6 之间，反应时间为 1h 时，处理效果最佳，此时 COD 去除率为 79.55%，出水 COD 值为54.7mg/L。

（2）异相催化 Fenton 氧化动态实验将实验室制备的 FeOOH 催化剂用于自制的流化床反应器中进行深度处理模拟废水的实验，研究结果表明：H_2O_2 投加量确定为 2.4mmol/min，FeOOH 投加量为 4g/L 时 COD 去除率比较高，基本可以达到 86% 以上，最高时可达到87.47%，此时出水 COD 值为 36.04mg/L。

（3）由此可见异相催化 Fenton 氧化可以提高反应最优 pH 值范围，使其在较高的 pH 值时同样具有较好的处理效果，减少反应前后调节 pH 所消耗的酸碱量，降低了成本。且反应中使用固相催化剂，解决了传统 Fenton 氧化产生大量铁泥的问题，无需再做后续处理，同样减少成本费用。但异相催化 Fenton 试剂氧化处理效果仍需进一步提高。

5.6 光催化氧化

光催化氧化法是一种近年来新兴的废水深度处理技术。它是由光能引起电子和空隙之间的反应，产生具有较强反应活性的电子（空穴对），这些电子（空穴对）迁移到颗粒表面，可以参与和加速氧化还原反应的进行。其废水光催化氧化机理为：电子－空穴对通过与空气或水中的 O_2 和 H_2O 作用生成·OH，·OH 强氧化性可以把废水中难降解的大分子有机物完全氧化为无污染的小分子无机物。光催化材料具有可重复利用、无二次污染、无损失的优点，而且几乎可以完全降解所有的有机污染物，因而受到国内外学者的普遍重视，是目前环保领域研究的热点。

光催化氧化技术是一种环境友好型绿色水处理技术，它主要通过在光照条件下半导体催化剂、H_2O、O_2 或［OH^-］彻底氧化降解废水中的有机污染物。催化剂多采用 TiO_2、ZnS、CdS、SnO_2、WO_3 等 n 型半导体材料，由于 TiO_2 光化学性质稳定、价廉、无害的特性使其成为光催化剂的首选，被广泛研究。

目前，光催化氧化法虽然能有效地去除废水中的污染物，且在降解过程中利用太阳能，因而能耗低，有着很大的发展潜力。但是在处理有机污染物含量较高、色度较大的废水时，由于其吸光度太大而不利于光的传播导致处理效率会降低，有时也会产生一些有害的光化学产物，造成二次污染。由于光催化降解是基于体系对光能的吸收，因此，要求体系具有良好的透光性。所以，该方法适用于低浊度、透光性好的体系，煤化工废水二级生化工艺出水常常含有较高的色度，因此光催化氧化技术应用于煤化工废水深度处理的可行性还需要进一步研究。

5.7 臭氧氧化及催化臭氧氧化

5.7.1 臭氧氧化技术概述

臭氧直接反应活性取决于它的分子结构。臭氧是氧的同素异形体，由三个氧原子组成，臭氧分子是具有如图 5-20 所示的四种可能结构的共振分子。

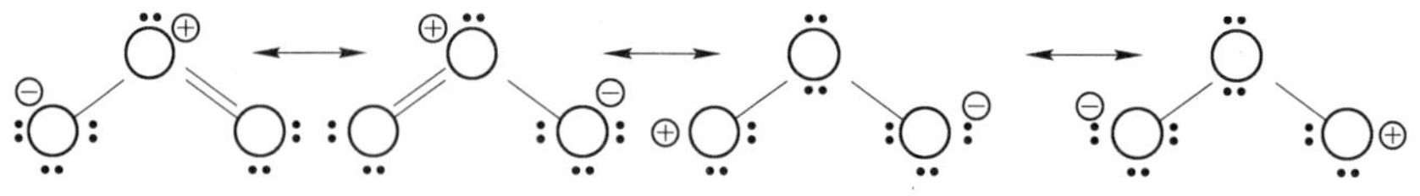

图 5 – 20　臭氧分子的共振杂化模型

臭氧分子的共振产生了一定的极性。正是由于这种极性（用偶极距度量）使得臭氧分子具有了不同的反应特性（如溶解度、反应类型等）。同时也正是因为臭氧分子的这种电子结构，使得臭氧具有很高的反应活性，能够和很多物质发生氧化－还原反应；同时由于臭氧某些共振结构中位于一端的氧原子缺少电子，使得臭氧分子具有亲电特性，能够发生亲电取代反应和环加成反应，如臭氧和烯烃类化合物之间可以发生不同类型的加成反应；与之对应的，另外一些具有多余电子的氧原子则呈现出亲核特性，能够发生亲核加成反应。这些特性使得臭氧成为一种具有非常活泼反应活性的物质。

臭氧氧化技术就是利用臭氧的强氧化性降解和矿化污染物以及利用臭氧的消毒灭菌等作用杀灭细菌。通常，臭氧主要应用于消毒、无机物的臭氧氧化、有机物的臭氧氧化、颗粒物的去除几个方面。在某些情况下，水中的臭氧分解可以产生自由基。自由基通过基元反应自促发生成·OH。·OH 可以和水中大部分有机物（以及部分无机物）发生反应。因此臭氧在水中的反应可以分为直接反应和间接反应。直接反应（即真正的臭氧反应），是臭氧分子直接和其他化学物质（如中间产物，自由基等）的反应。臭氧的间接反应是指利用臭氧分解（或是其他的直接反应）产生的·OH 自由基和化合物的反应。也就是说臭氧直接反应是间接反应的引发步骤。

到目前为止，广为接受的机理是 Staehelin、Hoigne 和 Buhler 等人提出的 SHB 机理，以及高 pH 下，Tomiyasu、Fukutomi 和 Gordon 等人提出的 TFG 机理。表 5 – 15 和表 5 – 16 分别给出了这两种机理。

表 5 – 15　Staehelin、Hoigne 和 Buhler 提出的臭氧分解 SHB 机理

反　　应	反应速率常数	反应序号
链　引　发　反　应		
$O_3 + OH^- \xrightarrow{k_{i1}} HO_2 \cdot + O_2 \cdot$	$70/(m \cdot s)$	$(1 - 1)$
链　传　递　反　应		
$HO_2 \cdot \xrightarrow{k_1} O_2^- \cdot + H^+$	$7.9 \times 10^5/(m \cdot s)$	$(1 - 2)$
$O_2^- \cdot + H^+ \xrightarrow{k'_1} HO_2 \cdot$	$5 \times 10^{10}/(m \cdot s)$	$(1 - 3)$
$O_3 + O_2^- \cdot \xrightarrow{k_2} O_3^- \cdot + O_2$	$1.6 \times 10^9/(m \cdot s)$	$(1 - 4)$
$O_3^- \cdot + H^+ \xrightarrow{k_3} HO_3 \cdot$	$5.2 \times 10^{10}/(m \cdot s)$	$(1 - 5)$
$HO_3 \cdot \xrightarrow{k_4} O_3^- \cdot + H^+$	$3.3 \times 10^2/s$	$(1 - 6)$
$HO_3 \cdot \xrightarrow{k_5} HO \cdot + O_2$	$1.1 \times 10^5/s$	$(1 - 7)$
$O_3 + HO \cdot \xrightarrow{k_6} HO_4$	$2 \times 10^9/s$	$(1 - 8)$

反　　应	反应速率常数	反应序号
链 传 递 反 应		
$HO_4 \cdot \xrightarrow{k_7} HO_2 \cdot + O_2$	$2.8 \times 10^4/s$	(1–9)
链 终 止 反 应		
$HO_4 \cdot + HO_4 \cdot \xrightarrow{k_{T1}} H_2O_2 + 2O_3$	$5 \times 10^9/(m \cdot s)$	(1–10)
$HO_4 \cdot + HO_3 \cdot \xrightarrow{k_{T2}} H_2O_2 + O_2 + O_3$	$5 \times 10^9/(m \cdot s)$	(1–11)

表 5–16　Tomiyasu、Fukutomi 和 Gordon 提出的臭氧分解 TFG 机理

反　　应	反应速率常数	反应序号
链 引 发 反 应		
$O_3 + OH^- \xrightarrow{k_8} HO_2^- + O_2$	$40/(m \cdot s)$	(1–12)
$O_3 + HO_2^- \xrightarrow{k_{i2}} HO_2 \cdot + O_3^- \cdot$	$2.2 \times 106/(m \cdot s)$	(1–13)
链 传 递 反 应		
$HO_2 \cdot \xrightarrow{k_9} O_2^- \cdot + H^+$	$7.9 \times 105/(m \cdot s)$	(1–14)
$O_2^- \cdot + H^+ \xrightarrow{k'_9} HO_2 \cdot$	$5 \times 1010/(m \cdot s)$	(1–15)
$O_3 + O_2^- \cdot \xrightarrow{k_2} O_3^- \cdot + O_2$	$1.6 \times 109/(m \cdot s)$	(1–16)
$O_3^- \cdot + H_2O \xrightarrow{k_{10}} HO \cdot + O_2 + OH^-$	$20 \sim 30/(m \cdot s)$	(1–17)
$O_3^- \cdot + HO \cdot \xrightarrow{k_{11}} HO_2 \cdot + O_2^- \cdot$	$6 \times 109/(m \cdot s)$	(1–18)
$O_3 + HO \cdot \xrightarrow{k_6} HO_4 \cdot$	$3 \times 109/(m \cdot s)$	(1–19)
$HO_2^- + H^+ \xrightarrow{k_{12}} H_2O_2$	$5 \times 1010/(m \cdot s)$	(1–20)
$H_2O_2 \xrightarrow{k'_{12}} HO_2^- + H^+$	$0.25/s$	(1–21)
链 终 止 反 应		
$O_3 + HO \cdot \xrightarrow{k_{T3}} O_3 + OH^-$	$2.5 \times 109/(m \cdot s)$	(1–22)
$HO \cdot + CO_3^{2-} \xrightarrow{k_{C2}} OH^- + CO_3^- \cdot$	$4.2 \times 108/(m \cdot s)$	(1–23)
$CO_3 + O_3 \xrightarrow{k_{T4}} (O_2 + CO_2 + O_2^- \cdot)$	—	(1–24)

　　水中的物质因为各自性质的不同可以不同程度的促进和阻碍自由基的产生。这些物质被称为臭氧分解的引发剂、促发剂和抑制剂。引发剂是那些与臭氧直接反应生成过氧化氢离子自由基的物质。促发剂是那些通过与·OH 反应，促发自由基的链式反应生成过氧化氢离子自由基的试剂，如甲醇、富里酸和其他的一些腐殖酸类物质。抑制剂是指那种在臭氧分解的过程中，和自由基之间发生链式终止反应的试剂。

　　臭氧的分解速率很大程度上取决于水中有机物的性质。通常情况下，在 pH < 7 时，pH 值的变化对臭氧分解影响较小。但是随着 pH 值的升高，臭氧分解的速率会显著提高。因为·OH 氧化的重要性，臭氧的分解反应受到了广泛的研究。

5.7.2 臭氧氧化主要工艺设备

臭氧氧化法水处理的工艺设施主要由臭氧发生设备和气水接触设备组成。臭氧发生器主要由空气干燥净化装置、臭氧发生器单元和电器控制系统三大部分组成。

制造臭氧的原料气是空气和氧气。原料气必须经过除油、除湿、除尘等净化处理，否则会影响臭氧产率和设备的正常使用。目前国内产品一般以空气为原料气。净化空气采用的方法是用空气压缩机将空气增压至 0.6~0.8MPa，经过冷却、旋风分离器、过滤器、干燥器，进行高度的干燥净化除尘（干燥净化后的空气露点达到 -40℃左右，净化程度为100 级），然后经减压阀使压力突然降至 0.05MPa，再经过滤器，得到净化空气。由于是将空气增压后又降压，大大增加了生产臭氧的能耗，从而增加了使用成本。如何采用更合理有效的空气干燥净化方法，是降低能耗、节约成本的关键之一。国外常采用纯氧为原料气，是提高效率的方法之一。

臭氧发生器的基本单元是放电管，它由两根同心圆管组成，形成高压放电环隙的两级。一级为外管，通常是不锈钢管（或铝管）；另一极为石墨导电层，它涂在作为介电体的玻璃管（内管）内壁，玻璃管与不锈钢管间隙用镍钴电炉丝固定。两管间留有 1~3mm 的环状放电间隙，在 1~1.4 万伏的高压电场下，使干燥净化的空气（或氧气）通过此间隙，即可产生蓝紫色的光环，将部分氧气转化为臭氧。根据臭氧产量的不同，一台臭氧发生器可由几根至上百根放电管组成。

用空气制成的臭氧浓度一般为 10~20mg/L，用氧气制成的臭氧浓度为 20~40mg/L。最新研究表明，以空气为原料生产臭氧化气，会产生氮氧化物，这是一种有害物质，所以限制了臭氧在饮料、食品工业的应用。含有 1%~4%（重量比）臭氧的空气或氧气就是水处理时所使用的臭氧化气。

在给水处理中，通常用于氧化作用的臭氧，投加量一般为 1~3mg/L，接触时间为 5~15min。但是现有的研究表明，在煤化工废水深度处理中要想取得较好的处理效果，需要更高的臭氧投加量，接触时间也需要更长。降解 COD 时臭氧消耗量可按降解 1mg/LCOD 消耗 4mg/LO$_3$ 来计算。接触时间可按 15~60min 选取。

臭氧发生器目前已有定型产品，可根据所需臭氧量选择合适的型号和台数。用于氧化的臭氧需要量可按式（5-4）计算：

$$Q_{O_3} = 1.06QC \tag{5-4}$$

式中 Q_{O_3}——臭氧需要量，g/L；

   1.06——安全系数；

   Q——处理水量，m^3/h；

   C——臭氧投加量，mg/(L·水)。

臭氧发生器产生的臭氧化气，通过气水接触设备扩散于原水中，通常是采用微孔扩散器、鼓泡塔或喷射器、涡轮混合器等。臭氧的利用率要力求达到 90% 以上，剩余臭氧随尾气外排。

臭氧接触装置是保证臭氧氧化处理效果的关键环节，为保证接触装置的设计合理、可靠，应通过模拟试验取得设计参数。臭氧接触装置的类型及设计方法均在给水排水设计手册第 3 册《城镇给水》中有系统的介绍。但由于在三级处理中使用臭氧更侧重于对有机污染物的氧化功能，且介质中的有机物浓度和细菌总数也都高于一般的地面水水源，因此在设计中应按三级处理的水质条件来确定臭氧投加量和接触时间，并根据这一特点来选择适宜的接触装置。臭氧的消耗不仅取决于 COD 的降解幅度，还与 COD 的组分有着密切的关系。所以对不同的原水，臭氧消耗量也是不同的。此外，在三级处理中即使单纯采用臭氧进行消毒，臭氧的消耗量也比给水消毒处理的消耗量大得多，这也是由于三级处理原水中的有机污染物要大量消耗臭氧所造成的。如果比较一下氯气消毒的情况，就会发现同样的趋势。在没有模拟试验条件和项目前期设计时，三级处理的臭氧氧化单元可参考下述经验设计参数：

通常情况下三级处理中臭氧氧化单元的接触时间较长、接触装置的设计容积较大，宜采用大型给水处理厂中常用的多扩散室接触池。这是由于接触时间与 COD 的降解幅度和COD 的组分有关，在大幅度降解 COD 时，往往需要较长的臭氧接触时间。而臭氧在水中的半衰期又只有 20min 左右，所以不得不通过增加接触池的段数来满足接触时间的要求。根据不同的处理要求和水质情况可考虑设 3~6 段扩散室，每段扩散室的接触时间为 8~15min。既可按等份分割布置，也可采用变容积的渐扩分割布置。多室接触池中的臭氧扩散装置与曝气池的曝气系统十分相似，多采用微孔曝气头来释放臭氧化气；接触池的设计水深一般不小于 5m，以保证曝气头的浸没深度，提高臭氧的吸收率。其池型与高纯氧曝气池很相似，池顶设盖板将接触池封闭，以利于回收尾气、避免臭氧泄露。典型的四段变容扩散室接触池如图 5-21 所示。

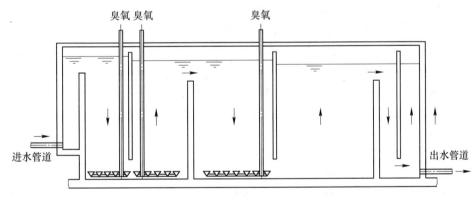

图 5-21 四段变容扩散室接触池

臭氧是一种有毒气体，吸入人体将对健康产生不同程度的影响，臭氧尾气直接排放将对周围环境造成污染。因此，当从臭氧接触器排除的尾气浓度较大时，应进行尾气处理。因尾气中的臭氧对原水中的杂质仍有氧化作用，通常的方法是回收利用。尾气的回用既解决了环境污染问题，又非常经济。另外还可以将尾气通入活性炭过滤器，因为活性炭能吸附臭氧，并和臭氧进行反应，促使臭氧分解。还可采用燃烧法，将臭氧尾气通入燃烧炉内火焚。

5.7.3 臭氧氧化深度处理煤化工废水

煤化工废水二级生化处理工艺出水（简称焦化二级出水）COD 值一般高于 200mg/L左右，远高于排放标准（GB 16171—2012）中的限值（新建厂 80mg/L）。为了能够达标排放，部分企业采用臭氧氧化工艺对二级出水进行深度处理，出水外排，或作为再生水回用。我国焦化厂多在北方缺水地区，臭氧工艺出水作为再生水的比例越来越高，随着湿法熄焦慢慢被干法熄焦替代，更多的再生水用作景观、道路喷洒，局部地区也用作林业和农业用水。

经生化处理后煤化工废水的有机组分主要为芳香烃、长链烷烃、杂环化合物、邻苯二甲酸酯类难降解有机物；经臭氧氧化后，大部分难降解有机物被完全去除，一部分被分解生成了一些中间产物和衍生物，如酰氯、酮类、醇类等易降解有机物，可生化性大大提高。因此，用臭氧氧化处理经生化处理后的煤化工废水，后续接一级生化处理，有望使出水水质达到《污水综合排放标准》（GB8978—1996）的一级标准。

臭氧氧化深度处理工艺的出水风险一直被全世界广泛关注。研究显示，臭氧氧化并不能将二级出水中PTS（包括多环芳烃、内分泌干扰物、药物和个人护理品）完全矿化，有时会产生毒性更高的中间产物。即便臭氧氧化出水不用作再生水，也被认为是地表水PTS的一个主要来源，出水水质毒性值得关注。

焦化二级出水中也含有多环芳烃和内分泌干扰物等持久性有毒污染物（PTS），臭氧氧化处理也可能产生较高风险的中间产物。然而目前对臭氧氧化处理焦化二级出水主要关注COD等指标的降低，需要开展有关PTS去除及出水水质毒性研究，并据此合理调控臭氧氧化工艺，采取科学有效的技术手段保障出水水质安全。

市政生活污水二级出水（简称市政二级出水）臭氧氧化过程微污染物去除和出水水质毒性变化是近年来国内外的研究热点，尤其是在臭氧氧化中间产物和氧化机理方面开展了大量研究，大多数研究依靠HPLC-MS对中间产物检测分析，结合化学原理（甚至借助假设）推断反应机理。二级出水成分较多、臭氧氧化机理复杂、部分中间产物浓度较低，这给中间产物和机理研究带来了巨大的挑战。一般来说，污染物直接臭氧氧化的速率存在较大差异，不同污染物的臭氧直接氧化存在着竞争关系；微污染物间接氧化速率（被HO·氧化）相差不大，但是二级出水中溶解性有机质（EfOM）能与HO·反应，通过竞争抑制微污染物的间接氧化；EfOM又可以与O_3反应产生HO·，促进微污染物的间接氧化；最近的研究还认为活性中间产物与EfOM也能进行反应。因此，EfOM转化与微污染物去除之间存在着较复杂的关系。EfOM在消毒工艺中会产生消毒副产物，一些研究认为EfOM本身也能产生水质毒性，带来潜在的风险。EfOM是一类复杂有机物，定性定量分析均较困难，最新的研究虽报道了其对污染物去除存在影响，但还远不足以揭示臭氧氧化中EfOM与PTS相互影响的规律。

目前，二级出水臭氧氧化后的水质毒性研究也广受关注。现有的研究还无法揭示臭氧氧化出水水质毒性变化规律。目前还没有焦化二级出水中EfOM与PTS的协同转化研究，也鲜有针对焦化二级出水臭氧氧化出水水质毒性变化的研究。焦化废水是煤焦化过程中产生的废水，而煤的主要组成部分就是腐殖质，因而焦化废水中溶解性有机质的浓度会更高。焦化废水二级生化处理工艺效率有时远低于市政生活污水二级生化工艺，因而焦化废水二级出水中EfOM浓度会更高，在臭氧氧化过程中其与PTS相互影响会更复杂。从某种角度讲，焦化二级出水臭氧氧化过程中毒性变化更值得研究。首先，焦化废水中有毒污染物浓度高于市政污水，其生化工艺效率一般低于生活污水生化处理工艺，因而焦化二级出水中PTS浓度会更高，已有的研究也证明了这点。因此，臭氧氧化深度处理后出水水质毒性会更高，更值得关注。焦化二级出水臭氧氧化处理研究也有其自己的特点。首先，污染物浓度高使得检测起来更容易，有利于规律探索。其次，相对于市政生活污水，焦化废水水质波动幅度更大，对二级生化系统扰动更强，二级出水水质波动幅度也更大，出水中PTS 浓度变化幅度也非常大，这就要求合理的调控臭氧氧化工艺。不然极端条件下臭氧氧化出水中 PTS 会很高，环境风险也会非常高。最后，焦化二级出水中 EfOM 浓度比市政二级出水中高，氧化过程出水中 EfOM 带来的风险也会更高。

5.7.4 催化臭氧氧化深度处理煤化工废水

由于臭氧氧化的特点，臭氧单独氧化时反应体系中容易残留许多与臭氧反应速率很慢的脂肪类化合物，同时，许多反应中间产物如乙酸、草酸和乙醛酸等也因与臭氧反应速率过慢而在反应体系中逐渐积累。因此，为了提高反应效率，另外一种与臭氧有关的高级氧化技术——催化臭氧化技术就应运而生了。

催化臭氧氧化技术是近年发展起来的一种新型的在常温常压下将那些难以用臭氧单独氧化或降解的有机物氧化的方法。催化臭氧氧化技术利用反应过程中产生的大量强氧化性自由基（羟基自由基）来分解水中的有机物从而达到水质净化。催化臭氧氧化可分为均相催化臭氧氧化和非均相催化臭氧氧化。

均相催化臭氧氧化在提高有机物和反应体系 TOC 的去除率上具有一定的优势，不同的活性组分都具有一定的效果。但是由于均相催化臭氧氧化在溶液中需要持续加入金属离子，增加了运行成本，同时重金属离子一般都具有较高的毒性，可能引起水体二次污染，使得均相催化臭氧氧化技术的实际应用受到很大的限制。非均相催化臭氧化技术由于固体催化剂易于与废水分离，二次污染少，便于连续操作，因此具有广阔的应用前景。

按照载体性质催化剂可以分为非金属催化剂和金属氧化物催化剂两大类。金属氧化物催化臭氧氧化技术的研究很多。能用于催化臭氧氧化技术的金属氧化物多为 p 型氧化物，p 型氧化物的特点是具有吸附氧气的能力并能产生富电子物质如 $-O-$ 和 $-O_2-$，而非金属催化臭氧氧化技术用的催化剂载体主要是活性炭和硅胶，其中活性炭载体因其比表面积大、吸附能力强、没有载体溶出等优点，是近年来研究的热点。

尽管催化臭氧氧化工艺的研究受到了广泛的关注，但是目前关于催化臭氧氧化工艺的商业产品和实际案例还非常少，最大的原因是目前还缺少稳定的催化剂，实际应用过程中，催化剂会存在表面积炭失活、活性组分流失失活以及载体组分流失失活等现象。其次，目前开发的催化剂对臭氧氧化工艺的效果提高比较有限，其活性还无法达到工业应用的要求，尽管不少文献报道了催化剂能够提高臭氧氧化处理废水过程中对 COD 和 TOC 的去除，但是不少情况下有机物去除的增加是由于催化剂对有机物吸附导致的，在长时间的工业试验中，由于催化剂表面吸附饱和，催化剂对 COD 和 TOC 去除的促进作用会消失。最后，由于臭氧氧化工艺目前在煤化工废水深度处理中主要是与曝气生物滤池联合使用，是以降解有机物为目的，而不是以去除 COD 和 TOC 为目的，而催化臭氧氧化工艺的开发主要是以去除 COD 和 TOC 为目的，因此煤化工废水处理的实际工程中基本不使用催化臭氧氧化工艺。

5.8　电化学氧化工艺

5.8.1　电化学氧化技术概述

电化学氧化水处理工艺是通过电极表面的氧化作用或由电场作用而产生的强氧化剂的氧化作用，将水和废水中的有机污染物氧化而去除的一种新兴水处理技术。电化学水处理过程包括两个方面：一是使污染物在电极上发生直接电催化氧化反应而转化的"直接电化学过程"；二是利用电极表面产生的强氧化性活性物种使污染物发生氧化还原转变的间接电化学过程。这两个过程均伴有放出 H_2 与 O_2 的副反应，电流效率与析氧、析氢的程度密切相关，但通过电极材料的选择和电位控制可以减少电流的析氧损失，提高电流效率。直接、间接电化学过程的分类并不是绝对的，实际上一个完整的有机物电化学降解过程往往包含电极上的直接电化学氧化和间接电化学氧化两个过程。

目前，国内电化学水处理技术的应用虽已有一定基础，同国外相比还显得比较分散、不系统，又多集中在重金属去除及含氰废水处理方面。电化学法在有机废水处理方面的应用正逐步发展，但对其机理的研究还远远不够。因此，还无法通过机理来指导电化学氧化工艺的设计，需要通过大量的试验研究来积累设计参数。

5.8.2　电化学氧化深度处理煤化工废水

如图 5 – 22 所示为实验室电化学氧化装置的示意图。电解槽由有机玻璃制成，曝气系统经由曝气头布气后再经穿孔板（3.00mm），以达到均匀布气，阳极为钛基涂层电极（$Ti/RuO_2 \cdot IrO_2$），阴极都为 316L 的钢，电极的尺寸为 10.50cm（高）×22.00cm（长），厚度均为 1.00mm。其尺寸为 27.00cm（长）×19.00cm（宽）×24.00cm（高），去除超高以及布气系统所占的容积外，能处于电极有效处理的体积为 8.00L 左右。试验水质为北方某钢铁焦化厂二沉池出水，其水质部分参数见表 5 – 17。试验采用正交试验，在正交试验进行之前，通过大量预处理试验，选取电流密度、极板间距、pH、电导率、电解时间的五因素四水平的正交表，pH 以二沉池出水国家标准（6~9）进行水平选取，电导率水平选取在实际废水电导率左右进行，电解以 5 对极板进行（不考虑旁路，有 9 条电解回路），即面体比为 $25.99m^2/m^3$，正交试验的因素及水平见表 5 – 18。

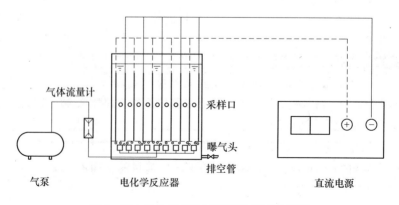

图 5 – 22　电化学氧化试验装置系统示意图

表5-17 焦化废水水质

水质指标	COD /mg·L⁻¹	电导率 /μS·cm⁻¹	C_{Cl^-} /mg·L⁻¹	TN /mg·L⁻¹	NH₃-N /mg·L⁻¹	挥发酚 /mg·L⁻¹	氰化物 /mg·L⁻¹	石油类 /mg·L⁻¹	浊度/NTU
数值	304.10 ~ 367.00	6250.00	1313.00	131.30	92.00 ~ 194.00	1.12 ~ 1.42	4.55 ~ 4.76	34.00 ~ 52.00	4.80

表5-18 正交试验安排

所在列	1	2	3	4	5
因素	电流密度/mA·cm⁻²	极板间距/cm	电解时间/min	pH值	电导率/μS·cm⁻¹
实验1	5.58(11.60A)	0.75	40.00	6	6500.00
实验2	5.58(11.60A)	1.00	50.00	7	7000.00
实验3	5.58(11.60A)	1.25	60.00	8	7500.00
实验4	5.58(11.60A)	1.50	70.00	9	8000.00
实验5	8.32(17.30A)	0.75	50.00	8	8000.00
实验6	8.32(17.30A)	1.00	40.00	9	7500.00
实验7	8.32(17.30A)	1.25	70.00	6	7000.00
实验8	8.32(17.30A)	1.5.0	60.00	7	6500.00
实验9	11.10(23.10A)	0.75	60.00	9	7000.00
实验10	11.10(23.10A)	1.00	70.00	8	6500.00
实验11	11.10(23.10A)	1.25	40.00	7	8000.00
实验12	11.10(23.10A)	1.50	50.00	6	7500.00
实验13	13.90(28.90A)	0.75	70.00	7	7500.00
实验14	13.90(28.90A)	1.00	60.00	6	8000.00
实验15	13.90(28.90A)	1.25	50.00	9	6500.00
实验16	13.90(28.90A)	1.50	40.00	8	7000.00

正交试验结果如表5-19所示。

表5-19 正交试验结果

所在列	1	2	3	4	5	实验结果			
因素	电流密度 /mA·cm⁻²	极板间距 /cm	电解时间 /min	pH值	电导率 /μS·cm⁻¹	NH₃-N /%	COD/%	苯酚/%	电耗 /kW·h
实验1	5.58(11.60A)	0.75	40.00	6	6500.00	23.08	12.22	89.44	4.59
实验2	5.58(11.60A)	1.00	50.00	7	7000.00	20.42	39.34	87.55	5.50
实验3	5.58(11.60A)	1.25	60.00	8	7500.00	12.87	23.61	71.28	6.67
实验4	5.58(11.60A)	1.50	70.00	9	8000.00	10.47	25.25	64.18	8.63
实验5	8.32(17.30A)	0.75	50.00	8	8000.00	30.18	38.64	100.00	8.74
实验6	8.32(17.30A)	1.00	40.00	9	7500.00	20.88	44.08	85.48	7.21
实验7	8.32(17.30A)	1.25	70.00	6	7000.00	5.76	38.55	71.20	14.63

所在列	1	2	3	4	5	实 验 结 果			
因素	电流密度/mA·cm⁻²	极板间距/cm	电解时间/min	pH 值	电导率/μS·cm⁻¹	NH₃–N/%	COD/%	苯酚/%	电耗/kW·h
实验 8	8.32(17.30A)	1.50	60.00	7	6500.00	18.22	36.84	78.18	14.06
实验 9	11.10(23.10A)	0.75	60.00	9	7000.00	51.88	40.23	94.29	16.75
实验 10	11.10(23.10A)	1.00	70.00	8	6500.00	80.09	57.62	100.00	19.88
实验 11	11.10(23.10A)	1.25	40.00	7	8000.00	21.59	33.19	89.40	12.42
实验 12	11.10(23.10A)	1.50	50.00	6	7500.00	10.48	25.97	60.86	17.57
实验 13	13.90(28.90A)	0.75	70.00	7	7500.00	94.03	56.25	100.00	19.51
实验 14	13.90(28.90A)	1.00	60.00	6	8000.00	77.23	56.52	100.00	22.40
实验 15	13.90(28.90A)	1.25	50.00	9	6500.00	14.48	20.25	80.00	22.28
实验 16	13.90(28.90A)	1.50	40.00	8	7000.00	7.29	23.29	57.00	19.39

对于处理效果从氨氮去除效果、COD 去除效果、苯酚去除效果以及电耗等四个方面进行分析。通过直观分析得出较优水平，通过方差（0.10 水平）分析得出各因素对实验结果影响水平，最后形成正交效应曲线图，假设备因素之间无交互作用。根据 COD 处理效果可以得到较优水平为：电流密度 = 11.10mA/cm²，极板间距 = 1.00cm，电解时间 = 70.00min，pH = 7，电导率 = 8000.00μS/cm。因素影响水平为：极板间距 > 电流密度 > 电解时间 > 电导率 > pH，其中极板间距、电流密度和电解时间的影响远比电导率和 pH 影响大，但在 0.10 水平都无显著影响。具体结果见表 5 – 20 和表 5 – 21。

表 5 – 20　COD 处理效果直观分析表

所在列	1	2	3	4	5	实验结果
因素	电流密度/mA·cm⁻²	极板间距/cm	电解时间/min	pH 值	电导率/μS·cm⁻¹	COD 去除率/%
实验 1	1	1	1	1	1	12.22
实验 2	1	2	2	2	2	30.34
实验 3	1	3	3	3	3	23.61
实验 4	1	4	4	4	4	25.25
实验 5	2	1	2	3	4	38.64
实验 6	2	2	1	4	3	44.08
实验 7	2	3	4	1	2	38.55
实验 8	2	4	3	2	1	36.84
实验 9	3	1	3	4	2	44.23
实验 10	3	2	4	3	1	57.62
实验 11	3	3	1	2	4	33.19
实验 12	3	4	2	1	3	25.97
实验 13	4	1	4	2	3	56.25
实验 14	4	2	3	1	2	56.52
实验 15	4	3	2	4	1	20.25

所在列	1	2	3	4	5	实验结果
因素	电流密度/mA·cm^{-2}	极板间距/cm	电解时间/min	pH 值	电导率/μS·cm^{-1}	COD 去除率/%
实验 16	4	4	1	3	2	23.29
均值 1	22.86	37.84	28.19	33.32	31.73	
均值 2	39.53	47.14	28.80	39.16	34.10	
均值 3	40.25	28.90	40.30	35.79	37.48	
均值 4	39.08	27.84	44.42	33.45	38.40	
极差	17.39	19.30	16.22	5.84	6.67	

表 5－21　COD 处理效果方差分析表

因　素	偏差平方和	自由度	F 比	F 临界值
电流密度/mA·cm^{-2}	845.92	3	1.50	2.49
极板间距/cm	972.78	3	1.72	2.49
电解时间/min	803.18	3	1.42	2.49
pH 值	89.56	3	0.16	2.49
电导率/μS·cm^{-1}	113.79	3	0.20	2.49
误　差	2825.22	15		

根据氨氮处理效果可以得到较优水平为：电流密度 = 13.90mA/cm^2，极板间距 = 1.00cm 或 0.75cm，电解时间 = 70.00min，pH = 7，电导率 = 8000.00μS/cm 或 7500.00μS/cm。因素影响水平为：极板间距 > 电流密度 > 电解时间 > 电导率 > pH，其中极板间距、电流密度和电解时间的影响远比电导率和 pH 影响大，并且极板间距非常接近显著水平（0.10 水平）。具体结果见表 5－22 和表 5－23。

表 5－22　氨氮去除率直观分析表

所在列	1	2	3	4	5	实验结果
因素	电流密度/mA·cm^{-2}	极板间距/cm	电解时间/min	pH 值	电导率/μS·cm^{-1}	氨氮去除率/%
实验 1	1	1	1	1	1	23.08
实验 2	1	2	2	2	2	20.42
实验 3	1	3	3	3	3	12.87
实验 4	1	4	4	4	4	10.47
实验 5	2	1	2	3	4	30.18
实验 6	2	2	1	4	3	20.88
实验 7	2	3	4	1	2	5.76
实验 8	2	4	3	2	1	18.22
实验 9	3	1	3	4	2	51.88
实验 10	3	2	4	3	1	80.09
实验 11	3	3	3	2	4	21.59

续表 5 - 22

所在列	1	2	3	4	5	实验结果
因素	电流密度/mA·cm^{-2}	极板间距/cm	电解时间/min	pH 值	电导率/μS·cm^{-1}	氨氮去除率/%
实验 12	3	4	2	1	3	10.48
实验 13	4	1	4	2	3	94.03
实验 14	4	2	3	1	4	77.23
实验 15	4	3	2	4	1	14.48
实验 16	4	4	1	3	2	7.29
均值 1	16.71	49.79	18.21	29.14	33.97	
均值 2	18.76	49.66	18.89	38.56	21.34	
均值 3	41.01	13.68	40.05	32.61	34.57	
均值 4	48.26	11.62	47.59	24.43	34.87	
极差	31.55	38.18	29.38	14.14	13.53	

表 5 - 23 氨氮去除率方差分析表

因 素	偏差平方和	自由度	F 比	F 临界值
电流密度/mA·cm^{-2}	3007.63	3	1.24	2.49
极板间距/cm	5507.86	3	2.27	2.49
电解时间/min	2668.59	3	1.10	2.49
pH 值	425.38	3	0.18	2.49
电导率/μS·cm^{-1}	518.80	3	0.21	2.49
误 差	12128.26	15		

根据苯酚处理效果可以得到较优水平为：电流密度 = 13.90mA/cm^2，极板间距 = 1.00cm 或 0.75cm，电解时间 = 60.00min，pH = 7，电导率 = 8000.00μS/cm。因素影响水平为：极板间距 > 电导率 > pH > 电流密度 > 电解时间，其中极板间距的影响远比其他条件影响大，并且达到显著水平（0.10 水平），其他条件影响都不是很大。具体结果见表 5 - 24 和表 5 - 25。

表 5 - 24 苯酚去除率直观分析表

所在列	1	2	3	4	5	实验结果
因素	电流密度/mA·cm^{-2}	极板间距/cm	电解时间/min	pH	电导率/μS·cm^{-1}	苯酚去除率/%
实验 1	1	1	1	1	1	89.44
实验 2	1	2	2	2	2	87.55
实验 3	1	3	3	3	3	71.28
实验 4	1	4	4	4	4	64.18
实验 5	2	1	2	3	4	100.00
实验 6	2	2	1	4	3	85.48
实验 7	2	3	4	1	2	71.20

所在列	1	2	3	4	5	实验结果
因素	电流密度/mA·cm^{-2}	极板间距/cm	电解时间/min	pH	电导率/μS·cm^{-1}	苯酚去除率/%
实验8	2	4	3	2	1	78.18
实验9	3	1	3	4	2	94.29
实验10	3	2	4	3	1	100.0
实验11	3	3	1	2	4	89.40
实验12	3	4	2	1	3	60.86
实验13	4	1	4	2	3	100.00
实验14	4	2	3	1	3	100.00
实验15	4	3	2	4	1	80.00
实验16	4	4	1	3	2	57.00
均值1	78.11	95.93	80.33	80.38	86.91	
均值2	83.72	93.26	82.10	88.78	77.51	
均值3	86.14	77.97	85.94	82.07	79.41	
均值4	84.25	65.06	83.84	80.99	88.39	
极差	8.02	30.88	5.61	8.41	10.89	

表 5-25 苯酚去除方差分析表

因素	偏差平方和	自由度	F 比	F 临界值
电流密度/mA·cm^{-2}	143.18	3	0.22	2.49
极板间距/cm	2479.11	3	3.85	2.49
电解时间/min	69.06	3	0.11	2.49
pH 值	180.93	3	0.28	2.49
电导率/μS·cm^{-1}	349.63	3	0.54	2.49
误 差	3221.91	15		

　　根据能耗分析可以得到较优水平为：电流密度 = 13.90mA/cm^2，极板间距 = 1.00cm 或 0.75cm，电解时间 = 60.00min，pH = 7，电导率 = 8000.00μS/cm。因素影响水平为：电流密度 > 电解时间 > 电导率 > 极板间距 > pH，其中电流密度的影响远比其他条件影响大，并且达到显著水平（0.10 水平）甚至极显著水平，其他条件影响都不是很大。具体结果见表 5-26 和表 5-27。

　　能耗与电流密度的二次方成正比，而与电阻和时间的一次方成正比，故电流密度的影响远大于其他影响因素。在间距非常小的二维实验条件下，电导率和极板间距对简化电路电阻的影响已经非常小了，从这一点出发可以推导出溶液电阻相对极板内阻来说小得多，小到可以不计，因此从经济方面考虑，在小间距电解时可以在低的电导率下进行电解，而不必投盐增加电导，因为投盐增加电导并不能减少能耗，而且电导对于 COD、氨氮、苯酚的去除率也并没有很大的影响。

表 5 - 26   能耗直观分析表

所在列	1	2	3	4	5	实验结果
因素	电流密度/mA·cm^{-2}	极板间距/cm	电解时间/min	pH 值	电导率/μS·cm^{-1}	能耗/kW·h
实验 1	1	1	1	1	1	4.59
实验 2	1	2	2	2	2	5.50
实验 3	1	3	3	3	3	6.67
实验 4	1	4	4	4	4	8.63
实验 5	2	1	2	3	4	8.74
实验 6	2	2	1	4	3	7.21
实验 7	2	3	4	1	2	14.63
实验 8	2	4	3	2	1	14.06
实验 9	3	1	3	4	2	16.75
实验 10	3	2	4	3	1	19.88
实验 11	3	3	1	2	4	12.42
实验 12	3	4	2	1	3	17.57
实验 13	4	1	4	2	3	19.51
实验 14	4	2	3	1	4	22.40
实验 15	4	3	2	4	1	22.28
实验 16	4	4	1	3	2	19.39
均值 1	6.35	12.39	10.90	14.79	15.20	
均值 2	11.16	13.75	13.52	12.87	14.07	
均值 3	16.66	14.00	14.97	13.67	12.74	
均值 4	20.89	14.91	15.66	13.72	13.05	
极差	14.55	2.52	4.76	1.92	2.46	

表 5 - 27   能耗方差分析表

因 素	偏差平方和	自由度	F 比	F 临界值
电流密度/mA·cm^{-2}	483.98	3	4.23	2.49
极板间距/cm	12.97	3	0.11	2.49
电解时间/min	53.22	3	0.46	2.49
pH 值	7.49	3	0.065	2.49
电导率/μS·cm^{-1}	14.89	3	0.13	2.49
误 差	572.56	15		

从以上分析可以看出，电流密度和极板间距对处理结果影响最大，而其中以极板间距影响最显著，电流密度增加能加快反应速率，而极板间距加大后往往导致处理效果直线下降，说明反应处于扩散控制下。综合考虑，选择电流密度 = 13.90mA/cm^2，极板间距 = 1.00cm 作为较优水平，由于 pH 值、电导率对试验结果影响不大，故电导率配水后不加调节，在 6800.00mS/cm 左右，pH 值也不加以调节，在中性进行电解。

5.9　煤化工废水活性炭吸附深度处理技术

5.9.1　吸附技术概述

吸附是指利用多孔性固体吸附废水中某种或几种污染物，以回收或去除某些污物，从而使废水得到净化的方法。

吸附是一种界面现象，其作用发生在两个相的界面上。例如活性炭与废水相接触，废水中的污染物会从水中转移到活性炭的表面上，这就是吸附作用。具有吸附能力的多孔性固体物质称为吸附剂。而废水中被吸附的物质称为吸附质。

根据吸附剂表面吸附力的不同，吸附可分为物理吸附和化学吸附两种类型。物理吸附指吸附剂与吸附质之间通过范德华力而产生的吸附；而化学吸附则是由原子或分子间的电子转移或共有，即剩余化学键力所引起的吸附。在水处理中，物理吸附和化学吸附并不是孤立的，往往相伴发生，是两类吸附综合的结果，例如有的吸附在低温时以物理吸附为主，而在高温时以化学吸附为主。表 5 – 28 是两类吸附特征的比较。

表 5 – 28　两类吸附特征的比较

吸附性能	吸 附 类 型	
	物理吸附	化学吸附
作用力	分子引力（范德华力）	剩余化学价键力
选择性	一般没有选择性	有选择性
形成吸附层	单分子或多分子吸附层均可	只能形成单分子吸附层
吸附热	较小，一般在 41.9kJ/mol 以内	较大，相当于化学反应热，一般在 83.7～418.7kJ/mol
吸附速度	快，几乎不要活化能	较慢，需要一定的活化能
温度	放热过程，低温有利于吸附	温度升高，吸附速度增加
可逆性	较易解吸	化学价键力大时，吸附不可逆

影响吸附的因素较多，了解影响吸附因素可合理地选择吸附剂和控制合适的操作条件。影响吸附的主要因素有吸附剂特性、吸附质特性和吸附过程的操作条件等。

吸附剂的比表面积越大，吸附能力就越强。吸附剂种类不同，吸附效果也不同，一般是极性分子（或离子）型的吸附剂吸附极性分子（或离子）型的吸附质；非极性分子型的吸附剂易于吸附非极性的吸附质。此外，吸附剂的颗粒大小、细孔构造和分布情况以及表面化学性质等对吸附也有很大影响。

吸附质溶解度、表面自由能、极性和吸附质浓度等特性对吸附的效果均有影响。吸附质的溶解度对吸附有较大影响。吸附质的溶解度越低，一般越容易被吸附。能降低液体表面自由能的吸附质，容易被吸附。例如活性炭吸附水中的脂肪酸，由于含碳较多的脂肪酸，可使炭液界面自由能降低得较多，所以吸附量也较大。极性的吸附剂易吸附极性的吸附质，非极性的吸附剂易于吸附非极性的吸附质，所以吸附质的极性是吸附的重要影响因素之一。例如活性炭是一种非极性吸附剂（或称疏水性吸附剂），可从溶液中有选择地吸附非极性或极性很低的物质。硅胶和活性氧化铝为极性吸附剂（或称亲水性吸附剂），它可以从溶液中有选择地吸附极性分子（包括水分子）。

吸附质浓度对吸附的影响是当吸附质温度较低时，由于吸附剂表面大部分是空着的，因此适当提高吸附质浓度将会提高吸附量，但浓度提高到一定程度后，再提高浓度时，吸附量虽有增加，但速度减慢。说明吸附剂表面已大部分被吸附质占据。当全部吸附表面被吸附质占据后，吸附量便达到极限状态，吸附量就不再因吸附质浓度的提高而增加。

吸附质分子大小和不饱和度对吸附也有影响。例如活性炭与沸石相比，前者易吸附分子直径较大的饱和化合物，后者易吸附直径较小的不饱和化合物。应该指出的是，活性炭对同族有机物的吸附能力，虽然随有机物相对分子质量的增大而增强，但相对分子质量过大会影响扩散速度。所以当有机物相对分子质量超过 1000 时，需进行预处理，将其分解为较小相对分子质量后再进行活性炭吸附。

废水的 pH 值对吸附剂和吸附质的性质都有影响。活性炭一般在酸性溶液中比在碱性溶液中的吸附能力强。同时，pH 值对吸附质在水中的存在状态（分子、离子、络合物等）及溶解度有时也有影响，从而影响吸附效果。

吸附剂可吸附多种吸附质，因此如共存多种吸附质时，吸附剂对某种吸附质的吸附能力比只有该种吸附质时的吸附能力低。

因为物理吸附过程是放热过程，温度高时，吸附量减少，反之吸附量增加。温度对气相吸附影响较大，对液相吸附影响较小。

在进行吸附时，应保证吸附剂与吸附质有一定的接触时间，使吸附接近平衡，以充分利用吸附能力。达到吸附平衡所需的时间取决于吸附速度，吸附速度越快，达到吸附平衡的时间越短，相应的吸附容器体积就越小。

在废水处理中，吸附操作分为静态吸附和动态吸附两种。废水在不流动的条件下进行的吸附操作称为静态吸附操作，所以静态吸附操作是间歇式操作。静态吸附操作的工艺过程是把一定量的吸附剂投入欲处理的废水中，不断地进行搅拌，达到吸附平衡后，再用沉淀或过滤的方法使废水与吸附剂分开。如一次吸附后出水水质达不到要求时，往往采用多次静态吸附操作多次吸附。由于麻烦，在废水处理中应用较少。静态吸附常用装置有水池和桶等。动态吸附操作是废水在流动条件下进行的吸附操作。动态吸附操作常用的装置有固定床、移动床和流化床三种。

固定床是废水处理中常用的吸附装置，如图 5-23 所示，当废水连续地通过填充吸附剂的设备时，废水中的吸附质便被吸附剂吸附。若吸附剂数量足够时，从吸附设备流出的废水中吸附质的浓度可以降低到零。吸附剂使用一段时间后，出水中的吸附质的浓度逐渐增加，当增加到一定数值时，应停止通水，将吸附剂

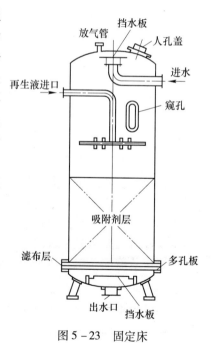

图 5-23 固定床

进行再生。吸附和再生可在同一设备内交替进行，也可以将失效的吸附剂排出，送到再生设备进行再生。因这种动态吸附设备中，吸附剂在操作过程中是固定的，所以叫固定床。

固定床根据水流方向又分为升流式和降流式两种。降流式固定床中，水流自上而下流

动,出水水质较好,但经过吸附后的水头损失较大,特别是处理含悬浮物较高的废水时,为了防止悬浮物堵塞吸附层需定期进行反冲洗。有时在吸附层上部,设有反冲洗设备。在升流式固定床中,水流自下而上流动,当发现水头损失增大,可适当提高水流流速,使填充层稍有膨胀(上下层不要互相混合)就可以达到自清的目的。升流式固定床的优点是由于层内水头损失增加较慢,所以运行时间较长。其缺点是对废水入口处吸附层的冲洗难于降流式,并且流量或操作一时失误则会使吸附剂流失。

固定床根据处理水量、原水的水质和处理要求可分为单床式、多床串联式和多床并联式三种,如图5-24所示。

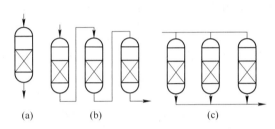

图5-24 固定床吸附操作示意图
(a)单床式;(b)多床串联式;(c)多床并联式

对于规模较大的废水处理(每天数万立方米)多采用平流式或降流式吸附滤池。平流式吸附滤池把整个池身分为若干个小的吸附滤池区间,这样的构造,可以使设备保持连续不断地工作,某一段再生时,废水仍可进入其余区段处理,不致影响全池工作。

移动床的运行操作方式如图5-25所示。原水从吸附塔底部流入和吸附剂进行逆流接触,处理后的水从塔顶流出,再生后的吸附剂从塔顶加入,接近吸附饱和的吸附剂从塔底间歇地排出。

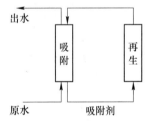

图5-25 移动床吸附操作

移动床较固定床能够充分利用吸附剂的吸附容量,水头损失小。由于采用升流式,废水从塔底流入,从塔顶流出,被截留的悬浮物随饱和的吸附剂间歇地从塔底排出,所以不需要反冲洗设备。但这种操作方式要求塔内吸附剂上下层不能互相混合,操作管理要求高。移动床适宜于处理有机物浓度高和低的废水,也可以用于处理含悬浮固体的废水。

流动床也叫做流化床。吸附剂在塔中处于膨胀状态,塔中吸附剂与废水逆向连续流动。流动床是一种较为先进的床型。与固定床相比,可使用小颗粒的吸附剂,吸附剂一次投量较少,不需反洗,设备小,生产能力大,预处理要求低。但运转中操作要求高,不易控制,同时对吸附剂的机械强度要求高。目前应用较少。

5.9.2 活性炭吸附技术深度处理煤化工废水

在煤化工废水深度处理中,一般采用活性炭吸附。通过活性炭吸附,可以去除一般的生化处理和物化处理单元难以去除的微量污染物质。如高分子烃类、卤代烃、氯化芳烃、多环芳烃、酚类、苯类等。在煤化工废水三级处理中的活性炭吸附单元基本上是直接由给水处理工程借鉴而来,所采用的设计方法和材料设备均与给水处理系统相同。

活性炭既可以按生产原料分类，也可以按其性状和使用功能来分类。生产活性炭的原料不同，产品的特性和用途也不同。如用木材制成的活性炭具有最大的孔隙，往往专门用于液相吸附。而用果壳制成的活性炭则因孔隙最小，常用于吸附气相小分子。有关各种品牌活性炭产品的规格、性能、用途及生产厂商等均可查阅《给水排水设计手册》第12册《器材与装置》和《给水排水设计手册·材料设备》（续册）第4册。在同一类应用领域中，活性炭产品的性状和类型常决定其使用方式，因此在水处理行业中多采用此种分类方式。活性炭产品一般有粉状、粒状和块状三种。在各种水处理中，以粉状活性炭 PAC 和粒状活性炭 GAC 最为常见，但粉状炭与粒状炭的使用方法及吸附装置都是完全不同的。粉状活性炭常与混凝剂联合使用，投加于絮凝剂单元中。粒状活性炭则往往装于容器内作为滤料使用。

在活性炭吸附装置中，使用最多的是滤床类吸附装置。其滤床类吸附装置又可分为固定床、移动床和流动床等，固定床的构造、工作方式、反冲洗方式等都与普通快滤池十分相似，只是把砂滤层换成了粒状活性炭。移动床和流动床的工作方式则类似于用于水质软化的离子交换装置。有关滤床吸附装置的构造特点、工作原理、设计方法、炭粒再生方法等均在《给水排水设计手册》第3册"城镇给水"中有详细介绍，可在设计中参考。

5.9.3 活性炭吸附实验

5.9.3.1 确定吸附容量

活性炭对水中有机物质的吸附效果受许多因素影响，如活性炭颗粒大小、溶质浓度和水温等。因此须通过吸附容量试验来测定单位质量活性炭能吸附的溶质质量。

测定不同活性炭对水中杂质的吸附容量，可将质量为 m 的某一型号活性炭放到初始溶质浓度为 C_0、容积为 V 的水样中，不断搅拌，直至达到吸附平衡（即溶质浓度不再变化）时，再测定溶质的浓度 C_e，便可求出单位质量的活性炭在平衡时所吸附的溶质质量，即吸附容量（mg/g 炭）：

$$q_c = x/m = V(C_0 - C_e)/m$$

在一定温度下，吸附容量 q_c 和溶质浓度 C_e 的关系可用 Freundlich 吸附等温式表示：

$$q_c = nKC_e$$

式中，K、n 为常数。

在双对数坐标纸上，$\lg q_c$ 和 $\lg C_e$ 为线性关系，即吸附等温线，K 为直线的截距，n 为斜率。依据吸附等温线可对各种炭的吸附容量进行分析比较。有条件时，除等温吸附数据外，还应进行三种以上滤速的连续炭柱试验，以确定滤床的设计参数。

5.9.3.2 确定吸附速率

吸附速率由吸附动力学试验得出。重复上面的试验，测定不同时间 t 的水样中溶质浓度 C，直到浓度不再变化，达到平衡浓度 C_e 时为止，即可求出溶质浓度的变化速率：

$$\ln\left(\frac{C_0 - C_e}{C - C_e}\right) = k_a t$$

式中，k_a 表示单位时间内，每克炭所吸附的溶质质量，称吸附速率常数，单位为 h^{-1}，其值等于所得直线的斜率。

5.9.3.3 试验装置

对滤床试验,可选用直径为 100～150mm,高为 1.5～2.5mm 的炭柱装置,炭层厚度约为 1.0～1.5m。为模拟选用的滤床厚度,可将试验炭床串联布置。对悬浮吸附试验,则可直接借用作混凝试验用的搅拌装置和烧瓶。吸附试验的目的在于比较活性炭的吸附性能,确定处理效果并取得有关的设计参数。因此,通常吸附试验应比较两种以上的活性炭产品,对滤床设计,还应进行比较三种以上的滤速。

5.10 煤化工废水曝气生物滤池深度处理技术

5.10.1 曝气生物滤池概述

曝气生物滤池(Biological Aerated Filter,简称 BAF),是 20 世纪 80 年代末 90 年代初在普通生物滤池的基础上,借鉴给水滤池工艺而开发的污水处理新工艺,该技术突出特点是采用粒状填料,具有处理效率高、占地面积小、基建及运行费用低、管理方便和抗冲击负荷能力强等特点,在污水的有机物去除、硝化去氨、反硝化脱氮、除磷等过程中起到了良好的作用。

曝气生物滤池可看成是生物接触氧化法的一种特殊形式。如图 5-26 所示为曝气生物滤池的构造示意图。池内底部设承托层,其上部则是作为滤料的填料。在承托层设置曝气用的空气管及空气扩散装置,处理水集水管兼作反冲洗水管也设置在承托层内。被处理的原污水,从池上部进入池体,并通过由填料组成的滤层,在填料表面有由微生物栖息形成的生物膜。在污水滤过滤层的同时,由池下部通过空气管向滤层进行曝气,空气由填料的间隙上升,与下流的污水相向接触,空气中的氧转移到污水中,向生物膜上的微生物提供充足的溶解氧和丰富的有机物。在微生物的新陈代谢作用下,有机污染物被降解,污水得到处理。原污水中的悬浮物及由于生物膜脱落形成的生物污泥,被填料所截留。滤层具有二次沉淀池的功能。当滤层内的截污量达到某种程度时,对滤层进行反冲洗,反冲水通过反冲水排放管排出。

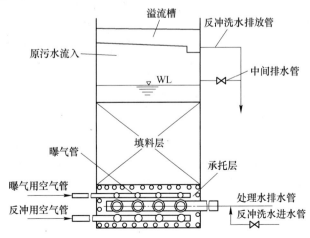

图 5-26 曝气生物滤池构造示意图

5.10.2 曝气生物滤池设计

曝气生物滤池设计参数和计算公式可参考中国建筑工业出版社出版的《给水排水设计手册》第 5 册中与曝气生物滤池设计相关的内容。

采用曝气生物滤池深度处理煤化工废水，可以进一步去除二级生化处理出水中的氨氮和硝氮。曝气生物滤池硝化反应所需条件包括：（1）pH 值。适合 ABFT 脱氮过程硝化反应的 pH 值为 7.5～8.5。（2）温度。适合硝化反应的温度为 15～35℃。当温度过低时，硝化反应效果会受到很大的影响，故在外界温度较低的地区，ABFT 应建成地下式。（3）溶解氧。硝化过程适宜的溶解氧浓度为 2～3mg/L。曝气生物滤池反硝化反应所需条件：（1）温度。适宜的温度范围为 15～35℃。（2）溶解氧。适合 ABFT 反硝化过程的溶解氧浓度为 0.5mg/L 以下。（3）pH 值。适合反硝化的 pH 值为 7.0～7.5。

在污水生物处理过程中，污泥产量表示去除单位质量的 TBOD 所产生的 TSS 量，污泥产量与进水 TSS/TBOD 比值有密切关系。进水 TSS/TBOD 比值越大，污泥产量也就越多。曝气生物滤池泥产量可按下式估算：

$$Y = (0.6\Delta SBOD + 0.8X_0) / \Delta TBOD$$

式中　Y——污泥产量，kgTSS/kgΔTBOD；

ΔSBOD——曝气池进出水中可溶性 BOD 浓度之差，mg/L；

ΔTBOD——曝气池进出水中总的 BOD 浓度之差，mg/L；

X_0——曝气池进出水中悬浮物浓度，mg/L。

5.11　煤化工废水膜处理技术

5.11.1　不同膜分离技术概述

膜分离技术是基于物质通过具有选择透过性能的膜的速率不同，使混合物中各组分得以分离、分级或富集。常用的膜分离技术主要有微滤（MF）、超滤（UF）、纳滤（NF）、反渗透（RO）、渗析和电渗析。以浓度差为推动力的方法有渗析和自然渗透；以电动势为推动力的方法有电渗析和电渗透；以压力差为推动力的方法有压渗析和反渗透、超滤、微孔过滤。

膜分离法具有以下特点：（1）在膜分离过程中，不发生相变化，能量的转化效率高。（2）一般不需要投加其他物质，这可节省原材料和化学药品。（3）膜分离过程中，分离和浓缩同时进行，这样能回收有价值的物质。（4）根据膜的选择透过性和膜孔径的大小，可将不同粒径的物质分开，这使物质得到纯化而又不改变其原有的属性。（5）膜分离过程，不会破坏对热敏感和对热不稳定的物质，可在常温下得到分离。（6）膜分离法适应性强，操作及维护方便，易于实现自动化控制。

微滤处理技术在煤化工废水深度处理中使用较少，但是根据微滤工艺的原理，煤化工废水深度处理可以用微滤技术去除颗粒物。另外，陶瓷膜微滤工艺可以被用来进行煤化工废水的除油，且能够取得良好的效果。

超滤技术可以跟反渗透联合用于煤化工废水深度处理和脱盐。另外，超滤膜也可以用在 MBR 工艺深度处理煤化工废水中。超滤技术过滤粒径介于微滤和反渗透之间，约 5～

10nm，在 0.1~0.5MPa 的静压差推动下截留各种可溶性大分子，如多糖、蛋白质、酶等相对分子质量大于 500 的大分子及胶体，形成浓缩液，达到溶液的净化、分离及浓缩目的。

超滤技术的核心部件是超滤膜，分离截留的原理为筛分，小于孔径的微粒随溶剂一起透过膜上的微孔，而大于孔径的微粒则被截留。膜上微孔的尺寸和形状决定膜的分离效率。

超滤膜均为不对称膜，形式有平板式、卷式、管式和中空纤维状等。超滤膜一般由三层结构组成，最上层的表面活性层，致密而光滑，厚度为 0.1~1.5μm，其中细孔孔径一般小于 10nm；中间的过渡层，具有大于 10nm 的细孔，厚度一般为 1~10μm；最下面的支撑层，厚度为 50~250μm，具有 50nm 以上的孔。支撑层的作用为起支撑作用，提高膜的机械强度。膜的分离性能主要取决于表面活性层和过渡层。

中空纤维状超滤膜的外径为 0.5~2μm。特点是直径小，强度高，不需要支撑结构，管内外能承受较大的压力差。此外，单位体积中空纤维状超滤膜的内表面积很大，能有效提高渗透通量。制备超滤膜的材料主要有聚砜、聚酰胺、聚丙烯腈和醋酸纤维素等。超滤膜的工作条件取决于膜的材质，如醋酸纤维素超滤膜适用于 pH 为 3~8，三醋酸纤维素超滤膜适用于 pH 为 2~9，芳香聚酰胺超滤膜适用于 pH 为 5~9，温度为 0~40℃，而聚醚砜超滤膜的使用温度则可超过 100℃。

超滤的操作方式可分为重过滤和错流过滤两大类。重过滤是靠料液的液柱压力为推动力，但这样操作浓差极化和膜污染严重而很少采用，常采用错流操作。错流操作工艺流程又可分为间歇式和连续式。间歇操作通常在实验室中和小型中试厂使用。连续式超滤过程是指料液连续不断加入贮槽和产品的不断产出，可分为单级和多级。单级连续式操作过程的效率较低，一般采用多级连续式操作。将几个循环回路串联起来，每一个回路即为一级，每一级都在一个固定的浓度下操作，从第一级到最后一级浓度逐渐增加。最后一级的浓度是最大的，即为浓缩产品。多级操作只有最后一级在高浓度下操作，渗透通量低，其他级操作浓度均较低，渗透通量相应也较大，因此级效率高；而且多级操作所需的总膜面积较小。它适合在大规模生产中使用。

超滤的影响因素包括料液流速、操作压力、温度、运行周期和进料浓度。提高料液流速虽然对减缓浓差极化，提高透过通量有利，但需提高料液压力，增加能耗，一般紊流体系中流速控制在 1~3m/s。超滤膜透过通量与操作压力的关系取决于膜和凝胶层的性质，一般操作压力为 0.5~0.6MPa。操作温度主要取决于所处理的物料的化学、物理性质，由于高温可降低料液的黏度，增加传质效率，提高透过通量，因此应在允许的最高温度下进行操作。随着超滤过程的进行，在膜表面逐渐形成凝胶层，使透过通量逐步下降，当通量达到某一最低数值时，就需要进行清洗，这段时间称为一个运行周期，运行周期的变化与清洗情况有关。随着超滤过程的进行，主体液流的浓度逐渐增高，此时黏度变大，使凝胶层厚度增大，从而影响透过通量。因此对主体液流应定出最高允许浓度。

纳滤技术较少用于煤化工废水深度处理中。纳滤膜的孔径为纳米级，介于反渗透膜（RO）和超滤膜（UF）之间，因此称为"纳滤"。纳滤膜的表层较 RO 膜的表层要疏松得多，但较 UF 膜的要致密得多。因此制膜关键是合理调节表层的疏松程度，以形成大量具有纳米级的表层孔。纳滤膜主要用于截留粒径在 0.1～1nm，分子量为 1000 左右的物质，可以使一价盐和小分子物质透过，具有较小的操作压（0.5～1MPa）。其被分离物质的尺寸介于反渗透膜和超滤膜之间，但与上述两种膜有所交叉。

由于大多煤化工企业均在我国北方缺水地方，因此不少煤化工企业采用反渗透工艺深度处理煤化工废水，主要是进行脱盐处理，出水进行回用。反渗透膜的种类很多，目前在水处理中应用较多的是醋酸纤维素膜和芳香族聚酰胺膜。反渗透装置有板框式、管式、螺卷式和中空纤维式四种。

板框式反渗透装置的构造与压滤机相类似。整个装置由若干圆板一块一块地重叠起来组成。圆板外环有密封圈支撑，使内部组成压力容器，高压水串流通过每块板。圆板中间部分是多孔性材料，用以支撑膜并引出被分离的水。每块板两面都装上反渗透膜，膜周边用胶黏剂和圆板外环密封。板式装置上下安装有进水和出水管，使处理水进入和排出，板周边用螺栓把整个装置压紧。板式反渗透装置结构简单，体积比管式的小，其缺点是装卸复杂，单位体积膜表面积小。

管式反渗透装置与多管热交换器相仿，它是将若干根直径为 10～20mm，长为 1～3m 的反渗透管状膜装入多孔高压管中，管膜与高压管之间衬以尼龙布以便透水。高压管常用铜管或玻璃钢管，管端部用橡胶密封圈密封，管两头有管箍和管接头以螺栓连接。管式反渗透装置的特点是水力条件好，安装、清洗、维修比较方便，能耐高压，可以处理高黏度的原液；缺点是膜的有效面积小，装置体积大，而且两头需要较多的连接装置。

螺卷式反渗透装置由平膜做成。在多孔的导水垫层两侧各贴一张平膜，膜的三个边与垫层用胶黏剂密封呈信封状，称为膜叶。将一个或多个膜叶的信封口胶接在接受淡水的穿孔管上，在膜与膜之间放置隔网，然后将膜叶绕淡水穿孔管卷起来便制成了圆筒状膜组件。将一个或多个组件放入耐压管内便可制成螺卷式反渗透装置。工作时，原水沿隔网轴向流动，而通过膜的淡水则沿垫层流入多孔管，并从那里排出器外。螺卷式反渗透装置的优点是结构紧凑，单位容积的膜面积大，所以处理效率高，占地面积小，操作方便。缺点是不能处理含有悬浮物的液体，原水流程短，压力损失大，浓水难以循环以及密封长度大，清洗、维修不方便。

中空纤维式反渗透装置是用中空纤维膜制成的一种反渗透装置。中空纤维外径为 50～200μm，内径为 25～42μm，将其捆成膜束，膜束外侧覆以保护性格网，内部中间放置供分配原水用的多孔管，膜束两端用环氧树脂加固。将其一端切断，使纤维膜呈开口状，并在这一侧放置多孔支撑板。将整个膜束装在耐压圆筒内，在圆筒的两端加上盖板，其中一端为穿孔管进口，而放置多孔支撑板的另一端则为淡水排放口。高压原水从穿孔管的一端进入，由穿孔管侧壁的孔洞流出然后在纤维膜际间空隙流动，淡水渗入纤维膜内，汇流到多孔支撑板的一侧，通过排放口流出器外，而浓水则汇集于另一端，通过浓水排放口排出。中空纤维式反渗透装置的优点是单位体积膜表面积大，制造和安装简单，不需要支撑物等。缺点是不能用于处理含有悬浮物的废水，必须预先经过过滤处理，此外，难以发现损坏的膜。

以上关于微滤、超滤、纳滤和反渗透之间的分界并不是十分严格、明确，它们之间可能存在一定的相互重叠，见表 5-29。

表5-29 分离技术比较

分离技术类型	反渗透	纳滤	超滤	微孔过滤
膜的形式	表面致密的非对称膜、复合膜等	非对称膜、表面致密	非对称膜、表面有微孔	微孔膜
膜材料	纤维素、聚酰胺等	纤维素、聚砜等	聚丙烯腈、聚砜等	纤维素、PVC等
操作压力/MPa	2~100	0.5~1	0.1~0.5	0.01~0.2
分离的物质	分子量小于500的小分子物质	分子量在100左右	分子量大于500的大分子和细小胶体微粒	$0.1 \sim 10 \mu m$ 的粒子
分离机理	非简单筛分，膜的物化性能对分离起主要作用	非简单筛分，膜的物化性能对分离起主要作用	筛分，膜的物化性能对分离起一定作用	筛分，膜的物理结构对分离起决定作用
水的渗透通量 $/m^3 \cdot (m^2 \cdot d)^{-1}$	0.1~2.5	0.6~2.5	0.5~5	20~200

5.11.2 超滤和反渗透的设计

采用膜工艺深度处理煤化工废水，一般包括臭氧接触氧化、活性炭吸附及反渗透膜组件。臭氧的氧化性很强，对水中的有机物有强烈的氧化降解作用，降低废水中的COD，还对脱色有一定的效果。臭氧处理的作用就是保护反渗透膜组件，使其尽可能地降低膜表面的污染程度，提高膜的工作周期和产水率。活性炭吸附对反渗透膜组件而言，起到保安过滤器的作用。其作用是去除没有被消耗或多余的臭氧，同时还能去除部分溶解性的COD，对脱色也有一定的作用。反渗透（RO）是以压力为驱动力，并利用反渗透膜只能透过水而不能透过溶质的选择性而使水溶液中溶质与水分离的技术。反渗透膜组件产水既可满足生产净循环水补充水水质要求（大约25%的浓缩液可以喷洒到煤场），也可以作为湿法熄焦的补充水。在反渗透工艺之前最好采用超滤工艺进行预处理。

煤化工废水经反渗透膜处理后出水的水质指标为：COD_{Cr}含量≤30mg/L，酚含量≤0.2mg/L，氰化物含量≤0.2mg/L，$NH_3 - N$含量≤5mg/L，SS含量<0.1mg/L，油含量<0.1mg/L、pH为6.5~7.5，含盐量≤200mg/L，硬度≤15mg/L（以$CaCO_3$计），脱盐率为95%~97%，产水量为65%~75%。

一套完整的反渗透系统由几部分组成，它包括预处理部分、反渗透主机（膜过滤部分）、后处理部分和系统清洗部分。通常表征反渗透系统采用产水量和产水水质两个参数，另外还需参考系统回收率、进水压力、污染速度等参数。因此系统设计的目的在于针对要求的产水量和产水水质，尽可能地降低系统运行压力，提高系统回收率，降低系统污染速度，从而延长系统清洗周期，降低清洗频率，提高系统的长期稳定性，降低清洗维护费用。

一般的设计步骤为：（1）获取设计水源的水质分析报告。（2）选择合理有效的预处理方案。（3）选择合适的膜元件，并根据系统产水量计算膜元件使用数量。（4）根据系统回收率设计合适的排列方式。（5）校验设计参数。

本节着重介绍的是采用 VONTRON 系列反渗透膜深度处理煤化工废水时反渗透系统中反渗透主机（膜过滤部分）的设计，包括膜元件、以一定方式排列的压力容器、给水管路的设计、高压泵、仪器仪表等。水质分析及预处理工艺选择请看前文内容。反渗透出水经杀菌消毒后可回用，这些内容请查看水处理的相关技术资料。

化学清洗是反渗透系统中十分重要的部分，通常大中型系统均设计有专用的清洗系统，但是对于小型（产水量 <5t/h）反渗透系统，由于受到成本的限制，即使没有设计清洗部分，也必须考虑到将来对膜元件进行化学清洗时系统的扩展性及设备的可维护性。

VONTRON 系列反渗透膜元件根据进水和运行压力的不同分为 5 大系列：极低压系列、超低压系列、低压系列、低污染系列和海水淡化系列，另外还有小尺寸的家用和实验室用膜元件。系统设计时，选择膜元件的依据主要是进水含盐量、系统要求的脱盐率和产水量这三个参数，见表 5-30。

表 5-30　不同膜元件参数比较

膜元件	XLP 极低压系列	ULP 超低压系列	LP 低压系列	FR 低污染系列	SW 海水淡化系列	小尺寸系列
进水含盐量/%	$<1000 \times 10^{-4}$	$<2000 \times 10^{-4}$	$<8000 \times 10^{-4}$	$<5000 \times 10^{-4}$	$<40000 \times 10^{-4}$	$<2000 \times 10^{-4}$
系统产水量/t·h^{-1}	>0.5	>0.5	>0.5	>0.5	>0.5	<0.5
一级系统脱盐率/%	98.0	99.0	99.0	99.0	99.5	98.0

反渗透系统的主要性能参数是产水量，水回收率和产水水质指标，在进行反渗透系统设计中，按照膜产水通量、浓差极化和组件内流量分布等条件来决定能够达到系统性能指标的膜元件型号、数量和排列方式。实际装置通常是由 1~8 支膜元件串联在一支压力容器中构成膜组件，再由若干组件并联成"段"。各段串联构成完整的反渗透单元，一般为两段或三段。

反渗透系统设计中需要做的主要工作包括膜组件的选择（材质和类型）、产水通量的确定、反渗透设计计算和反渗透操作条件。

（1）膜组件的选择。反渗透膜组件主要有 CAB 系列（醋酸纤维）膜组件和 CPA 系列（芳香族聚酰胺）膜组件。对于难处理的地表水或者废水系统，经常选用 CAB 膜来代替 CPA 膜。CAB 膜的优点主要包括：1）膜表面光滑、不带电荷，在使用时可减小污染物（例如带电荷的有机物）的沉积，并且微生物不易在其表面黏滞。2）耐氯性能较好，在运行时其给水中可含 0.3~1.0mg/L 游离氯，氯作为消毒剂，可保护 CAB 膜不受有害细菌侵蚀，还可防止因微生物和藻类的生长而引起的污堵。

CPA 系列膜与 CAB 系列膜相比有如下优点：1）CPA 膜脱盐率较高（大于 99%，而 CAB 膜脱盐率为 95%~98%），因而产水质量更高。2）膜耐久性强，使用期内脱盐率下降极少，从而寿命更长。3）所需给水压力低从而降低了反渗透给水泵的耗电量。4）运行 pH 范围宽（CPA 为 4~10，而 CAB 为 5~8），可使进水不加酸或少加酸。5）膜清洗时的 pH 范围宽（CPA 为 3~10，而 CAB 为 4~7）。6）允许的温度上限高（CPA 为 45℃，而 CAB 为 35℃），而且也更便于清洗。

此外，膜组件结构的选择也很重要，世界上所有的井水和地表水反渗透系统所用的膜组件绝大多数为卷式膜组件。与中空纤维和板框式结构相比较，卷式膜组件在给水通道的抗污染能力、设备空间要求、投资和运行费用等方面都占有很大优势。

（2）膜通量的选择。选定了膜材质以后，设计者要考虑的第二个重要的参数是膜通量。膜通量是单位有效膜表面的产水量。不同厂家生产的膜组件对于不同的原水水质所推荐的膜通量也有所差异，在设计膜系统时应该保证系统内每支膜组件都处于厂商推荐的运行条件范围内，以便减少污堵或膜组件的机械损坏。膜组件的运行条件包括：膜组件的最高回收率、最大膜通量、最小浓水流量和最高进水流量等。整个膜组件平均膜通量与系统内膜组件的总有效膜面积有关，是设计的特征参数，便于设计者快速地估算出某一新系统所需膜组件的数量，原水水质好可以采用较高的设计膜通量，而原水水质差则应该采用较低的设计膜通量，当然，即使是在同一类的水质条件下，若关注重点在初期投资的话，可以选择较高的设计膜通量值，而如果关注长期运行成本的话，应该尽量选择较低的设计膜通量值。

（3）RO 膜组件在 RO 系统中的配置方式。在设计 RO 系统时，一般都根据系统用途、设备空间限制、产水量规模及水回收率要求等因素，选定 RO 压力容器内置膜元件数和组件基本排列方式。在应用 20312mmRO 膜的较大产水量系统中多见的是每个压力容器内置 4~6 个膜元件；应用 10116mmRO 膜的系统中多见的是每个压力容器内置 1~3 个膜元件。在组件排列上，对于使用 20312mm 膜的 RO 系统来说，单段配置的 RO 膜系统一般最高只能获得 50% 的水回收率；而 2-1 配置（两段脱盐）往往可以获得 50%~5% 的水回收率，较为经济；在 4-2-1 配置（三段脱盐）中，则可以获得大于 80% 甚至 85% 以上的水回收率。

（4）关于反渗透设计软件。反渗透膜的生产厂家都会提供相应的设计计算软件，为实际的工程设计提供很大的方便。只要输入相应的原水各成分、设计温度、要求产水量、回收率及所选膜的型号等一系列已知数据，就可以得到有关反渗透系统的一系列信息。

6 煤化工废水处理的工程实例

6.1 煤化工废水 A/O 工艺处理工程实例

A/O 工艺处理焦化废水在国内起步较早，科研人员对 A/O 工艺的研究相对成熟，并获得一系列的研究成果，目前成为我国处理焦化废水的主体工艺。A/O 生化处理技术系统主要设备有：缺氧池、好氧池、二沉池及其他配套设施。采用 A/O 工艺处理焦化废水，好氧池（O 池）能够在很大程度上去除焦化废水中的 COD、挥发酚、SCN⁻ 等物质。A/O 工艺具有处理工艺简单、操作方便、投资省，污泥的回流减少了后续污泥的排放量，降低处理成本等优点，但存在水力停留时间长，出水 COD 和氨氮无法达到国家排放标准的缺点。典型的 A/O 焦化废水处理工艺如图 6-1 所示。

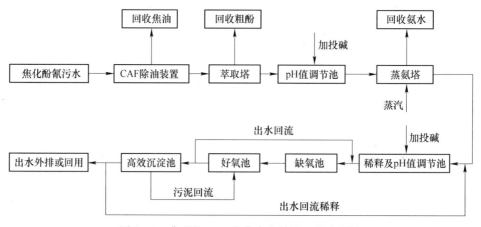

图 6-1 典型的 A/O 焦化废水处理工艺流程图

常州焦化厂采用 A/O 法处理焦化酚氰废水，A 段采用生物膜法，O 段采用活性污泥法，处理酚氰废水量 42m³/h，污水处理投运几年来，设施（备）运行较为稳定，A/O 工艺运行正常。几年来，各类污染物处理率逐年好转，出水指标由三级逐步向二级过渡。2002 的上半年，部分指标达到或优于二级综合排放标准，见表 6-1。处理后的达标污水部分回用熄焦，部分排入城市污水管网，出水标准执行污水综合排放标准 GB 8978—1996 中二级排放标准。

表 6-1 2002 年 1~6 月份工厂污水处理月平均数据统计　　　　　　（mg/L）

月　份		1 月	2 月	3 月	4 月	5 月	6 月
挥发酚	进水	105	157	123	144	120	122
	出水	0.13	0.16	0.4	0.07	0.06	0.07
	去除率/%	99.9	99.9	99.7	99.9	99.9	99.9

月 份		1月	2月	3月	4月	5月	6月
氰化物	进水	3.32	3.23	2.3	3.84	3.43	2.7
	出水	0.34	0.39	0.35	0.37	0.13	0.11
	去除率/%	90	88	85	90.4	96	96
氨氮	进水	118	200	141	150	114	133
	出水	73	87	85	66.6	33	28.8
	去除率/%	38	56.5	40	55.6	71	78.3
COD_{Cr}	进水	1065	1382	1156	1273	1105	1133
	出水	169	212	210	201	197	163
	去除率/%	84	85	82	84.2	82.3	85.6

6.2 煤化工废水 A²/O 工艺处理工程实例

A²/O 生化处理技术系统主要设备有：厌氧池、缺氧池、好氧池、二沉池及其他配套设施。由于采用厌氧 + 缺氧系统，可以提高焦化废水的生物降解性，系统有耐冲击负荷能力强、氮去除率高等优点，可减少污泥量，酚及氰、氨氮、COD 处理效率分别大于99.8%、97%和95%，出水可满足一级排放标准，但存在占地较大、流程长、运行费用较高的缺点。当进水 COD 大于3500mg/L 或 NH_3-N 大于245mg/L 时需要进行稀释。典型的A²/O 焦化废水处理工艺如图 6-2 所示。

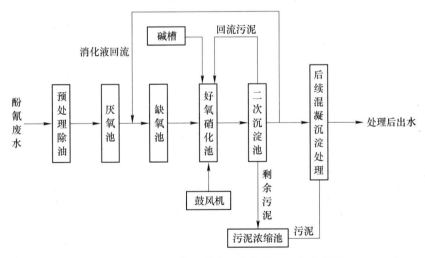

图 6-2 典型的 A²/O 煤化工废水处理工艺流程图

太钢焦化厂采用两组并联的 A²/O 法处理焦化酚氰废水，处理规模约为200m³/h，废水经调节池调节后 COD_{Cr} 约为1500mg/L。该工艺将蒸氨废水经隔油、气浮预处理后送入厌氧池、出水与二沉池的回流水混合后进入缺氧池，经过缺氧池处理的废水再送入好氧池，最后通过二沉池进行泥水分离。反硝化过程中不采用混合液回流，而采用二沉池上清液回流。由于厌氧池设计较小，致使废水在该池的水力停留时间较短，约为10h。厌氧池只起到水解作用，酸化过程不显著。经检测，二沉池出水 COD_{Cr} 在 200mg/L 左右，生产过程中必须每天持续投加大量的化学絮凝剂才能使出水 COD_{Cr} 小于 150mg/L。后来在第一个 O 段（曝气池）添加国外进口的生物酶，出水 COD 含量≤70mg/L，氨氮含量≤5mg/L，酚含量≤0.5mg/L，氰含量≤0.5mg/L，石油类含量≤8mg/L，硫化物含量≤1.0mg/L，SS 含量≤70mg/L，COD 含量≤70mg/L，氨氮含量≤1mg/L。工程投资 3980 万元，废水处理成本小于 7 元/吨，其中生物酶投加费用约 1 元/吨。

上海焦化有限公司是以煤为主要原料的综合性的大型化工企业，位于上海西南黄浦江畔的吴径化学工业区，是上海市最大的煤气生产企业。公司主要产品有城市煤气、焦炭和化工原料等，在煤的炼焦、制气、煤气净化过程和化工产品的生产过程中，产生大量含有有毒有害物质的废水。煤中碳、氢、氧、氮、硫等元素，在干馏过程中转变成各种氧、氮、硫的有机和无机物。废水中含有很高的氮和酚类化合物以及大量的有机氮、CN^-、SCN^-、硫化物及多环芳烃等多种有毒有害的污染物。

上海焦化有限公司现有焦炉六座和"三联供"一期工程 U – GAS 炉、德士古炉、甲醇、空分 4 大装置，设计年产冶金焦 190 万吨，日产城市煤气 320 万立方米，年产甲醇 20 万吨及数十种化工产品。在生产过程中每天产生约 130t 剩余氨水和 3600t 的终冷废水等废水。其中 1 ~ 4 焦炉产生的剩余氨水经溶剂脱酚后与 5、6 焦炉产生的剩余氨水混合，然后一起经固定按加碱蒸氨处理进入废水处理系统；煤气终冷废水经蒸汽汽提法除氰生成黄血盐后，产生的废水与生产中的其他各股废水一起进入废水处理系统。煤化工废水污染物情况见表 6 – 2。

表 6 – 2   上海焦化有限公司污水水质   （mg/L）

污染指标	COD	$NH_3 – N$	酚	氰化物	油类
范围	700 ~ 1370	150 ~ 174.7	50 ~ 98.17	1 ~ 2.88	5 ~ 13.3
峰值	1370	174.7	98.17	2.88	13.3

随着生产发展和环保要求的提高，公司原有一套 A/O 工艺废水处理装置已不能满足废水处理的要求。2000 年上海焦化有限公司投资三千余万元实施污废水处理改扩建工程，采用 A^2/O 工艺新建一套能力为 210t/h 的处理系统，新系统采用钢结构一体化装置。在老系统 A/O 工艺废水处理装置前增加一套厌氧酸化装置，改造为处理能力 210t/h 的 A^2/O 工艺系统。新老系统从工艺流程状态监测到每一步具体操作，采用电脑在线监测和 PLC 控制，自动化程度高。自 2001 年 1 月试运行以来，处理效果显著提高。

根据同济大学对上海焦化有限公司废水处理的研究结果，结合上海焦化有限公司原有的废水处理工艺（A/O 生物膜法），新扩改工程采用 A1/A2/O 生物膜工艺。新建一套 A1/A2/O 生化系统，对老系统进行改造，在原有的 A/O 系统基础上增加一个厌氧酸化池，即改为 A1/A2/O 生化系统。两套系统各承担一半处理水量。

整个废水处理改扩建工程工艺流程如图 6 – 3 所示。全公司的煤气冷凝废水经过隔油、气浮处理后进入 2 调节池与 1 调节池出水混合。焦炉剩余氨水经固定铁加碱分解装置处理，再经淋洒式冷却器冷却，煤气终冷废水经黄血盐蒸汽汽提法脱氰处理，再经喷雾冷却后与全厂生活污水一起在 1 调节池中混合，然后进入 2 调节池。混合废水由废水提升泵分两路送往两套 A1/A2/O 装置进行处理，然后分别经过聚铁絮凝法降低 COD 的处理，处理后的清液排放，产生的污泥重力浓缩后用带式压滤机机械脱水，干污泥进一步焚烧处理。

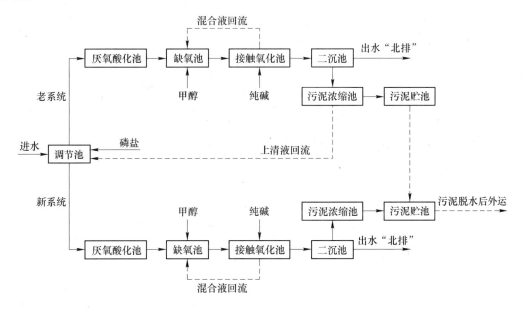

图6-3 上海焦化有限公司废水处理改扩建工程工艺流程示意图

6.3 煤化工废水 A/O² 工艺处理工程实例

A/O²（缺氧/好氧/好氧）工艺是 A/O 工艺的一种改进工艺，其中 A 段为缺氧反硝化段，通常，A 段采用生物膜法，第一个 O 段采用活性污泥法，第二个 O 段采用生物膜法。

A/O² 生化处理技术系统主要设备有：缺氧池、好氧池、一沉池、接触氧化池、二沉池及其他配套设施。A/O² 工艺是以废水中有机物作为反硝化碳源和能源；废水中的部分有机物通过反硝化去除，减轻了后续好氧段负荷；反硝化产生的碱度可部分满足硝化过程对碱度的需求，降低了化学药剂的消耗。采用缺氧预分解有机污染物，可以提高焦化废水的生物降解性，其后采用两段好氧工艺，起到水质缓冲作用，有一定耐水质冲击性，出水基本满足一级排放标准，但存在流程长，运行费用偏高的缺点。

邢台钢铁厂采用气浮 - A/O² - 混凝沉淀工艺处理焦化废水，其工艺流程如图6-4 所示，工程实践表明，该工艺运行稳定、操作维护简单，该厂焦化废水的来源主要是：炼焦洗精煤中水分在干馏过程中形成的氨水，煤气水封水及煤气初、终冷过程中的冷凝水等，集中收集混合后统称为剩余氨水，其水量为 18m³/h，含挥发氨约 4000mg/L、油约 200mg/L。剩余氨水经气浮除油机除油后，与洗氨后的富氨水一起送至蒸氨塔。蒸氨后的废水一部分去洗氨塔洗氨，余下的蒸氨废水与生活污水混合后处理，出水执行《钢铁工业污染物排放标准》（GB 13456—92）二级排放标准。

盘县天能焦化有限公司（简称天能公司）污水处理工段于2006 年5 月份建成投产，其污水处理工艺采用 A/O² 法。主要针对化产各工段产生的废水和厂区生活污水进行生化

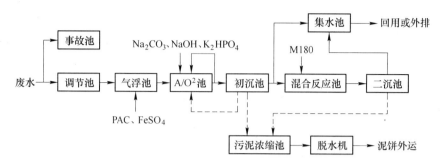

图 6-4   焦化废水处理工艺流程

处理，经过近两年的调整，目前各项出水指标达到或优于国家三级综合排放标准（GB 8978—88）。

天能公司是年产 70 万吨冶金焦的焦化厂，污水主要由生产废水和生活污水等组成。其中：来自蒸氨工段的蒸氨废水约 $18m^3/h$，生活废水约 $2m^3/h$，其他场地冲洗水、溢流水等约 $2.3m^3/h$。综合水质情况：酚含量 ≤250mg/L，COD 含量 ≤1000mg/L，$NH_3 - N$ 含量 ≤200mg/L，氰化物含量 ≤8mg/L，油含量 ≤10mg/L。公司对原工艺稍作了改进，改进后的工艺流程如图 6-5 所示。

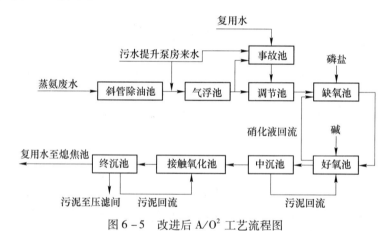

图 6-5   改进后 A/O^2 工艺流程图

公司焦化污水经 A/O^2 工艺处理后，完全达到或优于国内三级综合排放标准（GB 8978—88），经处理后的废水：酚含量 ≤0.5mg/L，氰含量 ≤0.5mg/L，氨氮含量 ≤40mg/L，COD 含量 ≤150mg/L，油含量 ≤0.5mg/L，COD 的去除率在 85% 以上，氨氮、酚、氰、油等的去除率达到 95% 以上。实现了所有污水集中处理，杜绝了污水无序排放。处理后的污水全部用于熄焦，不仅节省新水补充量，而且真正实现了焦化废水零排放的目标。

6.4   煤化工废水 O/A/O 工艺处理工程实例

O/A/O（初曝/缺氧/好氧）工艺也是 A/O 工艺的一种改进工艺，由两个独立的污泥系统组成，第一个污泥系统由初曝池（O）+ 初沉池构成，第二个污泥系统由缺氧池（A）+ 好氧池（O）+ 二沉池构成。根据工艺，初曝池需要降解进水 COD 和有毒有害物质，A/O

系统实现脱氮并进一步去除 COD 和其他污染物。O/A/O 作为一种双污泥系统工艺，抗冲击能力强，进水不需稀释。

以 O/A/O 流程为核心的环境治理微生物技术可结合固定化细胞技术，第一个好氧系统采用生物流化床工艺，投加以活性炭为生物载体的高效菌群，在曝气搅拌条件下，促进微生物成膜和代谢，从而实现单位体积内较高的混合液污泥浓度（MLSS）和较好的生物传质性，使来水水质波动对后续 A/O 系统影响降低到最小。该工艺微生物密度高，分解能力强，具有高效、节能、去除污染物速度快、抗毒害物质和系统冲击能力强、不需要添加稀释水等优点，其产泥量可比常规工艺减少 70% ~ 90%。

武钢焦化公司 400m³/h 废水处理工程采用该法处理。系统设有调节池，生化系统进水水量可控，生化系统前端为初曝池和初沉池构成相对独立的系统，抗冲击能力强，能耐受进水 COD 达 4500mg/L，NH₃-N 达 300mg/L，不需添加稀释水。使用 NaOH 调节 pH，成本相对低，投加方便，节约碱量 40% ~ 50%。实测结果表明：当进水 COD 含量 ≤4500mg/L，NH₃-N 含量 ≤650mg/L 时，出水 COD 含量 < 100mg/L，NH₃-N 含量 ≤5mg/L。工程占地 24580m²，吨水处理成本约 6 元，其中投加高效微生物费用每吨废水为 1 元。武钢焦化公司废水处理站工艺流程如图 6-6 所示。

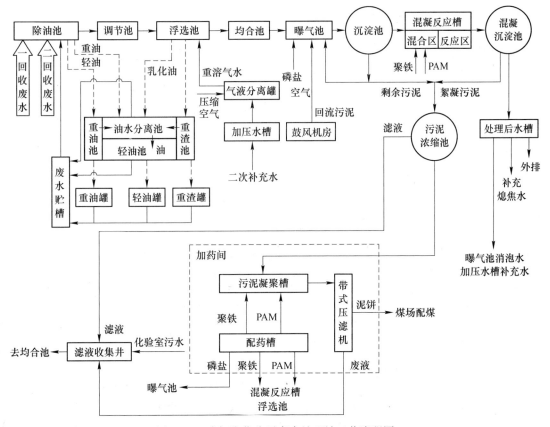

图 6-6 武钢焦化公司废水处理站工艺流程图

新钢焦化厂污水处理站和 2×63 孔 6m 焦炉同期建设，和焦化厂新老系统年产 255 万吨焦炭的能力相配套，采用浙江汉蓝环保公司的环保技术并由该公司负责设计、施工及调试,设计处理能力为150t/h,于2008年8月建成并开始调试运行。

污水处理站采用O/A/O污水处理工艺。新钢焦化厂污水主要由蒸氨废水、焦油精加工工序酚水、粗苯精加工工序酚水等组成。其中焦油精加工工序酚水、粗苯精加工工序酚水的COD、pH值波动较大。焦化厂采用工艺流程如图6-7所示。

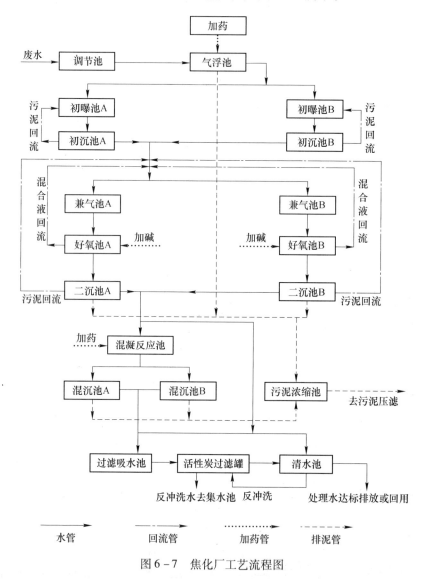

图6-7 焦化厂工艺流程图

由生产车间排出的废水,首先进入隔油池进行物理隔油。废水隔油后自流入调节池,同时兑入部分循环系统的排污水,进行水量调节、水质混合。均和后废水由泵提升进入气浮池进行化学除油。

气浮处理后废水自流入初曝池,初曝池的作用主要是去除废水中大量抑制脱氮菌属生长的 CN^-、SCN^- 等有毒有害物质。初曝池出水自流至初沉池进行泥水分离,污泥回流至初曝池,污泥回流比约为75%。

初沉池出水自流至O/A/O段,即脱碳、脱氮处理单元,该单元由兼氧池、好氧池、二沉池组成。该单元的生化处理工艺是针对废水有机物浓度高、NH_3-N 含量高，依据同类废水处理运行结果而设置的。生化处理单元中，兼氧池、好氧池、二沉池之间的水流实现自流。根据以前的成功经验，兼氧段采用无氧搅拌，好氧采用鼓风曝气，保持各构筑物内混合液处于完全混合或悬浮状态。好氧池、兼氧池之间设置内循环系统，硝化液回流比为 300%，二沉池沉淀污泥通过回流至兼氧池，污泥回流比为 75%。二沉池对后段好氧池的混合液进行固液分离，出水自流进入混凝反应池，污泥用泵提升回流至兼氧池入口处，剩余污泥排至污泥浓缩池。

6.5　煤化工废水 SBR 工艺处理工程实例

SBR 工艺即间歇式活性污泥处理系统，又称序批示活性污泥处理系统。如图 6-8 所示是 SBR 系统的工艺流程。

图 6-8　SBR 系统工艺流程

从图 6-8 可见，本工艺系统最主要特征是采用了集有机污染物降解与混合液沉淀于一体的反应器——间歇曝气曝气池。与连续式活性污泥法系统相较，本工艺系统组成简单，无需设污泥回流设备，不设二次沉淀池，曝气池容积也小于连续式，建设费用与运行费用都较低。此外，间歇式活性污泥法系统还具有如下特征：

(1) 在大多数情况下（包括工业废水处理），无设置调节池。

(2) SVI 值较低，污泥易于沉淀，一般情况下，不产生污泥膨胀现象。

(3) 通过对运行方式的调节，在单一的曝气池内能够进行脱氮和除磷反应。

(4) 应用电动阀、液位计、自动计时器及可编程序控制器等自控仪表，可能使本工艺过程实现全自动化，而由中心控制室控制。

(5) 运行管理得当，处理水水质优于连续式。

原则上，可以把间歇式活性污泥法系统作为活性污泥法的一种变法，一种新的运行方式。如果说连续式推流式曝气池，是空间上的推流，则间歇式活性污泥曝气池，在流态上虽然属于完全混合式，但在有机物降解方面，则是时间上的推流。在连续式推流曝气池内，有机污染物是沿着空间降解的，而间歇式活性污泥处理系统，有机污染物则是沿着时间的推移而降解的。

间歇式活性污泥处理系统的间歇式运行，是通过其主要反应器——曝气池的运行操作而实现的。曝气池的运行操作，是由流入、反应、沉淀、排放和待机（闲置）等 5 个工序所组成。这 5 个工序都在曝气池这一个反应器内进行、实施，如图 6-9 所示。

现将各工序运行操作要点与功能阐述于下。

(1) 流入工序。在污水注入之前，反应器处于 5 道工序中最后的闲置段，处理后的废水已经排放，器内残存着高浓度的活性污泥混合液。

污水注入，注满后再进行反应，从这个意义来说，反应器起到调节池的作用，因此，反应器对水质、水量的变动有一定的适应性。

污水注入、水位上升，可以根据其他工艺上的要求，配合进行其他的操作过程，如曝

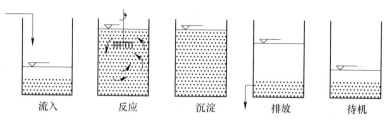

流入　　　　反应　　　　沉淀　　　　排放　　　　待机

图6-9　SBR曝气池运行操作5个工序示意图

气,既可取得预曝气的效果,又可取得使污泥再生恢复其活性的作用;也可以根据要求,如脱氮、释放磷等,进行缓速搅拌;又如根据限制曝气的要求,不进行其他技术措施,而单纯注水等。

本工序所用时间,根据实际排水情况和设备条件确定,从工艺效果上要求,注入时间以短促为宜,瞬间最好,但这在实际上是难以做到的。

(2)反应工序。这是本工艺最主要的一道工序。污水注入达到预定高度后,即开始反应操作,根据污水处理的目的,如BOD去除、硝化、磷的吸收以及反硝化等,采取相应的技术措施,如前三项,则为曝气,后一项则为缓速搅拌,并根据需要达到的程度以决定反应的延续时间。

如根据需要,使反应器连续的进行BOD去除-硝化-反硝化反应,BOD去除-硝化反应,曝气的时间较长,而在进行反硝化时,应停止曝气,使反应器进入缺氧或厌氧状态,进行缓速搅拌,此时为了向反应器内补充电子受体,应投加甲醛或注入少量有机污水。

在本工序的后期,进入下一步沉淀过程之前,还要进行短暂的微量曝气,以吹脱污泥近傍的气泡或氮,保证沉淀过程的正常进行,如需要排泥,也在本工序后期进行。

(3)沉淀工序。本工序相当于活性污泥法连续系统的二次沉淀池。停止曝气和搅拌,使混合液处于静止状态,活性污泥与水分离,由于本工序是静止沉淀,沉淀效果一般良好。

沉淀工序采取的时间基本同二次沉淀池,一般为1.5~2.0h。

(4)排放工序。经过沉淀后产生的上清液,作为处理水排放。一直到最低水位,在反应器内残留一部分活性污泥,作为泥种。

(5)待机工序。也称闲置工序,即在处理水排放后,反应器处于停滞状态,等待下一个操作周期开始的阶段。此工序时间,应根据现场具体情况而定。

唐钢炼焦制气厂原配套污水处理工艺采用活性污泥法,设计处理能力为100t/h,生化处理后排水指标除COD、氨氮外,均达到企业排放标准。2003年该厂扩建5、6炉,生产能力扩大一倍,同时配套投产了一套生化脱酚污水处理新系统,其设计处理能力为120t/h。由于场地有限,采用了序批式间歇活性污泥(简称SBR)工艺处理,该设施投产至今,虽经国内外专家多次亲临现场指导,均未能达到设计目标值。除挥发酚合格、氰化物基本合格排放外,COD为400~500mg/L,氨氮为200~400mg/L,均未达到国家排放标准。因此,需进行技术改造,确保外排水达标。

为给后续工序创造良好条件,2005年7月对旧系统设施进行了改造,增加了分解固定铵盐和酸化水解两道预处理设施,降低进入反应器的氨氮指标,并且使一些难降解的大分子物质开环断链，分解成易生化、易降解的小分子物质，以降低生物反应器内的 COD 负荷。改造后的工艺流程如图 6-10 所示。

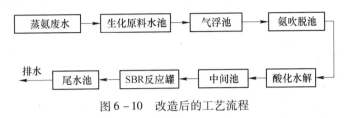

图 6-10 改造后的工艺流程

（1）滗水器改造。为改善反应器内可生化性的恶性循环现象，对滗水器进行了改造，主要是延长了滗水器行程，增大每个循环周期的排水量。

（2）加稀释水。为降低生物反应器内 COD 负荷，在中间池内加入生活污水稀释，使 SBR 罐进水浓度降至原水的一半。

（3）改造效果。通过上述改造，基本满足了酚和氰化物达标排放要求，但 COD 和氨氮距目标值还有一定距离。主要是因为随着运行时间的推移，反应器内污泥活性逐渐降低，繁殖能力下降，处理效果一般。工艺改造完成后，2006 年 3 月全月主要进出水指标见表 6-3。

表 6-3 主要进出水指标（平均值）　　　　　　　　　　（mg/L）

项　目	挥发酚	氰化物	COD	氨氮
原水	637.50	19.2	4138.0	329.0
SBR 罐进水	357.54	8.07	1995.3	146.2
排水	0.38	0.25	476.0	116.2

6.6 神华煤液化废水处理工程实例

我国经过 20 多年的实验和研究，选出了 15 种适合液化的煤，并与外国合作采用其先进的工艺技术建成多个液化厂，最典型的是神华烟煤液化厂。根据煤液化废水的来源与水质特性，分为高浓度有机污水、低浓度含油污水、含硫污水、含酚污水、含盐污水、催化剂污水。高浓度废水指经汽提、脱酚装置处理后的出水，主要包括煤液化、加氢精制、加氢裂化及硫磺回收等装置排出的含酚、含硫废水，属于高浓度煤化工有机废水。

脱酚后废水自脱酚装置经管架压力送至废水处理场，处理流程为涡凹气浮 + 匀质罐 + 3T-AF1 生化池 + 3T-AF2 生化池 + 3T-BAF 生化池 + 粉末活性炭吸附 + 混凝沉淀 + 过滤工艺。由于石油类物质大部分在汽提装置中去除，进入废水处理场的高浓度废水中含油量不大于 100mg/L，因此采用涡凹气浮处理后可以将含油量降到 10mg/L 以下，同时可以去除部分 SS、挥发酚及部分 COD。其出水含油量要求小于 10mg/L，COD_{Cr} 的总去除率在 60% 左右。高浓度废水流程如图 6-11 所示。

高浓度废水压力进入涡凹气浮，在进水端投加聚合铝（PAC）及聚丙烯酰胺（PAM），在混合反应设备内与进水充分反应后，进入气浮分离段。微气泡吸附油珠，将油珠托起，达到油水分离的目的。气浮池中设有链条式刮沫机，刮除表面浮渣，出水中含油量控制在小于 10mg/L 的范围内。

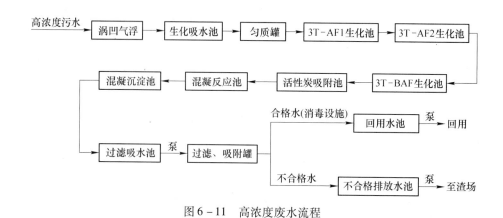

图 6-11　高浓度废水流程

气浮出水自流入高浓度废水生化吸水池，用泵提升进入 5000m³ 匀质罐，停留时间约20h，以保证后续生物处理水量、水质的稳定，防止产生大的冲击。高浓度废水匀质罐出口增加调节阀，以保证生化系统进水的稳定。

匀质罐出水自流入高浓度废水生化处理系统。生化处理系统设置为厌氧（AF1），兼氧（AF2）和好氧（BAF）三段，生化池总有效容积为 14700m³，水力停留时间为 98h。进水考虑消能设施，每组生化池进水管两侧增加两道宽顶溢流堰。

3T-AF1 厌氧生物滤池的主要作用是通过厌氧处理，对废水中的难降解有机物进行酸化水解和甲烷化，提高可生化性，降低废水处理的运行成本。共分八组五级并联运行，水力停留时间为 33.33h。每级采用下进水上出水逐级溢流方式布水，池内安装载体支架 3层，装填高效悬浮专用载体两层，载体装填量为 2400m³，投加高效专用兼氧微生物1920kg，载体有效接触时间为 21.33h。底部设置曝气管供开工期间使用，在正常运行时，甲烷气体产生量为 172m³/h。池顶设置密闭混凝土盖，将甲烷气体收集之后进行焚烧处理。因为甲烷与空气混合后会形成爆炸性气体，所以操作时禁止曝气。为防止厌氧池的低部污泥沉积，厌氧池出水经回流泵回流，回流比按 2:1 设计，表面水力负荷为10.8m³/(m²·d)。

3T-AF2 作为兼氧生物滤池，是厌氧和好氧的过渡段，在运行过程中，可以根据实际情况，调节兼氧池每级的曝气量，以适应不同水质变化的要求，保证系统的最佳处理效果，降低废水处理的成本。共分八组五级并联运行，每级采用下进水上出水的逐级溢流方式布置。池内安装载体支架 3层，专用高效悬浮专用载体两层，载体装填量为 2480m³，投加高效专用兼氧微生物 1984kg，载体有效接触时间为 20.67h。底部设置曝气管用于搅拌和反冲洗，平时运行气水比为 20:1，底部设置排泥管。3T-BAF 的出水流到 3T-AF2，利用进水中的碳源进行反硝化，同时为后段氨氮的硝化提供碱度，减少了加碱量，降低成本，又可以防止产生硫化氢气体。池内设 4组溶解氧在线仪表，控制 DO 小于 1mg/L，以保证处理效果。

3T-AF2 池出水进入到 3T-BAF 池，通过好氧处理降解废水中的有机物。在进水端需要投加硝化液，投加量按 3~5L/m³ 水设计。池内安装载体支架 3层，专用载体两层，载体装填量为 2550m³，投加高效专用好氧微生物 2040kg，载体有效接触时间为 20.0h。底部安装 3T-ADS 曝气系统用于曝气，气水比为 40:1。3T-BAF 出水在回流到 3T-AF2 之前，作为进水水质较高时的稀释水源，回流比例 1:1。池内设 4 组溶解氧在线仪表，控制 DO 为 2 ~ 4mg/L，以保证好氧生物处理的效果。

经过生物处理后的出水，经泵打入到粉末活性炭吸附池。粉末活性炭先配成悬浮液，再打入混合池与生物处理后出水充分混合，然后进入吸附池。在吸附池中粉末活性炭与废水充分接触，废水中的 COD_{Cr} 及其他污染物被活性炭吸附。粉末活性炭吸附池出水进入混凝反应池，在混凝反应池中投加聚合铝（PAC）及阳离子聚丙烯酰胺（PAM）充分混合、反应，出水进入混凝沉淀池，进行泥水分离，去除大部分悬浮物及少量生物处理没有去除的 COD_{Cr}，从而提高出水效果。

混凝沉淀池出水进入到高浓度废水过滤吸水池，由提升泵加压进入多介质过滤器 + 生物活性炭设备。通过设定时间周期或进出口压差可以实现自动反冲洗。将二氧化氯投加到经过滤器处理后的出水，消毒灭菌之后，作为循环水场的补充水。用在线检测仪表检测出水水质，发现超标水质时会自动进入不合格放水池，用泵提升送至渣场进行蒸发处理。

6.7 宁东煤化工基地污水深度处理回用工程

宁东煤化工基地的污水深度处理回用工程主要处理污水处理场的达标排放污水，污水处理场设计规模为 1500m³/h，出水作为循环冷却系统补水。

其设计进出水水质为：COD 含量≤50mg/L，BOD_5 含量≤10mg/L，SS 含量≤10mg/L，$NH_3 - N$ 含量≤5mg/L，TP（总磷）含量≤0.5mg/L，油含量≤1mg/L，pH 为 6 ~ 9，Cl^- 含量为 338mg/L，细菌总数为 1000 个/mL。

其设计出水水质为：COD 含量≤30mg/L，BOD_5 含量≤5mg/L，SS 含量≤10mg/L，$NH_3 - N$ 含量≤3mg/L，TP（总磷）含量≤0.5mg/L，油含量≤1mg/L，pH 为 7.0 ~ 8.5，总硬度（以 $CaCO_3$ 计）≤150mg/L，铁含量≤0.5mg/L，Cl^- 含量≤250mg/L，细菌总数为 1000 个/mL。

煤化工项目外排污水自流入格栅处理，在去除较大悬浮物后自流入调节池进行水质水量的调节。调节池内的污水经过泵提升送入曝气生物滤池，在曝气生物滤池中利用微生物的新陈代谢作用去除污水中的大部分污染物，如 COD、BOD_5、$NH_3 - N$ 等，曝气生物滤池出水自流入均质滤料滤池，去除水中剩余悬浮物后自流入中间水池，中间水池水经提升泵提升后进入超滤系统进行过滤，超滤系统用于去除水中胶体、部分有机物、微生物等。超滤出水进入超滤产水池，一部分（1000m³/h）经提升泵提升后进入反渗透系统，经反渗透系统脱盐后进入回用水池，另一部分（350m³/h）直接进入回用水池与反渗透产水（750m³/h）勾兑后，出水经提升泵提升后回用。150m³/h 超滤反洗水及浓水和 250m³/h 反渗透浓水共计 400m³/h 外排。主体工艺流程如图 6 - 12 所示。

污水深度处理回用工艺主要分为预处理工段和膜处理工段。

预处理工段的主要构筑物为曝气生物滤池和均质滤料滤池。曝气生物滤池规格为 1 座 38.45m×6.7m×9.7m 半地下式钢筋混凝土池，分为 6 格，每格为 6m×6m×9.7m，设计滤池面积 218.57m²，滤料体积 864m³，BOD 容积负荷 1.06kg/(m³·d)，硝化容积负荷 0.44kg/(m³·d)，总供气量为 103.2m³/min；均质滤料滤池规格为 1 座 43.5m×7.6m×4.35m 半地下式钢筋混凝土池，分为 4 格，每格为 7m×7m×4.35m，滤速 8m/h，反冲洗周期为 12h。

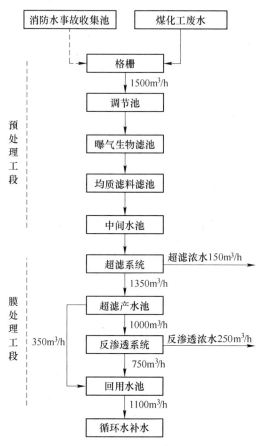

图 6 - 12　污水回用装置工艺流程

　　膜处理工段的主要装置为超滤和反渗透。超滤系统主要是保证反渗透系统的安全运行，降低反渗透系统化学清洗频率，延长反渗透膜使用寿命，装置共 8 套，每套净出能力为 169m³/h，采用中空纤维膜，滤膜公称孔径为 0.02μm，设计膜通量为 44.7L/(m²·h)，跨膜压力为 10~240kPa，pH 值为 2~13。反渗透系统主要功能是脱除水中的盐分，装置共 8 套，每套净出能力为 93m³/h，芳香族聚酰胺膜，设计膜通量为 20.0L/(m²·h)，pH 为2~11，温度为 10~45℃。

　　运行情况见表 6 - 4 和表 6 - 5，水质达到工业循环冷却水处理设计规范 GB 50050—2007 再生水水质指标。2011 年污水处理总量为 12465610m³，每小时处理量为 1484m³。

表 6 - 4　2010 ~ 2011 年宁东煤化工基地污水深度处理装置进水水质　　　（mg/L）

季　度		各　项　指　标								
		COD_{Cr}	BOD_5	SS	NH_3-N	TP	油	pH 值	Cl^-	细菌/个·mL⁻¹
2010 年	1 季度	45.8	9.8	8.7	4.3	0.42	0.69	8.18	335	<1000
	2 季度	46.9	7.7	5.2	4.1	0.40	0.71	8.08	302	<1000
	3 季度	49.4	8.6	7.6	3.8	0.37	0.43	8.15	328	<1000
	4 季度	46.3	7.9	7.3	4.7	0.45	0.84	8.83	339	<1000

续表6-4

季 度		各 项 指 标								
		COD_{Cr}	BOD_5	SS	NH_3-N	TP	油	pH值	Cl^-	细菌/个·mL^{-1}
2011年	1季度	48.7	9.2	8.3	4.2	0.38	0.79	8.29	312	<1000
	2季度	47.7	8.7	7.9	4.6	0.43	0.81	8.64	343	<1000
	3季度	48.9	8.4	6.7	4.7	0.41	0.74	8.82	319	<1000
	4季度	47.3	7.5	8.1	3.9	0.46	0.82	8.83	340	<1000
平 均 值		47.6	8.5	7.5	4.3	0.41	0.72	8.47	327	

表6-5 2010~2011年宁东煤化工基地污水深度处理装置出水水质　　　（mg/L）

季 度		各 项 指 标										
		COD_{Cr}	BOD_5	SS	NH_3-N	TP	油	pH值	Cl^-	总硬度	铁	细菌/个·mL^{-1}
2010年	1季度	10.8	2.1	—	1.3	0.04	—	8.18	53.7	73	0.12	<1000
	2季度	11.9	1.7	—	1.1	0.14	—	8.08	47.6	68	0.08	<1000
	3季度	12.4	1.6	—	0.8	0.13	—	8.15	42.8	76	0.15	<1000
	4季度	13.3	1.9	—	1.0	0.09	—	8.83	33.9	63	0.09	<1000
2011年	1季度	14.7	2.2	—	1.2	0.08	—	8.29	41.2	69	0.09	<1000
	2季度	10.7	1.7	—	0.6	0.13	—	8.64	44.3	71	0.14	<1000
	3季度	14.9	2.4	—	0.7	0.11	—	8.82	41.9	74	0.08	<1000
	4季度	13.3	1.5	—	0.9	0.08	—	8.83	44.0	62	0.13	<1000
平 均 值		12.7	1.8	—	0.9	0.1	—	8.47	43.6	69	0.11	<1000

注：“—”表示未检出。

参 考 文 献

［1］ 煤炭科学研究总院北京煤化工研究分院, 旭阳煤化工集团有限公司, 山西潞安矿业（集团）有限责任公司. GB/T 23251—2009. 煤化工用煤技术导则［S］. 北京: 中国标准出版社, 2009.

［2］ 贺永德. 现代煤化工技术手册［M］. 2 版. 北京: 化学工业出版社, 2010.

［3］ 山西省环境保护厅. 炼焦工业污染物排放标准编制说明［R］. 2010.

［4］ 北京市环境保护局, 上海市环境保护局. GB 8978—1996. 污水综合排放标准［S］. 北京: 中国环境科学出版社, 1997.

［5］ Eugene W. Rice, et al. Standard methods for the examination of water & wastewater［M］. 22nd edition. United States: Amer Public Health Assn, 2012.

［6］ SL 368—2006. 再生水水质标准［S］. 北京: 中国水利水电出版社, 2008.

［7］ Han Ming, Li Guangke, Sang Nan, et al. Investigating the bio – toxicity of coking wastewater using Zea mays L. assay［J］. Ecotoxicology and Environmental Safety, 2011, 74: 1050 ~ 1056.

［8］ White J M, Jones D D, Huang D, et al. Conversion of cyanide to formate and ammonia by a pseudomonad obtained from industrial wastewater［J］. Journal of industrial microbiology, 1988, 3(5): 263 ~ 272.

［9］ Zhang Wanhui, Wei Chaohai, Chai Xinsheng, et al. The behaviors and fate of polycyclic aromatic hydrocarbons(PAHs) in a coking wastewater treatment plant［J］. Chemosphere, 2012, 88(2): 174 ~ 182.

［10］ Mohan T, Verkade J G. Determination of total phenol concentrations in coal liquefaction resids by phosphorus – 31 NMR spectroscopy［J］. Energy & Fuels, 1993, 7(2): 222 ~ 226.

［11］ Shao Guiwei, Li Jin, Wang Wanlin, et al. Desulfurization and simultaneous treatment of coke – oven wastewater by pulsed corona discharge［J］. Journal of electrostatics, 2004, 62(1): 1 ~ 13.

［12］ 何苗. 杂环化合物和多环芳烃生物降解性能的研究［D］. 北京: 清华大学, 1995.

［13］ Zhang Tao, Ding Lili, Ren Hongqiang, et al. Ammonium nitrogen removal from coking wastewater by chemical precipitation recycle technology［J］. Water research, 2009, 43(20): 5209 ~ 5215.

［14］ Ramakrishnan A, Gupta S K. Anaerobic biogranulation in a hybrid reactor treating phenolic waste［J］. Journal of hazardous materials, 2006, 137(3): 1488 ~ 1495.

［15］ Li Yongmei, Gu Guowei, Zhao Jianfu, et al. Anoxic degradation of nitrogenous heterocyclic compounds by acclimated activated sludge［J］. Process Biochemistry, 2001, 37(1): 81 ~ 86.

［16］ Wang Jianlong, Quan Xiangchun, Wu Libo, et al. Bioaugmentation as a tool to enhance the removal of refractory compound in coke plant wastewater［J］. Process Biochemistry, 2002, 38(5): 777 ~ 781.

［17］ Park D, Lee D S, Kim Y M, et al. Bioaugmentation of cyanide – degrading microorganisms in a full – scale cokes wastewater treatment facility［J］. Bioresource technology, 2008, 99(6): 2092 ~ 2096.

［18］ Lu Yong, Yan Lianhe, Wang Ying, et al. Biodegradation of phenolic compounds from coking wastewater by immobilized white rot fungus Phanerochaete chrysosporium［J］. Journal of hazardous materials, 2009, 165(1): 1091 ~ 1097.

［19］ Stringfellow W T, Komada T, Chang L Y. Biological treatment of concentrated hazardous, toxic and radionuclide mixed wastes without dilution［J］. 2004.

［20］ Stamoudis V C, Luthy R G. Biological removal of organic constituents in quench water from a slagging, fixed – bed coal – gasification pilot plant［R］. Argonne National Lab., IL(USA), 1980.

［21］ Stamoudis V C, Luthy R G. Biological removal of organic constituents in quench waters from high – BTU coal – gasification pilot plants［R］. Argonne National Lab., IL(USA), 1980.

［22］ Luthy R G, Tallon J T. Biological treatment of a coal gasification process wastewater［J］. Water Research, 1980, 14(9): 1269 ~ 1282.

［23］Luthy R G, Bruce Jr S G, Walters R W, et al. Cyanide and thiocyanate in coal gasification wastewaters ［J］. Journal(Water Pollution Control Federation), 1979: 2267~2282.

［24］Stamoudis V C, Luthy R G. Determination of biological removal of organic constituents in quench waters from high – BTU coal – gasification pilot plants ［J］. Water Research, 1980, 14(8): 1143~1156.

［25］Vázquez I, Rodriguez – Iglesias J, Marañón E, et al. Removal of residual phenols from coke wastewater by adsorption ［J］. Journal of hazardous materials, 2007, 147(1): 395~400.

［26］Vázquez I, Rodriguez – Iglesias J, Marañón E, et al. Simultaneous removal of phenol, ammonium and thiocyanate from coke wastewater by aerobic biodegradation ［J］. Journal of hazardous materials, 2006, 137 (3): 1773~1780.

［27］Vázquez I, Rodriguez J, Maranon E, et al. Study of the aerobic biodegradation of coke wastewater in a two and three – step activated sludge process ［J］. Journal of hazardous materials, 2006, 137(3): 1681~1688.

［28］Sueoka K, Satoh H, Onuki M, et al. Microorganisms involved in anaerobic phenol degradation in the treatment of synthetic coke-oven wastewater detected by RNA stable-isotope probing ［J］. FEMS microbiology letters, 2009, 291(2): 169~174.

［29］Ghose M K. Complete physico – chemical treatment for coke plant effluents ［J］. Water Research, 2002, 36(5): 1127~1134.

［30］王肖倩. 蒸氨工艺中蒸氨塔运行参数与源头降氰技术的研究 ［D］. 上海: 华东理工大学, 2013.

［31］中国市政工程西南设计研究院. 给水排水设计手册第1册: 常用资料 ［M］. 2版. 北京: 中国建筑工业出版社, 2000.

［32］上海市政工程设计研究院. 给水排水设计手册第3册: 城镇给水 ［M］. 2版. 北京: 中国建筑工业出版社, 2003.

［33］高延耀, 顾国维, 周琪. 水污染控制工程: 下册 ［M］. 3版. 北京: 高等教育出版社, 2000.

［34］Luthy R G, Stamoudis V C, Campbell J R, et al. Removal of organic contaminants from coal conversion process condensates ［J］. Journal(Water Pollution Control Federation), 1983: 196~207.

［35］华东建筑设计研究院有限公司. 给水排水设计手册第4册: 工业给水处理 ［M］. 2版. 北京: 中国建筑工业出版社, 2002.

［36］Du Xin, Zhang Rong, Gan Zhongxue, et al. Treatment of high strength coking wastewater by supercritical water oxidation ［J］. Fuel, 2013, 104: 77~82.

［37］Luthy R G. Treatment of coal coking and coal gasification wastewaters ［J］. Journal(Water Pollution Control Federation), 1981: 325~339.

［38］Felföldi T, Székely A J, Gorál R, et al. Polyphasic bacterial community analysis of an aerobic activated sludge removing phenols and thiocyanate from coke plant effluent ［J］. Bioresource technology, 2010, 101 (10): 3406~3414.

［39］Chakraborty S, Veeramani H. Effect of HRT and recycle ratio on removal of cyanide, phenol, thiocyanate and ammonia in an anaerobic – anoxic – aerobic continuous system ［J］. Process Biochemistry, 2006, 41 (1): 96~105.

［40］Wang Wei, Han Hongjun, Yuan Min, et al. Treatment of coal gasification wastewater by a two – continuous UASB system with step – feed for COD and phenols removal ［J］. Bioresource technology, 2011, 102(9): 5454~5460.

［41］Staib C, Lant P. Thiocyanate degradation during activated sludge treatment of coke – ovens wastewater ［J］. Biochemical Engineering Journal, 2007, 34(2): 122~130.

［42］Kim Y M, Park D, Lee D S, et al. Sudden failure of biological nitrogen and carbon removal in the full – scale pre – denitrification process treating cokes wastewater ［J］. Bioresource technology, 2009, 100

（19）：4340~4347.

［43］Donaldson T L, Lee D D, Singh S P N. Treatment of coal gasification wastewaters: final report ［R］. Oak Ridge National Lab. , TN(USA), 1987.

［44］Ghanavati H, Emtiazi G, Hassanshahian M. Synergism effects of phenol - degrading yeast and ammonia - oxidizing bacteria for nitrification in coke wastewater of Esfahan Steel Company ［J］. Waste Management & Research, 2008, 26(2): 203~208.

［45］Qi Rong, Yang Kun, Yu Zhaoxiang. Treatment of coke plant wastewater by SND fixed biofilm hybrid system ［J］. Journal of Environmental Sciences, 2007, 19(2): 153~159.

［46］中冶建筑研究总院有限公司，北京市环境保护科学研究院，中钢集团天澄环保科技股份有限公司. HJ - BAT - 004 钢铁行业焦化工艺污染防治最佳可行技术指南（试行）［S］. 北京：中华人民共和国环境保护部，2010.

［47］中冶建筑研究总院有限公司，北京市环境保护科学研究院，中钢集团天澄环保科技股份有限公司. HJ/JSDZ00x—2009. 钢铁行业污染防治最佳可行技术导则——焦化工艺 ［S］. 北京：中华人民共和国环境保护部，2009.

［48］辽宁省清洁生产指导中心，中冶焦耐工程技术有限公司. HJ2022 - 2012. J 焦化废水治理工程技术规范 ［S］. 北京：中华人民共和国环境保护部，2012.

［49］Kim Y M, Park D, Jeon C O, et al. Effect of HRT on the biological pre - denitrification process for the simultaneous removal of toxic pollutants from cokes wastewater ［J］. Bioresource technology, 2008, 99 (18): 8824~8832.

［50］Lee D S, Vanrolleghem P A, Park J M. Parallel hybrid modeling methods for a full - scale cokes wastewater treatment plant ［J］. Journal of biotechnology, 2005, 115(3): 317~328.

［51］北京市市政工程设计研究总院. 给水排水设计手册第 5 册：城镇排水 ［M］. 2 版. 北京：中国建筑工业出版社，2003.

［52］Zhao Wentao, Huang Xia, Lee Duujong, et al. Use of submerged anaerobic - anoxic - oxic membrane bioreactor to treat highly toxic coke wastewater with complete sludge retention ［J］. Journal of Membrane Science, 2009, 330(1): 57~64.

［53］Maranon E, Vazquez I, Rodriguez J, et al. Coke wastewater treatment by a three - step activated sludge system ［J］. Water, air and soil pollution, 2008, 192(1~4): 155~164.

［54］Wang Wei, Han Hongjun, Yuan Min, et al. Enhanced anaerobic biodegradability of real coal gasification wastewater with methanol addition ［J］. Journal of Environmental Sciences, 2010, 22(12): 1868~1874.

［55］Zhao Wentao, Huang Xia, Lee D. Enhanced treatment of coke plant wastewater using an anaerobic - anoxic - oxic membrane bioreactor system ［J］. Separation and Purification Technology, 2009, 66 (2): 279~286.

［56］Zhao Wentao, Shen Yuexiao, Xiao Kang, et al. Fouling characteristics in a membrane bioreactor coupled with anaerobic - anoxic - oxic process for coke wastewater treatment ［J］. Bioresource technology, 2010, 101(11): 3876~3883.

［57］Papadimitriou C A, Samaras P, Sakellaropoulos G P. Comparative study of phenol and cyanide containing wastewater in CSTR and SBR activated sludge reactors ［J］. Bioresource technology, 2009, 100 (1): 31~37.

［58］Lim B R, Hu Hongying, Huang Xia, et al. Effect of seawater on treatment performance and microbial population in a biofilter treating coke - oven wastewater ［J］. Process Biochemistry, 2002, 37(9): 943~948.

［59］Li Y M, Gu G W, Zhao J F, et al. Treatment of coke - plant wastewater by biofilm systems for removal of organic compounds and nitrogen ［J］. Chemosphere, 2003, 52(6): 997~1005.

［60］张自杰，林荣忱，金儒霖．排水工程（下）［M］.4 版．北京：中国建筑工业出版社，1999.

［61］Yun Y S, Lee M W, Park J M, et al. Reclamation of Wastewater from a Steel – Making Plant Using an Air-lift Submerged Biofilm Reactor ［J］. Journal of Chemical Technology and Biotechnology, 1998, 73: 162 ~ 168.

［62］Lai P, Zhao H, Zeng M, et al. Study on treatment of coking wastewater by biofilm reactors combined with zero – valent iron process ［J］. Journal of Hazardous Materials, 2009, 162(2): 1423 ~ 1429.

［63］沈耀良，王宝贞．废水生物处理新技术——理论与应用［M］.2 版．北京：中国环境科学出版社，2006.

［64］Marañón E, Vazquez I, Rodriguez J, et al. Treatment of coke wastewater in a sequential batch reactor (SBR) at pilot plant scale ［J］. Bioresource technology, 2008, 99(10): 4192 ~ 4198.

［65］Li Huiqiang, Han Hongjun, Du Maoan, et al. Inhibition and recovery of nitrification in treating real coal gasification wastewater with moving bed biofilm reactor ［J］. Journal of Environmental Sciences, 2011, 23 (4): 568 ~ 574.

［66］Li Huiqiang, Han Hongjun, Du Maoan, et al. Removal of phenols, thiocyanate and ammonium from coal gasification wastewater using moving bed biofilm reactor ［J］. Bioresource technology, 2011, 102(7): 4667 ~ 4673.

［67］Wang Wei, Han Hongjun, Yuan Min, et al. Enhanced anaerobic biodegradability of real coal gasification wastewater with methanol addition ［J］. Journal of Environmental Sciences, 2010, 22(12): 1868 ~ 1874.

［68］Kim Y M, Park D, Lee D S, et al. Inhibitory effects of toxic compounds on nitrification process for cokes wastewater treatment ［J］. Journal of Hazardous Materials, 2008, 152(3): 915 ~ 921.

［69］Kim Y M, Park D, Lee D S, et al. Instability of biological nitrogen removal in a cokes wastewater treatment facility during summer ［J］. Journal of hazardous materials, 2007, 141(1): 27 ~ 32.

［70］环境保护部．焦化行业现场环境考察指南［R］.2010.

［71］Kumar M S, Vaidya A N, Shivaraman N, et al. Biotreatment of oil – bearing coke – oven wastewater in fixed – film reactor: A viable alternative to activated sludge process ［J］. Environmental engineering science, 2000, 17(4): 221 ~ 226.

［72］Park D, Kim Y M, Lee D S, et al. Chemical treatment for treating cyanides – containing effluent from biological cokes wastewater treatment process ［J］. Chemical Engineering Journal, 2008, 143 (1): 141 ~ 146.

［73］John C, et al. Water treatment: principles and design ［M］. Third revised edition. United States: John Wiley & Sons Ltd., 2012.

［74］Chu Libing, Wang Jianlong, Dong Jing, et al. Treatment of coking wastewater by an advanced Fenton oxidation process using iron powder and hydrogen peroxide ［J］. Chemosphere, 2012, 86(4): 409 ~ 414.

［75］Lai Peng, Zhao Hua – zhang, Wang Chao, et al. Advanced treatment of coking wastewater by coagulation and zero – valent iron processes ［J］. Journal of Hazardous Materials, 2007, 147(1): 232 ~ 239.

［76］Ning Ping, Bart H J, Jiang Yijiao, et al. Treatment of organic pollutants in coke plant wastewater by the method of ultrasonic irradiation, catalytic oxidation and activated sludge ［J］. Separation and Purification Technology, 2005, 41(2): 133 ~ 139.

［77］Chang E E, Hsing H J, Chiang P C, et al. The chemical and biological characteristics of coke – oven wastewater by ozonation ［J］. Journal of hazardous materials, 2008, 156(1): 560 ~ 567.

［78］左晨燕，何苗，张彭义，等．Fenton 氧化/混凝协同处理焦化废水生物出水的研究［J］. 环境科学，2006, 27(11): 2201 ~ 2205.

［79］Zhu Xiuping, Ni Jinren, Lai Peng. Advanced treatment of biologically pretreated coking wastewater by electrochemical oxidation using boron – doped diamond electrodes [J]. water research, 2009, 43(17): 4347 ~ 4355.

[80] Lv Yanli, Wang Yanqiu, Shan Mingjun, et al. Denitrification of coking wastewater with micro – electrolysis [J]. Journal of Environmental Sciences, 2011, 23: S128 ~ S131.

[81] Zhang Mohe, Zhao Quanlin, Bai Xue, et al. Adsorption of organic pollutants from coking wastewater by activated coke [J]. Colloids and Surfaces A: Physicochemical and Engineering Aspects, 2010, 362(1): 140 ~ 146.

[82] Korzenowski C, Minhalma M, Bernardes A M, et al. Nanofiltration for the treatment of coke plant ammoniacal wastewaters [J]. Separation and Purification Technology, 2011, 76(3): 303 ~ 307.

[83] Kumar R, Bhakta P, Chakraborty S, et al. Separating cyanide from coke wastewater by cross flow nanofiltration [J]. Separation Science and Technology, 2011, 46(13): 2119 ~ 2127.

[84] Wang Zixing, Xu Xiaochen, Gong Zheng, et al. Removal of COD, phenols and ammonium from Lurgi coal gasification wastewater using A^2O – MBR system [J]. Journal of hazardous materials, 2012, 235: 78 ~ 84.